战略性新兴领域"十四五"高等教育系列教材

燃气轮机材料基础

王浩 薛维华 高志玉 魏宝佳 张涛 陈颖芝 姜宏志 编

机械工业出版社

本书讲述燃气轮机材料相关的基本知识，主要包括材料的组织结构、性能效用、生产制备、加工处理、材料选择等方面的内容，同时在有关基础知识上考虑了不同种类材料的学习需求。全书共分为11章，第1章介绍燃气轮机的结构与材料；第2~3章介绍材料的结构与性能；第4~5章分别介绍金属的凝固与相图、塑性变形与再结晶方面的内容，是燃气轮机材料的基础；第6章介绍钢铁中的合金元素及作用，既承接第1~5章的内容，又为后续内容做铺垫；第7章介绍金属热处理的基本知识；第8章从材料学的角度介绍各类钢铁材料；第9章介绍在燃气轮机热端部件上广泛应用的高温合金材料；第10章介绍陶瓷材料；第11章介绍复合材料。

本书可作为普通高等学校燃气轮机专业、能源与动力专业或机械类与近机械类等相关专业的本科生教材，也可供相关专业的科学研究与工程技术人员参考。

图书在版编目（CIP）数据

燃气轮机材料基础／王浩等编．--北京：机械工业出版社，2024.12.--（战略性新兴领域"十四五"高等教育系列教材）．-- ISBN 978-7-111-77640-6

Ⅰ．TK475

中国国家版本馆CIP数据核字第20240B1B09号

机械工业出版社（北京市百万庄大街22号　邮政编码100037）
策划编辑：尹法欣　　　　责任编辑：尹法欣　章承林
责任校对：曹若菲　张亚楠　封面设计：王　旭
责任印制：常天培
河北虎彩印刷有限公司印刷
2024年12月第1版第1次印刷
184mm×260mm・16.5印张・409千字
标准书号：ISBN 978-7-111-77640-6
定价：55.00元

电话服务	网络服务
客服电话：010-88361066	机　工　官　网：www.cmpbook.com
010-88379833	机　工　官　博：weibo.com/cmp1952
010-68326294	金　书　网：www.golden-book.com
封底无防伪标均为盗版	机工教育服务网：www.cmpedu.com

前言

燃气轮机是一种集众多高新技术于一体、涉及诸多学科的先进动力机械装置，被誉为装备制造业"皇冠上的明珠"。燃气轮机设计的有效性直接依赖于所选部件材料的性能，因此对于燃气轮机专业的学生来讲，燃气轮机材料方面的基础知识非常重要。北京科技大学的材料学科实力雄厚，承担着为国家及相关企业和研究院所培养材料方向的研究和设计人才的任务与使命。2020 年以来，北京科技大学牵头负责"重型燃气轮机材料与制造工艺知识领域"的教学资源建设和新型教材研发工作，取得了很大进展。2022 年，北京科技大学牵头多所高校共建教育部重点领域"燃气轮机材料课程虚拟教研室"，在燃气轮机材料课程和人才培养方面，开展了大量联合教学研究活动。

在重点领域教学资源及新型教材建设项目专家工作组的指导下、在虚拟教研室的组织下，几所高校共同编写了《燃气轮机材料基础》（本书）和《燃气轮机部件与制造工艺》，作为燃气轮机方向材料类课程的教材。前者主要介绍燃气轮机材料的相关基础知识，例如材料结构、材料性能、金属材料的凝固与相图等，后者则聚焦燃气轮机主要部件的具体选材和制造工艺。燃气轮机方向材料类课程的讲授时长，建议是 48 学时，其中讲授"燃气轮机材料基础"课程 32 学时，讲授"燃气轮机部件与制造工艺"课程 16 学时。

本书详细介绍了材料结构、材料性能、金属材料的凝固与相图、金属的塑性变形与再结晶、金属材料的热处理等材料基础知识，以及在燃气轮机中广泛用到的关键材料，例如高温合金、不锈钢、耐热钢、陶瓷材料、复合材料等。

本书由北京科技大学材料科学与工程学院王浩教授负责全书的策划和具体章节内容的确定，参加本书编写的还有辽宁工程技术大学薛维华副教授、沈阳理工大学高志玉副教授、中国联合重型燃气轮机技术有限公司的张涛高级工程师、北京航空航天大学姜宏志副教授、辽宁工程技术大学魏宝佳副教授和北京科技大学陈颖芝副教授。其中，王浩负责第 2 章的编写和全书统稿，张涛负责第 1 章的编写，薛维华负责第 3~5 章的编写，高志玉负责第 6 章和第 7 章的编写，姜宏志负责第 8 章的编写，陈颖芝负责第 9 章的编写，魏宝佳负责第 10 章和第 11 章的编写。

本书得到了北京科技大学教材建设经费资助，得到了北京科技大学教务处的全程支持，在此表示诚挚的谢意。潘炎熙、郭卜文、曹世航、韩壹琪、窦国辉、成博源等帮助整理了部分章节的相关内容。本书的编写参考了部分国内外有关教材、著作和论文，在此特向有关作者致以衷心的感谢。

尽管编者在编写本书时努力注意概念和理论准确，但是由于水平所限，难免有错漏之处，诚恳希望读者予以指正。

编者

目 录

前言
第 1 章　燃气轮机简介 …………… 1
1.1　燃气轮机结构 ……………… 2
1.2　燃气轮机类型 ……………… 3
1.2.1　按热力循环基本原理分类 ……… 4
1.2.2　按轴系方案分类 ………… 4
1.2.3　按机组结构类型分类 …………… 4
1.2.4　其他分类 ………… 4
1.3　燃气轮机技术特点 …………… 5
1.4　燃气轮机技术发展历程 ………… 5
1.5　燃气轮机部件材料与工艺 ……… 6
1.5.1　透平叶片 ………… 6
1.5.2　燃烧室 ………… 8
1.5.3　透平轮盘 ………… 10
复习思考题 ……………… 12

第 2 章　材料的结构 …………… 13
2.1　材料结构的层次 …………… 13
2.2　原子结构与键合 …………… 16
2.2.1　孤立原子的结构 …………… 16
2.2.2　固体中的电子状态 …………… 17
2.2.3　固体材料中的结合键 …………… 17
2.3　材料的晶体结构 …………… 19
2.3.1　晶体学基础 …………… 19
2.3.2　典型的金属晶体结构 …………… 21
2.3.3　合金相的结构 …………… 22
2.3.4　共价晶体的晶体结构 …………… 24
2.3.5　离子晶体的晶体结构 …………… 24
2.4　实际材料的晶体缺陷 …………… 25
2.4.1　点缺陷 …………… 25
2.4.2　线缺陷 …………… 26
2.4.3　面缺陷 …………… 27
复习思考题 ……………… 29

第 3 章　材料的性能 …………… 30
3.1　材料的力学性能 …………… 30
3.1.1　强度 …………… 30
3.1.2　塑性 …………… 32
3.1.3　硬度 …………… 33
3.1.4　冲击韧性 …………… 36
3.1.5　疲劳强度 …………… 37
3.1.6　断裂韧性 …………… 37
3.2　材料的物理性能 …………… 38
3.2.1　密度和熔点 …………… 38
3.2.2　热性能 …………… 38
3.2.3　弹性性能 …………… 39
3.2.4　磁性能 …………… 40
3.2.5　电性能 …………… 40
3.2.6　光电性能 …………… 41
3.3　材料的化学性能 …………… 41
3.3.1　成分 …………… 41
3.3.2　耐蚀性 …………… 41
3.3.3　高温抗氧化性 …………… 41
3.4　材料的工艺性能 …………… 42
3.4.1　铸造性能 …………… 42
3.4.2　锻造性能 …………… 42
3.4.3　焊接性能 …………… 42
3.4.4　热处理性能 …………… 42
3.4.5　切削加工性能 …………… 43
复习思考题 ……………… 43

第4章 金属材料的凝固与相图 …………44
4.1 纯金属的结晶 …………44
4.1.1 金属结晶的基本规律 …………44
4.1.2 晶核的形成与晶体的长大 …………46
4.1.3 金属结晶后晶粒的大小及控制 …………51
4.2 合金的凝固与相图 …………52
4.2.1 合金相图的建立与基本规律 …………52
4.2.2 匀晶相图及固溶体的结晶 …………54
4.2.3 共晶相图及其合金的结晶 …………55
4.2.4 包晶相图及其合金的结晶 …………58
4.2.5 其他类型二元合金相图 …………59
4.2.6 相图与合金性能的关系 …………60
4.3 铁碳合金平衡态的相变 …………61
4.3.1 铁碳合金相图 …………61
4.3.2 典型铁碳合金的平衡相变过程分析 …………64
4.3.3 铁碳合金的成分-组织-性能关系 …………72
4.3.4 Fe-Fe$_3$C 相图的应用 …………74
复习思考题 …………76

第5章 金属的塑性变形与再结晶 …………77
5.1 金属的塑性变形 …………77
5.1.1 单晶体的塑性变形 …………78
5.1.2 多晶体的塑性变形 …………80
5.1.3 合金的塑性变形 …………80
5.2 冷变形对金属组织和性能的影响 …………81
5.2.1 塑性变形对金属组织结构的影响 …………81
5.2.2 塑性变形对金属性能的影响 …………82
5.3 冷变形金属的回复与再结晶 …………83
5.3.1 回复 …………83
5.3.2 再结晶 …………84
5.3.3 晶粒长大 …………85
5.4 金属的热变形与动态回复、动态再结晶 …………86
5.4.1 金属的热加工与冷加工 …………86
5.4.2 动态回复与动态再结晶 …………86
5.4.3 热加工对金属室温力学性能的影响 …………86
5.4.4 热加工后的组织与性能 …………86
复习思考题 …………87

第6章 钢铁中的合金元素及作用 …………88
6.1 钢铁中常见合金元素及其偏聚行为 …………88
6.1.1 钢铁中的常见合金元素 …………88
6.1.2 合金元素原子的偏聚 …………89
6.2 铁基固溶体 …………90
6.3 钢铁中的碳化物和氮化物 …………92
6.3.1 钢铁中的碳化物 …………92
6.3.2 钢铁中的氮化物与碳氮化物 …………94
6.4 金属间化合物 …………95
6.4.1 σ 相 …………95
6.4.2 拉弗斯相（AB$_2$ 相） …………96
6.4.3 有序相（A$_3$B 相） …………96
6.5 合金元素对铁碳相图的影响 …………97
6.6 合金元素对钢性能的影响 …………99
6.6.1 合金元素对钢力学性能的影响 …………99
6.6.2 合金元素对钢耐蚀性能的影响 …………100
复习思考题 …………101

第7章 金属材料的热处理 …………102
7.1 钢在加热时的组织转变 …………103
7.1.1 奥氏体形成的热力学条件 …………103
7.1.2 奥氏体的组织结构性能 …………103
7.1.3 奥氏体形成机理 …………105
7.1.4 奥氏体等温形成动力学 …………106
7.1.5 连续加热时奥氏体的形成 …………108
7.1.6 奥氏体晶粒长大及其控制 …………109
7.2 钢在冷却时的转变 …………110
7.2.1 过冷奥氏体转变 …………110
7.2.2 珠光体转变 …………114
7.2.3 马氏体转变 …………118
7.2.4 贝氏体转变 …………123
7.2.5 钢的回火转变 …………126
7.3 钢的退火与正火 …………132
7.3.1 退火 …………132
7.3.2 正火 …………134
7.4 钢的淬火 …………134
7.4.1 淬火工艺 …………134
7.4.2 钢的淬透性与淬硬性 …………136
7.5 钢的回火 …………139
7.5.1 低温回火 …………139
7.5.2 中温回火 …………140
7.5.3 高温回火 …………140
7.6 钢的表面热处理 …………141
7.6.1 表面淬火 …………142
7.6.2 化学热处理 …………144

7.7 其他热处理工艺简介 …………… 148
复习思考题 ………………………… 149

第8章 钢铁材料 150

8.1 钢铁冶炼 …………………………… 150
  8.1.1 炼铁 ………………………… 150
  8.1.2 炼钢 ………………………… 152
  8.1.3 浇铸 ………………………… 153
  8.1.4 轧钢与钢材品种 …………… 156
8.2 钢的分类与牌号 …………………… 157
  8.2.1 钢的分类 …………………… 157
  8.2.2 钢的牌号 …………………… 158
8.3 工程结构钢 ………………………… 161
  8.3.1 碳素结构钢 ………………… 162
  8.3.2 低合金高强度结构钢 ……… 162
  8.3.3 微合金钢 …………………… 164
8.4 机械制造结构钢 …………………… 164
  8.4.1 渗碳钢 ……………………… 164
  8.4.2 调质钢 ……………………… 165
  8.4.3 弹簧钢 ……………………… 166
  8.4.4 滚动轴承钢 ………………… 167
  8.4.5 其他通用机械制造结构钢 … 168
8.5 工具钢 ……………………………… 169
  8.5.1 刃具钢 ……………………… 169
  8.5.2 模具钢 ……………………… 171
  8.5.3 量具钢 ……………………… 173
8.6 不锈钢 ……………………………… 173
  8.6.1 金属的腐蚀 ………………… 173
  8.6.2 不锈钢种类及应用 ………… 174
8.7 耐热钢 ……………………………… 176
  8.7.1 铁素体型耐热钢 …………… 177
  8.7.2 工业炉用耐热钢 …………… 180
  8.7.3 奥氏体型耐热钢 …………… 182
8.8 铸铁 ………………………………… 185
  8.8.1 铸铁显微组织的形成与控制 …… 186
  8.8.2 常用铸铁材料 ……………… 189
复习思考题 ………………………… 191

第9章 高温合金 192

9.1 高温合金的应用 …………………… 193
9.2 高温合金的分类 …………………… 195
9.3 高温合金的发展 …………………… 197
9.4 镍基高温合金 ……………………… 204
  9.4.1 镍基高温合金简介 ………… 204
  9.4.2 定向凝固高温合金 ………… 207
  9.4.3 粉末高温合金 ……………… 209
  9.4.4 氧化物弥散强化（ODS）高温合金 ……………………… 209
复习思考题 ………………………… 210

第10章 陶瓷材料 211

10.1 陶瓷性能要求 …………………… 212
10.2 陶瓷原料 ………………………… 213
  10.2.1 可塑性原料（以黏土类原料为代表） ……………………… 214
  10.2.2 瘠性原料（以石英类原料为代表） ……………………… 216
  10.2.3 熔剂原料（以长石类原料为代表） ……………………… 217
  10.2.4 其他原料 ………………… 218
10.3 陶瓷坯料及制备 ………………… 219
  10.3.1 坯料的分类与品质要求 … 220
  10.3.2 坯料的制备 ……………… 220
10.4 陶瓷成型工艺 …………………… 221
  10.4.1 成型和成型方法 ………… 221
  10.4.2 陶瓷成型方法 …………… 222
10.5 陶瓷装饰技术——施釉 ………… 224
  10.5.1 釉的分类与组成 ………… 224
  10.5.2 施釉方法 ………………… 225
10.6 陶瓷的干燥与烧成 ……………… 225
  10.6.1 干燥 ……………………… 225
  10.6.2 烧成 ……………………… 226
10.7 陶瓷后加工技术 ………………… 227
10.8 特种陶瓷 ………………………… 228
  10.8.1 结构陶瓷 ………………… 228
  10.8.2 功能陶瓷 ………………… 230
复习思考题 ………………………… 231

第11章 复合材料 232

11.1 复合材料的定义和分类 ………… 233
  11.1.1 复合材料的定义 ………… 233
  11.1.2 复合材料的分类 ………… 233
11.2 增强材料 ………………………… 234
  11.2.1 纤维 ……………………… 234
  11.2.2 晶须及颗粒 ……………… 236
  11.2.3 增强材料的表面处理 …… 237
11.3 复合理论 ………………………… 238
  11.3.1 复合原则 ………………… 238
  11.3.2 复合材料的界面设计原则 …… 239
11.4 聚合物基复合材料（PMC）…… 240

11.4.1　PMC 的分类 …………………… 240
11.4.2　PMC 性能特点 …………………… 241
11.4.3　PMC 制备工艺 …………………… 242
11.4.4　PMC 的应用 …………………… 243
11.5　金属基复合材料（MMC） …………… 244
11.5.1　MMC 的分类 …………………… 244
11.5.2　MMC 制备工艺 …………………… 246
11.5.3　MMC 的性能 …………………… 247
11.6　陶瓷基复合材料（CMC） …………… 249
11.6.1　陶瓷基体 …………………… 249
11.6.2　CMC 的制备 …………………… 250
11.6.3　CMC 的界面 …………………… 251
11.6.4　CMC 的增韧 …………………… 251
11.6.5　CMC 的应用 …………………… 252
11.7　复合材料的用途 …………………… 253
复习思考题 …………………… 254
参考文献 …………………… 256

第 1 章

燃气轮机简介

【本章学习要点】本章对燃气轮机进行了介绍，包括燃气轮机的结构、类型、技术特点及其技术发展历程，重点介绍燃气轮机三大关键热端部件的材料及制备工艺。

燃气轮机（广义上包含航空发动机）是以气体为工质，将燃料的化学能通过燃烧释放出来的热能转变为有用功输出的高速热力叶轮机械。作为集新技术、新材料、新工艺于一身的高新科技产品，燃气轮机被誉为装备制造业"皇冠上的明珠"。针对燃气轮机的高温、高负荷、高速（高转速和高流速）、低排放等苛刻的工作条件，以及参与深度调峰应用的宽工况和高可靠性的要求，作为高新科技的典型载体，燃气轮机技术的研发集中代表了多学科基础理论和多工程技术领域交叉融合、集成发展的水平。进入 21 世纪以来，随着世界各国对能源的清洁、低碳、高效利用以及对全球环境与气候变化问题的关注，燃气轮机技术得到了前所未有的高度重视和全面发展。

燃气轮机广泛应用于发电基本负荷和区域调峰、航空及舰船动力推进、天然气长输管线增压、过程工业余热利用、油气勘探开采及海洋平台、分布式能源热电冷联供系统等众多领域，是关系到我国能源电力、航空推进和石化油气等国民经济和国防建设关键领域的能源利用、生产与供应，以及我国清洁低碳、安全高效能源体系建设的重要装备。世界工业发达国家均将燃气轮机产业列为保障国家安全、能源安全和保持国际竞争力的战略性产业。

以发电燃气轮机为例，自 1939 年世界第一台发电用重型燃气轮机在瑞士诞生以来，燃气轮机制造和发电产业在全球迅速发展，以重型燃气轮机为核心动力装备的燃气-蒸汽联合循环成为热功转换发电系统中最高效、清洁的大规模商业化火力发电方式。目前，燃气轮机的运行效率、功率密度、可靠性和安全性已得到公认。未来几十年中燃气轮机将继续在发电领域、航空与舰船动力推进，以及石油和天然气行业中发挥不可或缺的重要作用。根据美国国家科学院、工程院和医学院在 2020 年发布的《先进燃气轮机技术》咨询报告，预计到 2032 年全球燃气轮机的年生产总值将从 2020 年的约 900 亿美元增长到 1100 亿美元，其中航空燃气轮机约占总市场的 85%。

1.1 燃气轮机结构

燃气轮机是一种续流式热力原动机,与同为续流式的蒸汽轮机和往复式的内燃机两类热机的基本结构和工作原理均有所不同,**所有的燃气轮机共有的主要部件为压气机、燃烧室和透平(在航空发动机中也称其为涡轮)**。因此,燃气轮机本体由压气机、燃烧室和透平三大部件构成,此外还包含燃料供应、润滑、调节控制、起动、进气过滤和排气等其他系统。

燃气轮机可以直接驱动负荷,也可以通过齿轮箱驱动负荷。燃气轮机可以设计成使用多种燃料,包括天然气、航空燃料或氢气等。广义上,燃气轮机装置是指燃气轮机(包括主机和辅机系统)及所驱动的负荷。

通常,可将燃气轮机机组分为进气段、压缩段、燃烧段、膨胀段和排气段五个区段,如图1-1所示,每一个区段在燃气轮机的工作过程中起着特定的作用。

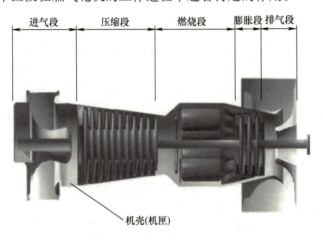

图1-1 燃气轮机五个区段

常规的燃气轮机采用以空气为工质的布雷顿(Brayton)循环。燃气轮机机组在起动后,大量的空气从进口被吸入到机组中,空气经过进气段被过滤后,进入压缩段;压缩段包含第一个转动部件——压气机,空气在高速旋转的压气机中进行压缩,压气机的机械功转化为空气的压力提升且温度有所升高,在压缩段出口达到机组要求的最高压力,然后进入燃烧段;此时,燃料通过燃料喷嘴不断注入燃烧室,形成燃料与压缩空气的可燃混合物,可燃混合物被点燃并燃烧,生成的燃烧产物即高温、高压燃气,随后进入第二个转动部件——透平;燃气在透平中膨胀并通过转子将燃气的热能转化为机械能,除了驱动压气机所耗功外,还对外输出轴功以驱动负荷;做功后燃气的压力和温度下降,离开透平流经排气段从出口排向大气,从而完成典型的简单循环燃气轮机工作过程。

根据上面的工作过程介绍可以看到,在燃气轮机装置中要实现工质热能向机械功转化的基本过程,必须具备的部件是压气机、燃烧室和透平,这些部件通常被安放在装置的外壳(又称气缸或机匣)中,其中外壳和压气机及透平两个部件之间的空间形成了空气和燃气流动的通道,称为燃气轮机的通流部分。

图1-2所示为燃气轮机的结构简图及装置布置示意图。燃烧室出口即透平进口(图1-2b

中3)的温度T_3称为燃气初温,也称透平前温,对机组性能有较大的影响。目前,燃气轮机机组的等级划分也通常基于透平前温,例如GE公司的7s和9s系列的工业燃气轮机就分别有F级、G级和H级等不同温度等级。一般来说,透平前温越高,则等级越高,机组的效率和出力一般也越大,性能越好。目前,先进的发电用燃气轮机已达到J级水平,透平前温可达1600 ℃以上(先进航空发动机的涡轮前温可达2200 K以上)。

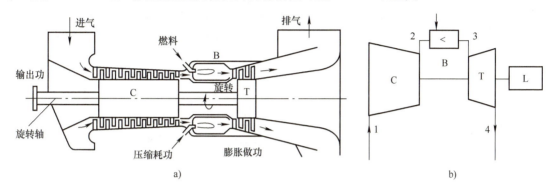

图1-2 燃气轮机的结构简图及装置布置示意图
a)结构简图 b)装置布置示意图
C—压气机 B—燃烧室 T—透平 L—负荷

在上述的燃气轮机工作过程中,来自压气机的高压空气在燃烧室中与燃料混合,通过燃烧加热后生成高温、高压燃气,整个燃烧室工作过程中的压力近似不变,称之为等压燃烧;燃气轮机工作过程中的工质(空气)来自大气,最后又排向大气,称之为开式循环。等压燃烧和开式循环是现代燃气轮机热力循环的两个基本特征。

由图1-2可知,压气机和透平通过转子安装在轴的两侧,它们是高速旋转的叶轮机械,是气流热能与机械功相互转化的关键部件。转子驱动负荷的功通过轴端输出,根据所带负荷的位置,可分为热端输出和冷端输出。热端输出也称后端驱动,指在透平端驱动负荷。冷端输出也称前端驱动,指在压气机端驱动负荷,冷端输出是目前应用更为广泛的布置形式,有利于采用联合循环时排气端管道系统的布置。例如,GE公司的F级机组就是由先前的B级和E级机组的热端输出改为了冷端输出,这样就可以使燃气透平实现轴向排气,且其排气扩压器能直接与余热锅炉相连,有利于降低损失。在早期的燃气轮机机组中,燃气在透平中产生的机械功有2/3左右被用于驱动压气机,剩余的1/3左右的机械功通过输出轴用于驱动外界负荷。随着燃气轮机技术的进步,目前压气机耗功约占透平输出功的1/2,轴端的输出功已可达到透平功的1/2左右。

应该说明的是,图1-2给出的是单轴燃气轮机机组的一个例子,单轴机组是燃气轮机最简单的结构形式,此时仅有一个转子,即用一根轴将透平、压气机和被驱动机械连接在一起组成转动部件,燃烧室通常位于压气机和透平之间。

1.2 燃气轮机类型

燃气轮机分类有多种方法,可按其热力循环基本原理分类,也可按其轴系方案分类,或可按其机组结构类型分类,还可按其用途进行分类。

1.2.1 按热力循环基本原理分类

可分为开式循环和闭式循环两大类,根据循环基本原理,又可细分为简单循环、回热循环、间冷循环、再热循环、复杂循环、联合循环等各种不同的热力循环。其中,开式循环工质来自于大气,做功后又排向大气。闭式循环是指工质在封闭的体系中运行,通常选择能提高装置性能的工质,如可减少腐蚀、积垢等的工质,一般为惰性气体,但这些气体在经过压气机压缩后需要通过气体锅炉间接加热,随后进入透平膨胀做功,并在闭式系统中循环运行。

1.2.2 按轴系方案分类

可分为单轴机组、分轴机组、双轴机组、三轴机组,甚至更为复杂的轴系方案,以获得适合其应用对象所要求的不同的机组热力性能,包括机组的变工况性能。

1.2.3 按机组结构类型分类

可分为重型结构和轻型结构两类,其中重型燃气轮机机组结构的零部件厚重,设计时不以减小质量为主要目标,结构上整个静子水平中分,用滑动轴承支承;轻型燃气轮机机组结构通常指航空改型(aero-derivatives,又称航改型)燃气轮机机组,其结构紧凑,材料要求高,结构上一般采用部分静子水平中分,滚动轴承支承。目前,轻型燃气轮机机组最大的功率为52.9 MW,功率大于此的一般均为重型结构且为单轴机组。

应该说明的是,目前对于燃气轮机重型结构和轻型结构的划分界限并不明确,同时与下述按用途分类可能不完全一致。而大部分文献资料中将不考虑尺寸、质量的地面用燃气轮机称为重型燃气轮机,将地面和海洋应用中质量较小、利用航空燃气轮机派生的机组称为航改型燃气轮机。航改型燃气轮机本质上是采用航空燃气轮机技术进行改型,使其在地面和海洋上得以应用。航改型机组一般用于发电,尤其是在对质量有要求的场合,如海洋平台。

在航改型燃气轮机领域,普惠(Pratt & Whitney,PW)公司的JT-8D航改型系列在其早期就可发出约10000 lbf的推力[1 lbf(磅力) = 4.44822 N],其后20年中经过各种改进可发出约20000 lbf的推力,这种在相同初始设计上的功率提升可大大降低设计成本。FT8燃气轮机就是源自JT-8D的航改型机组,可用于发电和机械驱动。同样,通用电气(GE)的LM2500和LM600系列也是CF6-80C2航空发动机的改型燃气轮机机组。ABB的GT 35,包括其后更换了合作伙伴的Alstom GT 35,还有西门子西屋(Siemens Westing House)公司的SGT 500均是航改型燃气轮机机组。

1.2.4 其他分类

此外,简单循环燃气轮机按照用途和功率通常还可以分为以下类型:

(1)重型燃气轮机 通常为固定式机组,是一种大功率发电装置,其简单循环机组的功率范围为50~590 MW,效率范围为35%~43%。

(2)航空改型燃气轮机 即源于航空发动机改型的发电机组,是将航空发动机拆除其旁路风扇并在排气出口加装一个动力透平,以适合用作发电装置。其功率范围大致为2.5~50 MW,效率范围为35%~40%。

(3) 工业燃气轮机　其功率变化范围为 2.5~15 MW，广泛应用在石化、冶金等企业，作为驱动工业流程压气机的动力，这些机组的效率一般低于 30%。

(4) 小型燃气轮机　其功率范围为 1~2.5 MW。通常采用离心式压气机和向心式透平结构，机组的简单循环效率在 15%~25% 范围内。

(5) 微型燃气轮机　其功率范围为 20 kW~1 MW。由于分布式能源市场的急剧升温，在 20 世纪 90 年代末期，微型燃气轮机呈现出了爆发式的增长态势。

(6) 车用燃气轮机　此类机组的功率范围为 300~1500 hp（1 hp = 745.700 W）。世界上第一辆燃气轮机驱动的汽车（JETI）是由英国 Rover 公司于 1950 年研制成功的，此外还有福特汽车公司的货车用燃气轮机。取得成功应用的车用燃气轮机还有美国艾布拉姆斯（M1）主战坦克和俄罗斯 T80 主战坦克上的燃气轮机。

1.3　燃气轮机技术特点

与目前广泛使用的蒸汽轮机和往复式内燃机动力装置相比，燃气轮机的主要技术特点和优势如下：

(1) 体积小，质量小　燃气轮机装置（不包含所驱动的负荷）的单位功率质量小，重型燃气轮机机组约在 2~5 kg/kW 之间，仅个别机型大于 10 kg/kW，而很多轻型燃气轮机小于 1 kg/kW。

(2) 设备简单　与蒸汽轮机不同，燃气轮机自带燃烧室，且不需要水，因而也不需要锅炉、冷凝器、给水处理等大型设备。

(3) 起动快，自动化程度高　视机组功率的大小及结构的不同，燃气轮机装置可在数分钟至半小时之间完成起动过程。

(4) 排放低，污染小　燃气轮机以天然气等气体燃料为主要燃料，其 NO_x、CO 和未燃碳氢化合物（UHC）等的排放均可达到较低值。

(5) 燃料灵活性好　燃气轮机除天然气外，还可燃用柴油、石脑油（粗汽油）、甲烷、原油、蒸发燃油、低热值可燃气、生物质气和氢气等。

(6) 安装周期短　对于燃气轮机电厂来说，当基础建好后机组可在 1~2 个月内完成安装并投入发电。

当然，燃气轮机动力装置也有其特定的局限性。如其单机功率较小，相比于汽轮机的最大功率等级 1200~1300 MW，目前燃气轮机的最大功率等级大致为 590 MW，联合循环功率可达 800 MW 以上。此外，以煤为燃料的整体煤气化联合循环（IGCC）机组尚处于研发和示范阶段。

1.4　燃气轮机技术发展历程

按技术特征来看，燃气轮机技术的发展历程大致可分为四代。20 世纪后 60 年里，世界发展了前两代燃气轮机，其传统的提高性能的途径是不断提高透平前温，相应增大压气机压比并完善有关部件。进入 21 世纪以来及未来 30 年，主要利用新材料和新技术的突破，开发出先进级和未来级两代燃气轮机。

(1) 第一代燃气轮机　20 世纪 40 年代~60 年代，其技术特点为单轴重型结构（航空改型除外）、高温合金材料、简单空冷技术，以及压气机采用亚声速设计。性能参数特征为透平前温低于 1000 ℃，压比为 4~10，简单循环效率低于 30%。典型机组有苏联 GT-600-1.5 型、GT-12-3 型，瑞士 BBC 公司 6000 kW 燃气轮机，美国 GE 公司 21500 kW 燃气轮机。

(2) 第二代燃气轮机　20 世纪 70 年代~90 年代，第二代燃气轮机充分吸收先进航空发动机技术和传统汽轮机技术，沿着传统的途径不断提高性能，开发出了一批"F""FA""3A"型技术的新产品，它们代表着当时燃气轮机的最高水平，即透平前温达到 1260~1300 ℃，压比为 10~30，简单循环效率为 36%~40%，联合循环效率为 55%~58%。其技术特点为采用轻重结合结构、超级合金和保护层、先进空冷技术、低污染燃烧、数字式微型计算机控制系统、联合循环总能系统。性能参数特征为 E 级燃气轮机，120 MW 等级；F 级燃气轮机，透平前温低于 1430 ℃，效率低于 40%，联合循环效率低于 60%。

(3) 第三代燃气轮机　21 世纪初的 20 年研发的第三代燃气轮机称之为先进级。机组的技术特点为采用了更有效的蒸汽或空气冷却技术，高温部件材料仍以超级合金为主，通过采用先进工艺（定向结晶、单晶叶片等）进一步改善合金性能。部分静止部件可能采用陶瓷材料，应用智能型微型计算机控制系统是其发展方向。GE 公司的 GE37 燃气轮机相当于第三代水平的航空涡喷发动机，使用高温合金和少量可提供隔热功能的陶瓷材料，透平前温在 1400~1500 ℃，短时达到 1600 ℃。目前已研制出的典型机型是 H 级、G 级和 J 级燃气轮机，透平前温在 1500~1600 ℃，简单循环效率最高可达 42%，联合循环效率最高可达 62%。

(4) 第四代燃气轮机　正在构思与研发中的新一代燃气轮机，可称为未来级。对第四代燃气轮机的构思与研发是基于采用革命性的新材料，燃料将以氢燃料为主，燃烧室在处于或接近理论燃烧空气量的条件下工作，透平前温范围将为 1650~1800 ℃，传统冷却系统将被取代为变革性的冷却技术，目前采用的熔点为 1200 ℃、密度为 8 g/cm³ 的高温合金将被淘汰，新的高级材料应是小密度（密度小于 5 g/cm³）并有更好的综合高温性能，其中陶瓷材料也许是一种选择。

1.5　燃气轮机部件材料与工艺

燃气轮机的效率和可靠性在很大程度上取决于热端部件的技术水平。重型燃气轮机热端部件主要包括透平叶片、燃烧室和透平轮盘。

1.5.1　透平叶片

燃气轮机透平叶片长时间连续工作在高温、易腐蚀和复杂应力下，工作环境十分恶劣。与航空发动机涡轮叶片相比，燃气轮机透平叶片的材料对耐久性、耐蚀性要求更高，因此，航空发动机涡轮叶片材料不能直接用于燃气轮机透平叶片。普通的金属材料很难满足这些要求，因此，只能通过高度的合金化，不断增强合金的高温综合性能。

燃气轮机透平叶片材料及成形技术发展如图 1-3 所示。20 世纪四五十年代，透平叶片以变形钴（Co）基和镍（Ni）基高温合金为主要用材。20 世纪 50 年代中期，随着真空冶炼技术的商业化，开始研究铸造镍基合金。20 世纪 60 年代，精密铸造技术成熟，使得复杂叶片型面及冷却通道设计变为可能，通过添加合金元素改善材料的组织结构，提高了铸造高温合金的高温强度，使燃气轮机的入口温度大幅度提高。20 世纪 70 年代，定向凝固柱晶高温合金开始用于航空发动机叶片。从 20 世纪 90 年代后期开始，定向凝固柱晶和单晶高温合金先后用于重型燃气轮机动叶片。

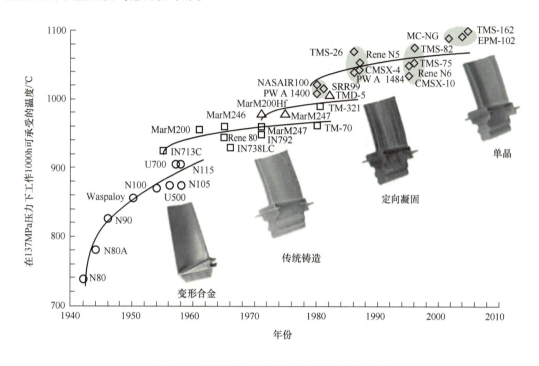

图 1-3　燃气轮机透平叶片材料及成形技术发展

通过定向凝固技术，将透平叶片的组织由传统的等轴晶改进为定向柱晶，能够大大提高透平叶片的高温性能。尤其是单晶叶片，在定向凝固的过程中消除了叶片晶界，极大地提高了其高温蠕变性能，且高温组织稳定，综合性能好。目前，大尺寸单晶空心高温合金叶片材料及无余量精密铸造技术是重型燃气轮机叶片制造技术最高水平的标志之一。

为了保持世界领先地位，西方发达国家的政府和业界制定和实施了长期多层次的燃气轮机技术研究计划，以推动其产品与产业的进一步发展。例如，美国投资 4 亿美元发起先进透平系统（advanced turbine system，ATS）计划，欧洲多国联合实施欧洲科技合作（European co-operation in science & technology，COST）计划等。这些计划将材料及其成形研究置于重要地位，如 COST 计划中的 501 项目着重对高性能材料及其涂层技术进行开发，使燃气轮机转子叶片、静子叶片等热端部件材料能够承受更高的温度。日本推出的 21 世纪高温材料计划（high-temperature material 21 project）为重型燃气轮机用镍基高温合金及其成形技术的进一步发展提供了机会。

GE 公司、西门子公司、三菱重工都各自开发出了材料牌号，并形成了透平转子叶片、静子叶片材料体系，见表 1-1。GE 公司、西门子公司在其 F 级及以上燃气轮机中普遍采用了单晶叶片和定向柱晶叶片。三菱重工得益于所掌握的先进冷却技术和热障涂层技术，即使在其最先进的 J 级燃气轮机上，也没有采用单晶叶片，而仅仅采用定向柱晶叶片。

表 1-1 典型的重型燃气轮机透平叶片材料

公司	燃气轮机型号	静子叶片	转子叶片
GE	7/9EA	FSX-414	GTD111（第 1 级） IN738（第 2 级） U-500（第 3 级）
GE	7/9FA	FSX-414（第 1 级） GTD222（第 2、3 级）	DS GTD111（第 1 级） GTD111（第 2、3 级）
GE	7FB/9FB	GTD111（第 1、2 级） GTD222（第 3 级）	Rene N5（第 1 级） DS GTD444（第 2、3 级）
GE	7H/9H	Rene N5（第 1 级） DS GTD222（第 2 级） Rene108（第 3 级） GTD222（第 4 级）	Rene N5（第 1 级） DS GTD111（第 2 级） DS GTD444（第 3、4 级）
西门子	V84/94.2	IN939	IN738LC（第 1、2、3 级） IN792（第 4 级）
西门子	V84/94.3A	PWA1483（第 1、2 级） IN939（第 3、4 级）	PWA1483（第 1、2 级）
三菱重工	501/701F3	MGA2400	MGA1400 DS（第 1 级） MGA1400（第 2、3、4 级）
三菱重工	501/701G	MGA2400	MGA1400 DS（第 1、2 级） MGA1400（第 3、4 级）
三菱重工	501J	MGA2400	MGA1400 DS（第 1、2、3 级） MGA1400（第 4 级）

结合上述发展历程来看，从锻造合金改为铸造合金是透平叶片选材的一个明显趋势。一方面，高度的合金化使得高温合金塑性降低，难以锻压加工，同时，气冷技术需要的内腔形状复杂的叶片，只有采用铸造技术才能做到。另一方面，真空铸造、精密铸造、晶粒细化、定向凝固等铸造技术的重大进展也为铸造叶片奠定了基础。铸造应用新工艺充分进行合金化，提高了透平叶片的高温性能。

透平叶片普遍采用熔模精密铸造成形技术。随着透平进口温度、功率的提高，透平叶片制造成为一个世界性难题。相比于航空发动机涡轮叶片，燃气轮机透平叶片由于尺寸更大，对陶瓷型芯和陶瓷模壳的高温强度要求更高，叶片的尺寸精度更难以保证，各种组织缺陷和铸造缺陷的控制难度更大，如定向柱晶叶片和单晶叶片的杂晶、偏晶、再结晶等缺陷。

1.5.2 燃烧室

从工况看，燃烧室是燃气轮机承受温度最高的部件，燃烧室材料应具有足够的高温机械强度、良好的热疲劳强度和抗氧化性、较高的高温高周疲劳强度及蠕变强度。从工艺看，燃烧室材料还需具有非常好的成形性能及焊接性能，焊后热处理开裂的倾向性要小。为了满足以上工况和工艺要求，燃烧室材料通常采用镍基高温合金。为进一步提高燃气轮机效率，燃烧室还选用了合金化程度更高的高温合金材料,如 Haynes 230,但其高温变形抗力大,易产生轧制裂纹,这对制造设备和生产工艺都提出了新的要求。

Hastelloy X 从 20 世纪 60 年代开始被用作燃气轮机的燃烧室材料,具有较好的抗氧化性能和抗高温蠕变性能,其成形性和焊接性也较好,工作温度可达到 980 ℃左右,GE、西门子、三菱重工等公司都使用过该材料。随着燃烧温度的进一步提升,对燃烧室材料提出了更高的要求,即在不降低抗氧化性和抗热腐蚀性能的前提下,具有更好的抗蠕变性能。为此,GE 公司的燃气轮机在燃烧室的过渡段选用了比 Hastelloy 抗蠕变性能更好的 Nimonic 263 合金,随后又在一些机组中引入了 Haynes 188 钴基合金以进一步提高抗蠕变性能,该合金中加入 14%(质量百分数)的钨进行固溶强化,使合金具有良好的综合性能。GE 公司在 MS7001F 和 MS9001F 火焰筒后段使用了 Haynes 188 合金,在 MS7001H 和 MS9001H 机组中则采用了镍基铸造高温合金 GTD-222 以提高抗蠕变性能。此外,IN617 合金、Haynes 230 合金也被用来制作燃烧室,Haynes 230 在 Haynes 188 基础上降低钴含量、提高镍含量,并添加了 2% 的钼,其抗氧化性能有一定提高,同时也具有良好的焊接性能。

燃烧室主要用材的持久强度如图 1-4 所示,Nimonic 263、Haynes 230 和 Haynes 188 的持久性能均优于 Hastelloy X 合金。虽然 Nimonic 263 合金在短时有较高的蠕变强度,但在长时间蠕变后,性能下降比 Haynes 230 和 Haynes 188 快,Haynes 230 和 Haynes 188 合金在高温低应力、长时间条件下的持久强度则比较接近,均优于 Nimonic 263 合金,但从 Haynes 230 合金在 980 ℃下 1000 h 的抗氧化性能测试来看,其抗氧化性要优于 Haynes 188 合金。典型重型燃气轮机燃烧室材料见表 1-2。

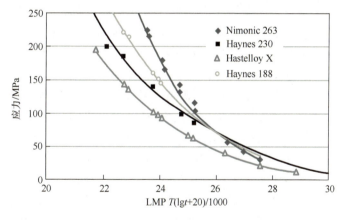

图 1-4　燃烧室主要用材的持久强度

表 1-2　典型重型燃气轮机燃烧室材料

公司	机组型号	燃烧室火焰筒	燃烧室过渡段
GE	9E	Hastelloy X	Nimonic 263
	6FA、7FA、9FA	Hastelloy X/HS-188	Nimonic 263
	7/9H	Hastelloy X/GTD-222	Nimonic 263
西门子	SGT5-4000F	Hastelloy X	IN617
三菱重工	M701F/G	Hastelloy X	Tormilloy

F级燃气轮机燃烧室中火焰筒和过渡段在1400 ℃以上的高温下工作，表面必须用热障涂层进行保护。GE公司的燃气轮机在火焰筒和过渡段上均制备了0.4～0.6 mm的热障涂层，结合层为MCrAlY，陶瓷层为氧化钇稳定氧化锆，每25 μm涂层厚度可降低温度4～9 ℃。西门子公司的E级、F级燃气轮机燃烧室为整体环形结构，由陶瓷隔热瓦和金属隔热瓦组成环形空腔以隔离高温燃气，其中金属隔热瓦上也喷涂了热障涂层，过渡段则采用了内表面喷涂热障涂层的IN617合金。

1.5.3 透平轮盘

透平轮盘轮缘长期工作在550～600 ℃，而轮盘中心工作温度则降至450 ℃以下。不同部位的温差造成了轮盘的径向热应力非常大。此外，轮盘外缘榫齿在燃气轮机起停过程中会承受较高的低周疲劳载荷作用。故透平轮盘的材料在使用温度下应具有更高的抗拉强度和屈服强度，能够承载高工作应力，具有非常好的抗冲击性能和耐蠕变性能，特别是在变工况载荷下应具有良好的疲劳强度，而且短时超温不会对轮盘材料造成蠕变损伤。为此，除了合金钢和耐热钢，透平轮盘在选材上也应考虑具有良好综合性能的变形高温合金，如IN718和IN706合金。燃气轮机透平轮盘直径是航空发动机的3～6倍。在质量上，相对于几百千克的航空发动机涡轮盘，F级燃气轮机透平轮盘质量可达到10 t以上，使得透平轮盘在制造上会遇到诸多问题。对于使用变形高温合金的大型透平轮盘，其制造的关键技术包括大尺寸无偏析钢锭冶炼技术和大尺寸轮盘锻造技术。对于大型高温合金钢锭，通常要求进行三联工艺冶炼，即真空感应（VIM）+ 电渣重熔（ESR）+ 真空自耗重熔（VAR），以尽可能提高合金的纯净度。此外，铸锭过程还需解决铌（Nb）元素偏析的问题。对于沉淀强化型变形高温合金，由于大量强化相的析出，锻造温度必须控制在 γ' 相溶解温度以上，而且由于固溶强化元素增多，合金在固溶状态的变形抗力也较大，并且为防止晶粒粗化，锻造温度范围非常有限，不能过分升高。

GE公司早期的F级以下的燃气轮机，普遍选用CrMoV低合金钢作为轮盘材料。三菱重工、阿尔斯通及西门子公司为满足传统合金钢或耐热钢轮盘的使用要求，采用增强冷却技术对轮盘进行降温。阿尔斯通公司的轮盘材料选用了12CrNiMoV；西门子公司选用了22CrMoV和12CrNiMo；三菱重工公司的F3和F4燃气轮机透平进口温度分别达到1400 ℃和1427 ℃，但依然采用10325TG（NiCrMoV合金钢）作为透平第1～4级轮盘材料，这得益于该公司的空气冷却器（TCA）技术，并且其第1级透平轮盘进气侧有NiCr-Cr_3C_2涂层保护。

随着F级燃气轮机压气机的压比和出气温度的提高，需要在更高温度下能够承载高应力的轮盘材料。镍基变形高温合金因其极佳的蠕变抗力，在高温环境下亦有较高的力学强度，作为轮盘材料被广泛应用于航空发动机和重型燃气轮机中，如A286、Discaloy、Rene 41、Rene 95、Udimet 520、Udimet 720、Waspaloy、IN706、IN718等。

IN706和IN718合金在20世纪50年代左右开发成功后，一直作为航空发动机涡轮盘主选材料。由于IN718材料含5.0%～5.5%的铌，易于形成雀斑型偏析，受限于冶炼和铸锭技术，20世纪国际上公认其钢锭直径不能超过500 mm。因此，GE公司在20世纪80年代末采用铌含量较低的IN706合金作为F级燃气轮机的透平轮盘材料，经过VIM + ESR + VAR三联工艺冶炼，其钢锭直径可达到1000 mm，钢锭质量达到15 t，轮盘锻件质量约10 t，轮盘锻件直径达到2200 mm。借鉴IN706的制造经验，在20世纪90年代中后期，GE公司开发出了2000 mm级别的IN718轮盘锻件，其所用钢锭直径达到686 mm，钢锭质量达到9 t。GE公司在7FB/9FB、7H/9H燃气轮机中开始使用IN718轮盘，其中9FB燃气轮机使用的轮盘钢锭质量达到了15 t以上，其直径超过了2000 mm，如图1-5所示。各公司燃气轮机透平轮盘用材见表1-3。

图1-5 GE公司9FB燃气轮机大型IN718透平轮盘（后）与航空发动机轮盘（前）对比

表1-3 各公司燃气轮机透平轮盘用材

公司	机组型号	轮盘材料
GE	7E、9E	CrMoV
	6FA、7FA、9FA	IN706
	7FB/9FB、7H/9H	IN718
三菱重工	F3、F4	10325TG（NiCrMoV）
阿尔斯通	—	12CrNiMoV
西门子	—	22CrMoV&12CrNiMo

燃气轮机是一种先进而复杂的成套动力机械装备，是典型的高新技术密集型产品。透平叶片、燃烧室、透平轮盘是燃气轮机的三大核心热端部件，其材料及成形技术难度高，涉及高温合金、陶瓷材料、复合材料、冶金、铸造、锻造、焊接、热处理、机加工、无损检测、性能评价等多个学科和专业，周期长、投资大，须多单位协同合作。发展集新技术、新材料、新工艺于一身的燃气轮机产业，是国家高技术水平和科技实力的重要标志之一。

综上所述，燃气轮机材料涉及高温合金、陶瓷材料、复合材料等多种类型的材料，尽管种类繁多，但是万变不离其宗，各种材料的研究开发和制备始终是遵循"成分-组织结构-性能"之间的基本关系展开的。本书从第2章开始将详细讲解材料科学的基本概念和基础理论，使学生兼顾掌握内容的深度和广度，引导学生应用理论解决燃气轮机及其他工程材料方面的实际问题。

本 章 小 结

本章简要介绍了燃气轮机分类、特点及其技术发展过程,重点介绍了燃气轮机关键热端部件的材料及制备工艺情况,有助于学生更加直观地了解燃气轮机材料。

复习思考题

1-1　什么是燃气轮机?其主要应用在哪些领域?
1-2　燃气轮机主要由哪三大部件构成?其主要功能是什么?
1-3　燃气轮机的燃烧室用到的材料有哪些?
1-4　燃气轮机透平叶片的主要材料和制造工艺有哪些?
1-5　结合燃气轮机的特点,谈谈燃气轮机关键热端部件材料未来的发展方向。

第 2 章

材料的结构

【本章学习要点】本章介绍材料不同尺度层级的结构,主要包括材料的原子结构及原子之间的键合、材料的晶体结构及实际材料中的晶体缺陷等内容。要求了解材料各结构层次的主要内容,了解固体材料中的结合键,熟悉主要晶体结构类型及实际材料中的点缺陷、线缺陷与面缺陷等。

在第1章中,介绍了燃气轮机部件使用的各种材料,包括高温合金、合金钢、陶瓷材料等,这些材料之所以具有满足特定使用要求的优异性能,其根本原因是源于材料内部的组织结构。结构决定性能是材料的一个基本规律,结构与性能之间的关系也是材料研究与应用中的核心问题。本章将详细介绍材料的结构。

2.1 材料结构的层次

材料结构指的是材料系统内各组成单元之间相互联系和相互作用的方式。自然界中的万事万物,大到宇宙天体,小到基本粒子,甚至是具有生命特征的生物,以及人类活动所形成的社会组织等,在结构上无不存在着一定的层次,材料亦不例外。材料的结构层次大体是按观察工具(设备)的分辨率范围划分的,通常包括宏观结构、显微结构、原子(分子)的排列结构、原子的结合结构等。材料结构是人们能够用通常的技术手段(物理的或化学的)来改变的结构。至于尺度更小的原子内部结构(如原子核结构等),现在一般只认为其属于物质结构层次,而不是材料结构。

宏观结构是人眼(可借助放大镜)能分辨的材料聚集结构,尺度范围在100 μm(人眼明视距离处的分辨极限)以上。结构组成单元是粗大的晶粒、多相集合体、颗粒等。材料的可视缺陷、夹杂物的分布情况及微裂纹等也属于宏观结构范畴。典型的实例如玻璃钢(GFRP,玻璃纤维增强塑料),其增强体(玻璃纤维或玻璃布)的编织结构及体系中增强体与连续相(树脂)之间的结合等都属于材料的宏观结构。金属液经浇铸和冷却,得到一个铸锭,然后将其剖开和磨平,再用一定的腐蚀液进行浸蚀,可显示出如图2-1所示的宏观结构。

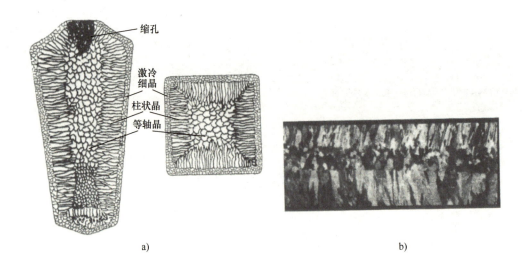

图 2-1 铸锭宏观结构

a）纵截面和横截面的结构示意图　b）工业纯铝铸坯（外部柱状晶，中心等轴晶，铸坯高度 25.4 mm）

显微结构（在金属材料中通常也称为显微组织）属于光学显微镜和电子显微镜分辨的结构范围，其尺度范围在 100 μm 以下，1 nm 以上。显微结构组成单元是相（材料体系中物理和化学性质均一的部分），内容包括相的种类、数量、形貌、相互关系、空间排布等。当多个相共存时，相与相之间以相界分开。

例如金属铸锭经压力加工或热处理后，晶粒（或相）变细，用肉眼和放大镜已观察不清楚，而需要用显微镜。由于金属不透明，故需先制备金相试样，包括试样的截取、磨光和抛光等步骤，把观察面制成平整而光滑如镜的表面，然后经过一定的浸蚀，在金相显微镜下观察其显微结构（组织）。

工业纯铁的显微组织示意如图 2-2 所示。图 2-2 中每一个多边形是一颗晶粒。晶粒之间的交界面称为晶界。由两颗以上晶粒组成的材料称为多晶体材料，晶粒的典型尺寸在 50 μm 左右，大的晶粒，如在某些铸态组织中，可以达到肉眼可以看见的程度，一般为 0.1 mm 以上。实际上显微镜下所看到的晶粒只是其截面。

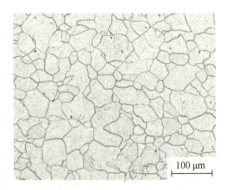

图 2-2 工业纯铁的显微组织示意

光学显微镜以可见光作为光源，波长为 400～700 nm，分辨极限最小约为 200 nm，有效放大倍数最大约为 1600 倍，用这种显微镜可以观察到金属晶粒的形状和大小，以及较粗大的夹杂物和杂质粒子、晶界以及沿晶界分布的杂质薄膜等，但不能观察到许多更细节的东西（精细结构），此时需要提高显微镜的分辨能力。由于电子束波长比可见光波长短得多，所以用电子束作为光源的电子显微镜得到了很大发展，电子显微镜的分辨极限可小于 3 nm。除观察显微组织外，不同装备的电镜（扫描电镜、电子探针等）

还能观察材料的破断面，即断口的形貌与细节，还能用来分析微小区域的化学成分及相结构等。需要用电子显微镜观察的材料显微结构通常也称为细观结构或亚显微结构。

比显微组织结构更细的层次是原子（也可是分子或离子等）的排列结构，可以用 X 射线衍射的分析方法来判别。原子的排列结构有规则的，也有不规则的。大量原子按照一定规则有序排列的固体称为晶体，其原子排列结构（排列方式及空间配置）称为晶体结构或晶态结构，尺度约为 0.1 nm。原子无序或者近程有序而长程无序排列的固体物质称为非晶体，其原子排列结构与液体类似，称为非晶体结构。非晶体也叫作"过冷液体"或"流动性很小的液体"。典型的非晶体是玻璃，因此，非晶态通常又称为玻璃态。晶体与非晶体都不具备流动性，而某些具备流动性的液体的内部结构单元（一般是分子）也具有各向异性的有序排列，这类物质称为液晶（liquid crystal）。液晶材料是为数不多的液体材料。

原子的结合结构指的是材料系统中原子之间的电子分布规律。目前并没有有效的测试方法直接观测到原子之间的电子分布，但其仍可以通过材料的宏观性质等来得以反映。原子的结合结构通常也称为原子的键合结构。根据原子之间键合程度的强弱，可把结合键分为基本键合和派生键合两大类。基本键合又称化学结合，结合过程存在电子的交换，包括离子键、共价键和金属键，键合程度比较强，通常在 1000~5000 K 的温度范围内被破坏。派生键合又称物理结合，不存在电子之间的交换，包括范德华力和氢键，键合程度比较弱，一般在 200~500 K 的温度范围内被破坏。

实际材料中原子可以由单一的键结合，但更多的则是由两种以上的键结合而成（混合键）。按照原子结合结构的不同，材料可以分为金属材料、无机非金属材料、有机高分子材料和复合材料四类。其中，金属材料中的原子结合以金属键为主；无机非金属材料以离子键和共价键为主，也含有部分范德华力和氢键；有机高分子材料在分子内部是共价键，分子之间以范德华力结合；复合材料是上述三类材料在宏观结构层次上的结合。

需要说明的是，人们对材料结构层次的划分、理解、认识并不统一，除上述的结构层次划分外，还有三层次论（宏观结构、亚微观结构、微观结构）和二层次论（宏观结构、显微结构）等。高分子材料在结构层次论述上有其专有名词，即一级（次）结构、二级（次）结构、三级（次）结构、高级（次）结构，分别与上述的原子结合结构、原子排列结构、显微结构和宏观结构大致对应。表 2-1 对材料的各层级结构进行了大致的汇总。

表 2-1 材料的结构层级

物体尺寸	结构层次	观测设备	研究对象	举 例
100 μm 以上	宏观结构（大结构）	肉眼 放大镜 体视显微镜	大晶粒、颗粒集团	断面结构外观缺陷 裂纹、空洞
100~10 μm	光学显微结构	偏光显微镜 反光显微镜 相衬显微镜 干涉显微镜	晶粒 多相集团	相分定性和定量、晶形分布及物相的光学性质
10~0.2 μm			微晶集团	物相或颗粒形状、大小、取向、分布和结构 物相的部分光学性质，包括消光、干涉色，延性、多色性等

(续)

物体尺寸	结构层次	观测设备	研究对象	举　例
0.2～0.01 μm	亚显微结构（细观结构）	暗场显微镜 超视显微镜 干涉相衬显微镜 电子显微镜 扫描电子显微镜	微晶 胶团	液相分离体、沉积、凝胶结构 界面形貌 晶体构造的位错缺陷
<0.01 μm（即<10 nm）	原子排列结构	场离子显微镜 高分辨电子显微镜 X射线衍射	晶格点阵	钨晶格、高岭石点阵

材料各层级的结构对材料性质都有不同的影响。在材料的宏观结构不同时，即使组成与微观结构等相同，材料的性质与用途也不同，如玻璃与泡沫玻璃，它们的许多性质及用途有很大的不同。同批次的钢材，不同热处理工艺处理后，强度、韧性等力学性能存在明显的差异，这主要源于它们的显微结构的不同。有时，材料的宏观结构相同或相似，即使材料的组成或微观结构等不同，材料也具有某些相同或相似的性质与用途，如泡沫玻璃、泡沫塑料、泡沫金属等。但是，泡沫金属能够导电、泡沫玻璃硬脆、泡沫塑料软韧，这些性质的不同就是由于它们的原子键合结构不同所造成的。

2.2　原子结构与键合

材料都是由大量的原子（或离子，统称为原子）组成的，原子是分析材料结构的一个起点。原子之间的键合从根本上决定了材料的许多力学、物理和化学性质，是材料分析的基本点之一。

2.2.1　孤立原子的结构

原子结构一般指的是**原子中电子的运动状态**。汤姆逊发现电子后，提出了"枣糕模型"来描绘原子结构，认为原子是一个均匀的阳电球，且若干阴性电子在这个球体内运行。1911年，卢瑟福根据α粒子轰击金箔的实验提出了原子的有核模型，认为核外电子围绕着原子核高速运转，类似于行星绕着太阳的运动。为了解释原子的稳定性和原子光谱，玻尔对此模型进行了部分量子化的修正，并将其成功应用于氢原子光谱的解释。量子力学的诞生，为微观世界的分析提供了基础。根据量子力学，电子运动没有确切的位置与速度，而是依照一定的概率出现于距离原子核某个距离之处，形成所谓的电子云。

孤立原子中电子的状态可以用主量子数 n、角量子数 l、磁量子数 m 和自旋量子数 m_s 组成的量子数组来给定。一个电子，只要给定了它的4个量子数，其许多力学量特征也随之确定，其中，电子能量是确定的，而且不同状态之间的能量是不连续的，这些能量值称为能级。在氢原子中，电子的能级只取决于电子的主量子数。在多电子的原子中，核外电子的能级还与其他量子数有关，不同状态的电子的能级依照洪德定则排列。

根据量子力学，原子中核外电子状态主要由带电粒子的静电作用决定。每种原子的核内正电荷都是独特的，使得它与核外电子间的静电作用能与其他原子不同。再考虑核外电子间的静电相互作用的差别，由此决定每一种原子中的电子能级结构都是独特的。

2.2.2 固体中的电子状态

固体材料可以看作是大量孤立原子相互接近并且最终稳定在平衡距离上形成的。原子之间相互接近，相邻原子的外层电子互相影响，电子云互相重叠，运动状态被改变，并且导致能量变化，从而形成结合键。而内层电子受到的影响较弱，一般维持其在孤立原子中的状态不变。这样，固体中的电子就可以分为不参与成键的内层电子和参与成键的外层电子两类。前者与原子核一起，称为离子实，后者称为价电子。

按照玻尔的原子模型，在孤立原子中，原子核外的电子按照一定的壳层排列，每一壳层容纳一定数量的电子。每个壳层上的电子具有分立的能量值，也就是电子按能级分布。为简明起见，在表示能量高低的图上，用一条条高低不同的水平线表示电子的能级，此图称为电子能级图。当晶体中大量的原子集合在一起，而且原子之间距离很近，致使离原子核较远的壳层发生交叠，壳层交叠使电子不再局限于某个原子上，有可能转移到相邻原子的相似壳层上去，也可能从相邻原子运动到更远的原子壳层上去，这种现象称为电子的共有化。从而使本来处于同一能量状态的电子产生微小的能量差异，与此相对应的能级扩展为能带。

利用能带理论可以对固体材料的导电性质加以解释。固体能带结构可以分为几类，允许被电子占据的能带称为允许带，允许带之间的范围是不允许电子占据的，称为禁带，禁带的宽度叫作带隙（能隙）。原子壳层中的内层允许带总是被电子先占满，然后再占据能量更高的外面一层的允许带。被电子占满的允许带称为满带，每一个能级上都没有电子的能带称为空带。价电子占据的能带称为价带，价带以上能量最低的允许带称为导带。绝缘体的带隙很宽，电子很难跃迁到导带形成电流，因此绝缘体不导电。金属导体只是价带的下部能级被电子填满，上部可能未满，或者跟导带有一定的重叠区域，电子可以自由运动，因此很容易导电。而半导体的带隙宽度介于绝缘体和导体之间，其价带是填满的，导带是空的，如果受热或受到光线、电子射线的照射获得能量，电子就很容易跃迁到导带中，这就是半导体导电并且其导电性能可被改变的原理。

2.2.3 固体材料中的结合键

前已述及，固体材料中的结合键包括离子键、共价键、金属键等三种化学键和范德华力、氢键两种非化学键。

1. 离子键

离子键是正离子和负离子靠静电作用相互结合而形成的。原子失去外层价电子或获得其他原子的价电子而形成离子。原子的这一能力用电负性来表征，其数值越大，原子获得电子的能力越强。

当两种电负性相差大的原子（如碱金属元素与卤族元素的原子）相互靠近时，其中电负性小的原子失去电子，成为正离子，电负性大的原子获得电子成为负离子，两种离子靠静电引力结合在一起，使系统能量降低，形成离子键。

离子的电荷分布没有方向性，因此它在各方向上都可以和相反电荷的离子相吸引，因此离子键也没有方向性。离子键的另一个特性是无饱和性，即一个离子可以同时和几个异号离子相结合。例如，在 NaCl 晶体中，每个 Cl^- 周围都有 6 个 Na^+，每个 Na^+ 也有 6 个 Cl^- 等距离排列着。

离子键中，价电子由正离子转移给负离子。成键的两种原子的电负性差别越大，价电子的转移越完全，键的离子性越强，反之，离子性越弱。价电子的转移一般都不彻底，因此，通常的离子键不一定是100%的离子性，而离子性又普遍存在于其他类型的结合键之中。

2. 共价键

共价键是两个或多个原子之间通过形成共用电子对而形成的。形成共价键时，相邻两个原子各给出一个电子（最外层的价电子）形成共用电子对作为两者公有，依靠公有化电子对的作用将两个相邻的原子（严格说是两个正离子）相互结合起来。

一般情况下，两个相邻原子只能共用一对电子。一个原子的共价键数，即与它共价结合的原子数，最多只能等于 $8-N$（N 表示这个原子最外层的电子数），所以共价键具有明显的饱和性。共用电子对电子云处于最大程度重叠方向上时，结合能最大，由于电子云的分布并不一定球对称，因此，共价键具有方向性。例如，在金刚石中，碳原子之间完全以共价键结合，每个碳原子周围都有4个碳原子通过共价键和它相邻接，这4个共价键在空间中均布，任意两个键之间的夹角为109.5°。类似结构也出现在硅、锗中，甲烷、聚乙烯中的碳原子周围的共价键也是这样的结构。

与离子键相比，纯共价键中的价电子电子云与其原本所属的两个原子的核心等距离。如果发生偏离，该共价键就具有一定的离子性。

3. 金属键

金属键是大量离子实（正离子）和公有化的电子云之间相互作用形成的。金属原子的结构特点是外层电子少，容易失去。当金属原子相互靠近时，其外层的价电子脱离原子成为自由电子，为整个金属所公有，形成了电子云，或称电子气。电子云带负电，离子实带正电，依靠静电作用二者结合，形成金属键。金属键无方向性和饱和性。

金属键的经典模型有两种，一种认为金属原子全部离子化，另一种认为金属键包括中性原子间的共价键及正离子与自由电子间的静电作用的复杂结合。

利用金属键可解释金属所具有的各种特性。金属内原子面之间相对位移，金属键仍旧保持，故金属具有良好的延展性。在一定电位差下，自由电子可在金属中定向运动，形成电流，显示出良好的导电性。随温度升高，正离子（或原子）本身振幅增大，阻碍电子通过，使电阻升高，因此金属具有正的电阻温度系数。固态金属中，不仅正离子的振动可传递热能，而且电子的运动也能传递热能，故金属比非金属具有更好的导热性。金属中的自由电子可吸收可见光的能量，被激发、跃迁到较高能级，因此金属不透明。当它跳回到原来能级时，将所吸收的能量重新辐射出来，使金属具有特殊的光泽。

4. 范德华力

范德华力是分子间作用力，是存在于中性分子或原子之间的一种弱的电性吸引力。它有三个来源，一是极性分子的永久偶极矩之间的相互作用，称为取向力；二是一个极性分子使另一个分子极化，产生诱导偶极矩并相互吸引，称为诱导力；三是分子中电子的运动产生瞬时偶极矩，它使临近分子瞬时极化，后者又反过来增强原来分子的瞬时偶极矩，这种相互耦合产生净的吸引作用，称为色散力。这三种力的贡献不同，通常第三种作用的贡献最大。

范德华力大量存在于分子组成的固体材料中，如塑料等有机高分子材料。在依靠共价键结合的非金属固体中，多数情况下，也要依靠范德华力的结合。金刚石与石墨都是由碳元素组成的固体，完全共价键结合的金刚石是自然界中最硬的矿物，而石墨则非常软。石墨中一个面层中，一个碳原子与周围三个碳原子形成共价键，组成六边形排列的结构。这些共价键与金刚石并无本质区别，因此，其熔点、沸点都非常高。但是，在二维网络的垂直方向上，其依靠范德华力结合形成三维空间固体。这种层间的结合很容易被破坏，表现为石墨易于层状分离。

5. 氢键

氢键是在电负性原子和与另一个电负性原子共价结合的氢原子间形成的。氢键的产生主要是由于氢原子与某一原子形成共价键时，公有电子向这个原子强烈偏移，使氢原子几乎变成一半径很小的带正电荷的核，而这个氢原子还可以和另一个原子相吸引，形成附加的键。在这种结合中，氢原子在两个电负性原子间不等分配，与氢原子共价结合的原子为氢供体，另一个电负性原子为氢受体。

在含氢的物质中，分子内部之间通过极性共价键结合，而分子之间则主要通过氢键连接。氢键的键能比化学键（离子键、共价键和金属键）的键能要小得多，但比范德华力的键能大。

2.3 材料的晶体结构

绝大多数工程材料，如常见的钢铁、陶瓷等，以微观粒子三维长程有序排列的晶体结构形式存在，材料的性能与其内部排列的特征有关，研究晶体结构对于深入揭示材料性能变化的实质有重要意义。

材料的晶体结构类型主要决定于结合键的类型及强弱。金属键具有无方向性特点，因此金属大多趋于紧密、高对称性的简单排列。共价键与离子键材料为适应键、离子尺寸差别和价引起的种种限制，往往具有较复杂的结构。

2.3.1 晶体学基础

1. 晶体与非晶体

固态物质可以分为晶体和非晶体。实验表明，自然界中除了少数物质，如玻璃、松香、沥青等，包括金属在内的绝大多数固体都是晶体。晶体是指其原子（或离子）在三维空间有规则重复排列的物质。而在非晶体内部，其原子无规则散乱地分布。晶体之所以具有这种规则的原子排列，主要是由于各原子间的相互吸引力与排斥力相平衡的结果。

晶体具有一定的熔点，非晶体则没有固定的熔点，它是在一个温度范围内熔化。晶体表现出各向异性，即晶体内各个方向上具有不同的物理、化学或力学性能；非晶体则表现出各向同性。

2. 空间点阵

为了描述晶体结构的特征，常常忽略构成晶体的实际质点（原子、离子或分子）的物质性，对其进行抽象。刚球堆垛模型（图2-3a）是比较直观的一种表示方法，一个刚球可以代表一个原子（分子或离子），也可以代表彼此等同的原子群或分子群。为进一步清楚地表明微观粒子空间排列的规律性，还可进一步将其抽象为规则排列于空间的无数几何点。这种点的空间排列称为空间点阵，简称点阵，这些点叫作阵点。将阵点用一系列平行直线连接起来，构成一空间格架叫作晶格（图2-3b）。它的实质仍是空间点阵，通常不加以区别。

从点阵中取出一个仍能保持点阵特征的最基本单元叫作晶胞（图2-3c）。整个晶格就是由许多大小和形状完全相同的晶胞在空间重复堆砌而形成的。因此，晶胞的原子排列规律可完全反映出晶格中原子的排列情况。晶胞的大小和形状常以晶胞的棱边长度（晶格常数）a、b、c及棱边夹角α、β、γ表示，如图2-3c所示。

根据晶胞对称性，空间点阵只有14种类型，称作14种布拉菲点阵，分属三斜、单斜、正交、六方、菱方、四方和立方等7个晶系。其中，金属材料中常见的立方晶系的三个棱边相等，棱边夹角均为90°。

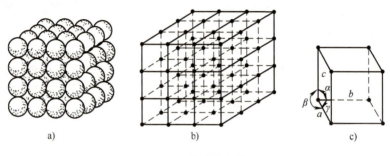

图 2-3 晶体的抽象描述

a）刚球堆垛模型 b）晶格 c）晶胞

3. 晶向指数和晶面指数

在晶体中，由一系列原子所构成的平面称为晶面，任意两个原子之间连线所指的方向称为晶向。为了便于研究和表述不同晶面和晶向的原子排列情况及其在空间的位向，需要确定一种统一的表示方法，称为晶面指数和晶向指数。

确定晶向指数的步骤如下：

1）以晶胞的某一结点为原点，过原点的晶轴为坐标轴，以晶胞的边长作为坐标轴的长度单位。

2）过原点作一直线，平行于待定晶向。

3）在直线上选取任意一点，确定该点的三个坐标值。

4）将这三个坐标值化为最小整数u、v、w，加上方括号，[uvw]即为待定晶向的晶向指数。如果u、v、w中某一数为负值，其负号记于该数的上方。

图2-4所示为立方晶系中的常见晶向。

确定晶面指数的步骤如下：

1）以单位晶胞的某一结点为原点，过原点的晶轴为坐标轴，以单位晶胞的边长作为坐标轴的长度单位，注意不能将坐标原点选在待定晶面上。

2）求出待定晶面在坐标轴上的截距，如果该晶面与某坐标轴平行，则截距为无穷大。

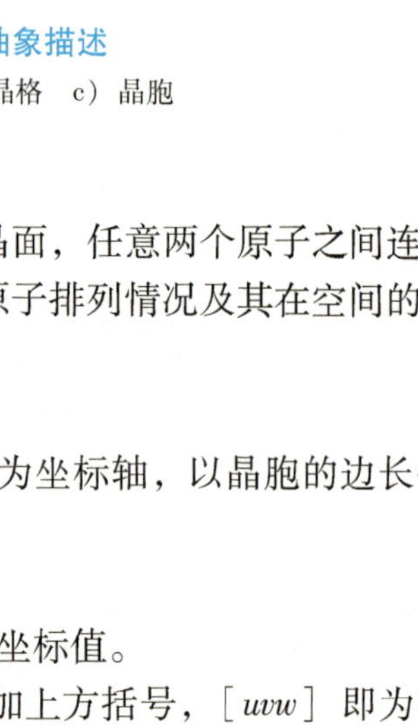

3）取三个截距的倒数。

4）将这三个倒数化为最小整数h、k、l，加上圆括号，（hkl）即为待定晶面的晶面指

图 2-4 立方晶系中的常见晶向

数。如果 h、k、l 中某一数为负值，则将负号记于该数的上方。

图 2-5 所示为立方晶系中的常见晶面。立方晶系中，晶向与同其指数相同的晶面垂直。

在晶体中有些晶面原子排列情况相同，面的间距也相等，只是空间位向不同，属于同一晶面族，用 $\{hkl\}$ 表示。与此类似，晶向族用 $<uvw>$ 表示，代表原子排列相同、空间位向不同的所有晶向。

为方便起见，六方晶系一般都采用另一种专用于六方晶系的四轴指数标定方法。其表示方法和常见晶面与晶向如图 2-6 所示。

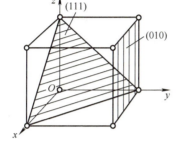

示意动画　　图 2-5　立方晶系中的常见晶面　　图 2-6　六方晶系表示方法和常见晶面与晶向

2.3.2　典型的金属晶体结构

典型的金属晶格类型有体心立方、面心立方和密排六方三种。

1. 体心立方晶格

体心立方晶格的晶胞是 8 个原子构成的立方体，且在立方体中心有一个原子，如图 2-7 所示。具有这类晶格的金属有 Na、K、Cr、Mo、W、V、Nb、α-Fe 等。

2. 面心立方晶格

面心立方晶格的晶胞也是一个立方体，在晶胞的六个面的中心各有一个原子，在立方体中心则没有原子，如图 2-8 所示。具有这类晶格的金属有 Au、Ag、Al、Cu、Ni、Pb、γ-Fe 等。

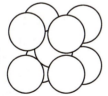

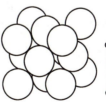

示意动画　　图 2-7　体心立方晶胞　　　　图 2-8　面心立方晶胞　　　示意动画

3. 密排六方晶格

密排六方晶格的晶胞是由 12 个原子构成的六方柱体，体中心还有三个原子，上下两个六方底面的中心各有一个原子，如图 2-9 所示。具有这类晶格的金属有 Mg、Zn、Be、Ca、α-Ti、α-Co 等。

晶体中原子排列的紧密程度与晶体结构类型有关，通常用配位数和致密度来表示。配位数是指晶格中与任一原子最邻近且等距离的原子数。晶格的致密度（k）指晶胞中所包含的原子的体积与该晶胞的体积之比。三种典型金属晶格的配位数和致密度见表2-2。

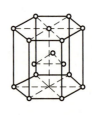

图 2-9 密排六方晶胞

示意动画

表 2-2 三种典型金属晶格的配位数和致密度

晶格类型	配位数	致密度		
		计算方法 $k = Nv/V$	原子半径 r	k
体心立方	8	$k = 2 \times \frac{4}{3}\pi r^3 / a^3$	$\frac{\sqrt{3}}{4}a$	0.68
面心立方	12	$k = 4 \times \frac{4}{3}\pi r^3 / a^3$	$\frac{\sqrt{2}}{4}a$	0.74
密排六方	12	$k = 6 \times \frac{4}{3}\pi r^3 / 3a^2 c \sin 60°$	$\frac{a}{2}$	0.74

注：N 为晶胞中的原子数；v 为原子的体积；V 为晶胞的体积；a、c 为晶格常数，$c/a = \sqrt{8/3}$。

多数金属元素只有一种晶体结构，但也有一些具有两种或两种类型以上的晶体结构。当外界条件（主要指温度和压力）改变时，元素的晶体结构可以发生转变的性质称为多晶型性。这种转变称为多晶型转变或同素异构转变。例如铁在912 ℃以下为体心立方结构，称为α-Fe；在912～1394 ℃之间为面心立方结构，称为γ-Fe；当温度超过1394 ℃时，又变为体心立方结构，称为δ-Fe。当晶体结构改变时，金属的属性和性能（如体积、强度、塑性、磁性、导电性等）往往要发生突变。钢铁材料之所以能通过热处理改变性能，原因之一就是其具有多晶型转变。

2.3.3 合金相的结构

合金是由两种或两种以上的金属或金属与非金属组成的具有金属特性的物质。 合金具有比较好的力学性能，且具有纯金属不具备的电、磁、耐热、耐蚀等特殊性能，因此合金比纯金属的应用更广泛。固态合金中的相可按其结构特点分为固溶体和金属化合物两种基本类型。

1. 固溶体

合金的组元之间以不同比例相互混合，混合后形成的固相晶体结构与组成合金的某一组元相同，这种相就称为固溶体。这种组元称为溶剂，其他组元即为溶质。工业上使用的金属材料，绝大部分是以固溶体为基体的，有的完全是固溶体所组成的。例如广泛应用的碳钢和合金钢，均以固溶体为基体，其含量占组织中的绝大部分。按溶质原子在溶剂晶格中的分布情况，固溶体可分为置换固溶体和间隙固溶体。

（1）置换固溶体 溶质原子取代溶剂晶格某些结点上原子所形成的固溶体称为置换固溶体，如图2-10a所示。合金中金属元素之间大多形成置换固溶体。当溶质原子在溶剂中的溶解有一定限度时，超过这个限度就会有其他相形成，这种固溶体称为有限固溶体；当溶质原子可以任意比例溶入溶剂晶格中时，称为无限固溶体，如铁钒、铜镍等合金中均可形成无限固溶体。

（2）间隙固溶体　溶质原子处于溶剂晶格的间隙中所形成的固溶体称为间隙固溶体，如图2-10b所示。由于溶剂晶格中间隙的位置是有限的，故间隙固溶体只能形成有限固溶体。

固溶体虽保持溶剂的晶格类型，但由于溶质与溶剂原子直径的不同，必将导致溶剂的晶格产生畸变，如图2-11所示。原子半径之差越大，溶质原子溶入的量越多，晶格畸变越严重。与置换固溶体相比，间隙固溶体晶格畸变的程度更大。

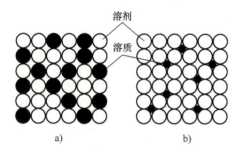

图2-10　固溶体的两种类型图
a）置换固溶体　b）间隙固溶体

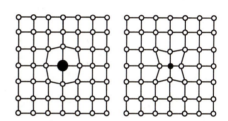

图2-11　置换固溶体中的晶格畸变图

2. 金属化合物

金属化合物是各种元素按一定比例形成的具有金属特性的新相，它的晶体类型不同于任一元素，因此又称之为中间相。以金属化合物为基体的固溶体也属于中间相的范畴，其成分可以在一定范围变化。金属化合物主要有正常价化合物、电子化合物和间隙化合物三种。

（1）正常价化合物　正常价化合物符合化学上的原子价规律，一般是金属元素与元素周期表中的ⅣA、ⅤA、ⅥA族的一些元素形成的化合物，常具有AB、AB_2、A_2B_3等类型的分子式。正常价化合物的键性主要受原子电负性的控制，组成原子的电负性差越大，化合物越稳定，越趋于离子键结合；电负性差越小，化合物越不稳定，越趋于金属键结合。

（2）电子化合物　电子化合物是由ⅠB族或过渡族金属与ⅡB、ⅢA、ⅣA族金属元素形成的金属化合物。它不遵守原子价规律，而是按照一定电子浓度的比值形成化合物。电子浓度不同，形成的化合物的晶体结构也不同。电子化合物的成分可以在一定的范围内变化，原子间的结合键以金属键为主。

（3）间隙化合物　间隙化合物的形成主要受组元原子尺寸的控制，通常是由原子直径较大的过渡族金属元素和直径很小的非金属元素形成的。铁碳合金中的Fe_3C和各种氮化物、硼化物等都是间隙化合物。

依照晶体结构和组成元素原子半径的比值，可将间隙化合物分为两类。当$r_{非}/r_{金} < 0.59$时，形成具有简单晶格的间隙化合物，也称间隙相，如WC、VC、TiC等。它们都具有极高的熔点和硬度，且十分稳定，是高合金工具钢中的重要硬化相。当$r_{非}/r_{金} > 0.59$时，形成具有复杂晶格的间隙化合物，如Fe_3C、Mn_3C、$Cr_{23}C_6$等，其中Fe_3C是铁碳合金中的重要组成相。这一类间隙化合物也具有很高的熔点和硬度，但比间隙相稍低些，在钢中也起强化作用。金属化合物是许多重要工业合金的强化相，它的合理存在，对材料的强度、硬度、耐磨性、红硬性等具有极为重要的影响。

2.3.4 共价晶体的晶体结构

元素周期表中ⅣA、ⅤA、ⅥA族元素大多数为共价结合。ⅣA族元素Si、Ge、Sn和C的晶体具有金刚石结构，依$8-N$规则，配位数为4。它们的原子通过4个共价键结合在一起，形成一个四面体，这些四面体群联合起来，构成一种大型立方结构，属面心立方点阵，每阵点上有2个原子，每晶胞8个原子，如图2-12所示。

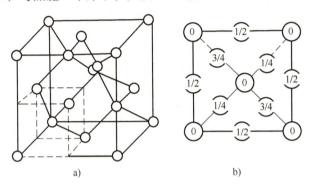

图 2-12 金刚石结构示意图
a) 晶胞 b) 原子位置投影

ⅤA族元素As、Sb、Bi的配位数为3，晶体具有层状结构，如图2-13所示。层内共价结合，层间带有金属键。因此，这几种元素的晶体兼有金属与非金属的特性。

依$8-N$规则，ⅥA族元素Se、Te配位数为2，晶体结构内部呈螺旋分布的链状。链本身为共价结合，链与链间为范德华力，如图2-14所示。

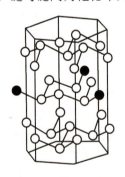
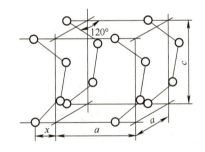

图 2-13 砷的层状晶体结构示意图　　图 2-14 碲的链状晶体结构示意图

共价晶体的配位数很小，其致密度很低。金刚石结构的致密度为0.34，比典型金属晶体的面心立方结构的致密度低得多。

2.3.5 离子晶体的晶体结构

离子晶体是正负离子通过离子键结合，按一定方式堆积起来而形成的。也就是说，离子晶体的基元是离子而不是原子，这些离子化合物的晶体结构必须确保电中性，而又能使不同大小的离子有效地堆积在一起。

离子晶体通常可以看成是由负离子堆积成骨架（负离子配位多面体），正离子按其自身的大小居留于相应的空隙中，因此，配位多面体可认为是离子晶体的真正结构基元。负离子配位多面体指的是离子晶体结构中，与某一个正离子成配位关系而且相邻的各个负离子中心线所构成的多面体。在离子晶体中，配位数是指某一考察离子最近邻接的异号离子的数目。显然，由于配位数的不同，负离子多面体的形状不同，而正负离子的配位数则与正负离子的半径比有关，见表2-3。在元素周期表上可以查到离子半径值。

表 2-3 配位数与最小半径比

配位数	3	4	6	8	12
半径比 r/R	≥0.155	≥0.225	≥0.414	0.732	1.0

2.4 实际材料的晶体缺陷

讨论材料的晶体结构一般分为晶体结构的完整性和晶体结构的非完整性（缺陷）两个部分。从晶体结构的角度看，晶体的规则完整排列是主要的，非完整性是次要的。但对于晶体材料的很多结构敏感性能来说，起主要作用的却是晶体的非完整性，其完整性居于次要地位。

通常，按照材料晶体缺陷的几何形态特征划分，可将其分为点缺陷、线缺陷和面缺陷三类。点缺陷的特征是三个方向上的尺寸都很小，相当于原子的尺寸，例如空位、间隙原子、置换原子等；线缺陷的特征是在两个方向上的尺寸很小，另一个方向上的尺寸相对很大，属于这一类缺陷的主要是位错；面缺陷的特征是在一个方向上的尺寸很小，另两个方向上的尺寸相对很大，例如晶界、亚晶界等。按照这一特征，点缺陷、线缺陷和面缺陷又可分别称为零维缺陷、一维缺陷和二维缺陷。与之类比，实际材料中的三维缺陷可称为体缺陷，一般是夹杂物、空洞等宏观缺陷。

2.4.1 点缺陷

空位、间隙原子和置换原子三种常见的点缺陷，如图 2-15 所示。

1. 空位

在实际晶体的晶格中，并不是每个平衡位置都为原子所占据，总有极少数位置是空着的，这就是空位。由于空位的出现，使其周围的原子偏离平衡位置，发生晶格畸变，所以说空位是一种点缺陷。

2. 间隙原子

间隙原子就是处于晶格空隙中的原子。晶格中原子间的空隙是很小的，一个原子硬挤进去，必然

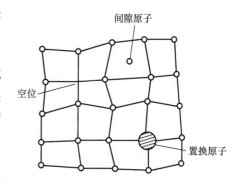

图 2-15 晶体结构中的点缺陷示意图

使周围的原子偏离平衡位置，造成晶格畸变，因此间隙原子也是一种点缺陷。间隙原子有两种，一种是同类原子的间隙原子，另一种是异类原子的间隙原子。

3. 置换原子

许多异类原子溶入金属晶体时，如果占据在原来基体原子的平衡位置上，则称为置换原子。由于置换原子的大小与基体原子不可能完全相同，因此其周围临近原子也将偏离其平衡位置，造成晶格畸变，因此置换原子也是一种点缺陷。

综上，不管是哪类点缺陷，都会造成晶格畸变，这将对金属的性能产生影响，如使屈服强度升高、电阻增大、体积膨胀等。此外，点缺陷的存在，还将加速金属中的扩散过程，从而影响与扩散有关的相变化、化学热处理、高温下的塑性变形和断裂等。

2.4.2 线缺陷

晶体中的线缺陷就是各种类型的位错。位错是一种极重要的晶体缺陷，它是在晶体中某处有一列或若干列原子发生了有规律的错位现象，使长度达几百至几万个原子间距、宽约几个原子间距范围内的原子离开其平衡位置，发生了有规律的错动。它的种类很多，其中最简单、也是最基本的有两种，包括刃型位错和螺型位错。

1. 刃型位错

如图 2-16 所示，当一个完整晶体某晶面 *ABCD* 以上的某处多出了一个垂直方向的半原子面 *EFGH*，它中断于 *ABCD* 面上 *EF* 处，该晶面像刀刃一样切入晶体，使 *ABCD* 面上下两部分晶体之间产生原子错动，沿着半原子面的"刃边"，晶格发生了很大的畸变，晶格畸变中心的连线就是刃型位错线（图 2-16b 中画 "⊥"处）。位错线并不是一个原子列，而是一个晶格畸变的"管道"。刃型位错有正负之分，半原子面在滑移面以上的称为正位错，用"⊥"表示。半原子面在滑移面以下的称为负位错，用"⊤"表示。

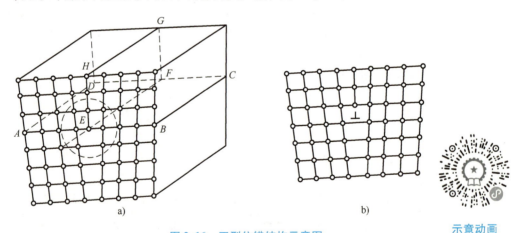

图 2-16 刃型位错结构示意图
a) 立体模型 b) 平面示意

示意动画

2. 螺型位错

如图 2-17 所示，晶体的上半部分已经发生了局部滑移，左边是未滑移区，右边是已滑移区，原子相对移动了一个原子间距。在已滑移区和未滑移区之间，有一个很窄的过渡区。在过渡区中，原子都偏离了平衡位置，使原子面畸变成一串螺旋面。在这螺旋面的轴心处，晶格畸变最大，这就是一条螺型位错。螺型位错也不是一个原子列，而是一个螺旋状的晶格畸变管道。

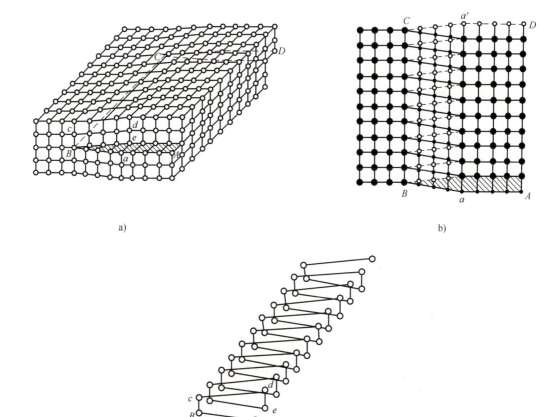

图 2-17 螺型位错结构示意图
a) 立体模型　b) 投影　c) 螺型位错周围的原子排列

根据位错线附近呈螺旋状排列的原子的旋转方向的不同，螺型位错可分为左螺型位错和右螺型位错两种。通常用拇指代表螺旋的前进方向，而以其余四指代表螺旋的旋转方向。凡符合左手法则的称为左螺型位错，符合右手法则的称为右螺型位错。

2.4.3 面缺陷

单相晶体中的面缺陷主要有晶界和亚晶界两种，多相晶体中的面缺陷还有相界。

当一个晶体的内部晶格位向完全一致时称为单晶体。实际金属是由许多大小、位向不同，外形交错的晶粒组成的，称为多晶体（图 2-18）。单晶体金属较少作为结构材料，工程上使用的主要是多晶体金属材料。

1. 晶界

在多晶体中，由于各晶粒之间存在着位向差（相邻晶粒间的位向差通常为 30°~40°），故在不同位向的晶粒之

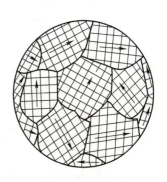

图 2-18 多晶体示意图

间存在着原子无规则排列的过渡层，这个过渡层就是晶界。晶界处的原子排列极不规则，使晶格产生畸变，这就使晶界与晶粒内部有着许多不同的特性。例如，晶界在常温下的强度和硬度较高，在高温下则较低；晶界容易被腐蚀；晶界的熔点较低；晶界处原子扩散速度较快等。晶界对晶粒的塑性变形起阻碍作用，所以晶粒越细、晶界越多，塑性变形抗力越大，金属的硬度、强度就越高。

多晶体由许多晶粒构成，由于各晶粒的位向不同，晶粒之间存在晶界。当相邻两晶粒位向差小于15°时，称为小角度晶界；当位向差大于15°时，称为大角度晶界。

小角度晶界可以认为是由一系列位错排列而成的，如图2-19所示。大角度晶界的原子排列处于紊乱过渡状态，如图2-20所示。

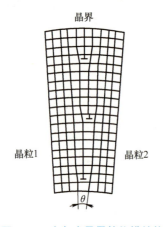

图2-19 小角度晶界的位错结构

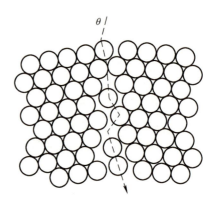

图2-20 大角度晶界模型

2. 亚晶界

在一个晶粒内部，原子排列的位向也不完全一致。如图2-21所示，在电镜下观察晶粒，可以看出除晶界外，每个晶粒也是由一些小晶块所组成的，这种小晶块称为亚晶粒，亚晶粒的边界称为亚晶界。亚晶界实际上是由一系列刃型位错形成的小角度晶界，晶格排列的位向差小于2°。

3. 相界

具有不同晶体结构的两相之间的分界面称为相界。相界的结构有三种，分别为共格相界、半共格相界和非共格相界。

共格相界上的原子同时位于两相晶格的结点上，为两相晶格所共有。当界面上两相晶格间距完全匹配时，形成的共格相界没有畸变，即形成完全共格相界（图2-22a）。当界面上两相晶格间距存在差异时，将造成相界一侧受拉应力，一侧受压应力，形成存在畸变的共格相界（图2-22b）。为了缓解这种由于晶格匹配造成的应力，界面处很容易产生位错，从而使得相界变为半共格相界（图2-22c）。当相界两侧原子排列相差巨大，完全不能维持共格关系时，则形成非共格相界（图2-22d）。

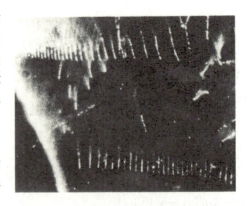

图2-21 晶粒内部的亚晶界

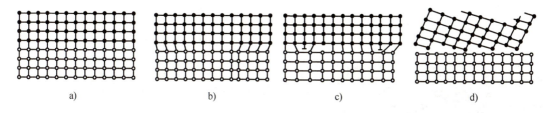

图 2-22 相界面结构示意图

a) 完全共格相界　b) 存在畸变的共格相界　c) 半共格相界　d) 非共格相界

本 章 小 结

按照尺度的不同，材料结构分为宏观结构、显微结构、原子（分子）的排列结构、原子的结合结构等不同层次。根据原子之间结合键的差异，区分了金属材料、无机非金属材料、有机高分子材料等；根据原子（分子）的排列，区分了晶体材料、非晶材料等。大多数材料是晶体材料，表征晶体结构的相关概念有空间点阵、晶胞、晶面、晶向等。由于材料的键性不同，不同种类材料的晶体结构也存在差异，金属晶体的结构简单，一般为体心立方、面心立方或密排六方结构，而共价晶体和离子晶体的结构一般都很复杂。实际材料中存在大量的晶体缺陷，包括点缺陷（空位、间隙原子、置换原子）、线缺陷（位错，包括刃型位错与螺型位错等）和面缺陷（晶界、亚晶界、相界），对材料性能有重要影响。

复习思考题

2-1 讨论不同层级的结构属性对材料性能的影响。

2-2 金属材料、无机非金属材料、有机高分子材料的键性分别有何特点？

2-3 晶体与非晶体有何差别？

2-4 典型的金属晶体结构有哪些？合金相与纯金属在晶体结构上有何异同？

2-5 详述实际材料中的晶体缺陷。

第 3 章

材料的性能

【**本章学习要点**】本章介绍材料的性能，主要包括材料的力学性能、物理性能、化学性能和工艺性能。要求掌握材料的力学性能——强度、塑性、硬度、冲击韧性、疲劳强度及断裂韧性，熟悉材料的物理性能、化学性能，了解材料的工艺性能。

在选用材料时，首先必须考虑的就是材料的有关性能，使之与工件的使用要求相匹配。材料的性能有使用性能和工艺性能两类。使用性能包括力学性能（如强度、塑性及韧性等）、物理性能（如电性能、磁性能及热性能等）、化学性能（如耐蚀性、高温抗氧化性等）。工艺性能则随制造工艺不同，分为锻造、铸造、焊接、热处理及切削加工性等。

3.1 材料的力学性能

力学性能是工程材料进行结构设计、选材和制订工艺的重要依据。材料的力学性能是指材料在承受各种载荷时所表现出来的性能。通过不同类型的试验，可以测定材料各种性质的性能指标。常见的力学性能指标有**强度**、**塑性**、**硬度**、**冲击韧性**、**疲劳强度**、**断裂韧性**等。

3.1.1 强度

强度是指材料在外力作用下抵抗变形和断裂的能力。通过拉伸试验可以测定材料的强度和塑性。金属材料拉伸试验分为室温试验、高温试验和低温试验。金属材料室温拉伸试验方法按现行国家标准 GB/T 228.1—2021 执行。

从一个完整的拉伸试验记录中，可以得到许多有关该材料的重要指标，如材料的屈服强度、抗拉强度以及弹性、塑性变形的特点和程度等。以低碳钢为例，标准拉伸试样（图 3-1）在拉伸试验机上缓慢地从两端由零开始加载，使之承受轴向拉力 F，并引起试样沿轴向伸长，直至试样断裂。为消除试样尺寸大小的影响，将拉力 F 除以试样原始截面积 S_0，即得拉应力 R，单位 MPa；将断后标距 L_u 减去原始标距 L_0 所得的伸长量 ΔL 除以试样原始标距 L_0，即得伸长率，又称应变 ε。以 R 为纵坐标，ε 为横坐标，则可画出应力-应变曲线（R-ε 曲线），如图 3-2 所示。

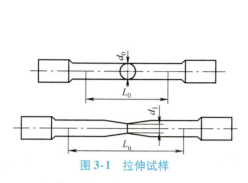

图 3-1 拉伸试样

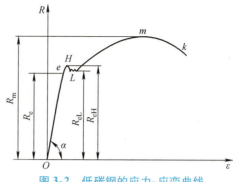

图 3-2 低碳钢的应力-应变曲线

1. 规定塑性延伸强度

拉伸试验中，任一给定的塑性延伸（去除弹性延伸因素，也称非比例延伸）与试样标距之比的百分率称为塑性延伸率。塑性延伸率等于规定的百分率时对应的应力称为规定塑性延伸强度，以 R_p 表示，规定的百分率在脚注中标示。例如 $R_{p0.2}$ 表示规定塑性延伸率为 0.2% 时的应力。

2. 屈服强度

如图 3-2 所示，当载荷增加到点 H 时曲线略下降而转为一近似水平段，即应力不增加而变形继续增加，这种现象称为"屈服"。此时若卸载，试样不能恢复原状而是保留一部分残余的变形，这种不能恢复的残余变形称为塑性变形。当金属材料呈现屈服，在试验期间发生塑性变形而力不增加时的应力称为屈服强度。屈服强度包括下屈服强度和上屈服强度。下屈服强度是指在屈服期间，不计初始瞬时效应时的最低应力值，以 R_{eL} 表示。上屈服强度是指试样发生屈服而力首次下降前的最高应力值，以 R_{eH} 表示。对大多数零件而言，发生塑性变形就意味着零件脱离了设计尺寸和公差的要求。

有许多金属材料没有明显的屈服现象（图 3-3），此时可以把规定塑性延伸强度 $R_{p0.2}$ 作为该材料的条件屈服强度。

机械零件或工具在工作状态一般不允许产生明显的塑性变形，因此屈服强度或 $R_{p0.2}$ 是机械零件设计和选材的主要依据，以此来确定材料的许用应力。

3. 抗拉强度

应力超过屈服点时，整个试样发生均匀而显著的塑性变形。当应力达到图 3-2 中点 m 时，试样开始局部变细，出现"颈缩"现象。此后由于

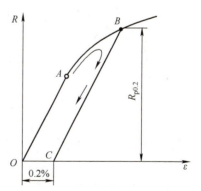

图 3-3 没有明显屈服点的应力-应变曲线

试样截面积显著减小而不足以抵抗外力的作用，在点 k 发生断裂。断裂前的最大应力称为抗拉强度，以 R_m 表示，单位是 MPa。它反映了材料产生最大均匀变形的抗力。R_m 计算公式为

$$R_m = \frac{F_m}{S_0} \tag{3-1}$$

式中 F_m——试样在断裂前承受的最大载荷（N）；

S_0——试样标距内原始横截面积（mm^2）。

脆性金属材料作为机械零件构件时，由于其没有明显的塑性变形阶段，因此常以 R_m 作为选材和设计的依据。

3.1.2 塑性

塑性是指材料在外力作用下产生永久变形而不破裂的能力。在拉伸、压缩、扭转、弯曲等外力作用下所产生的伸长、扭曲、弯曲等，均可表示材料的塑性。一般而言，材料的塑性通过拉伸试验所求得的断后伸长率和断面收缩率表示，这是两个最常用的塑性指标。

1. 断后伸长率

拉伸试样在拉断后，标距长度的增量与原标距长度的百分比称为断后伸长率，用 A 表示。计算公式为

$$A = \frac{L_u - L_0}{L_0} \times 100\% \tag{3-2}$$

式中　L_0——试样原始标距长度（mm）；

　　　L_u——试样断后标距长度（mm）。

2. 断面收缩率

在试样拉断后，缩颈处横截面积的最大缩减量与原横截面积的百分比称为断面收缩率，用 Z 表示。计算公式为

$$Z = \frac{S_0 - S_u}{S_0} \times 100\% \tag{3-3}$$

式中　S_0——试样标距内原始横截面积（mm^2）；

　　　S_u——试样拉断后断口处的横截面积（mm^2）。

显然，材料的 A 和 Z 越大，则塑性越好。塑性良好的金属可进行各种塑性加工，同时使用安全性也较好。所以大多数机械零件除要求具有较高的强度外，还必须具有一定的塑性。

试样标距与横截面积有 $L_0 = k\sqrt{S_0}$（k 为比例系数，通常取 5.65）的关系，且 $L_0 \geq$ 15mm，称为比例试样。当试样横截面积太小时，可取 $k = 11.3$，此时断后伸长率以 $A_{11.3}$ 表示。自由选取 L_0 值的非比例试样，断后伸长率应加脚注说明标距，如 $A_{200\ mm}$。

有必要说明，随着国家标准的更新完善，一些力学性能指标名词和符号发生了变化，表 3-1 列出了关于金属材料强度与塑性的新标准（GB/T 228.1—2021）与旧标准（GB/T 228—1987）的对照关系。

表 3-1　金属材料强度与塑性的新、旧标准名词和符号对照

GB/T 228.1—2021		GB/T 228—1987	
名词	符号	名词	符号
屈服强度	—	屈服点	σ_s
上屈服强度	R_{eH}	上屈服点	σ_{sU}
下屈服强度	R_{eL}	下屈服点	σ_{sL}
抗拉强度	R_m	抗拉强度	σ_b
断面收缩率	Z	断面收缩率	ψ
断后伸长率	A	断后伸长率	δ_5
	$A_{11.3}$		δ_{10}

3.1.3 硬度

硬度是材料抵抗较硬物体压入或刻划的能力，是一个综合反映材料弹性、强度、塑性和韧性的力学性能指标。

硬度试验设备简单，操作方便，不用特制试样，可直接在原材料、半成品或成品上进行测定。对于脆性较大的材料，如淬硬的钢材、硬质合金等，只能通过硬度测量来对其性能进行评价，而其他方法（如拉伸、弯曲试验）则不适用。对于塑性材料，可以通过简便的硬度测量，对其他强度性能指标做出大致定量的估计，所以硬度测量应用极为广泛，常把硬度标注于图样上，作为零件检验、验收的主要依据。这里介绍几种常用的硬度测量方法。

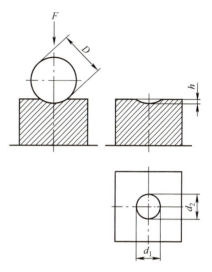

图3-4 布氏硬度试验原理

1. 布氏硬度

根据国家标准（国标）GB/T 231.1—2018《金属材料 布氏硬度试验 第1部分：试验方法》规定，布氏硬度试验原理（图3-4）是应用载荷 F 将直径为 D 的硬质合金球压入试样表面，保持一定时间后卸除载荷，根据被测表面出现的压痕直径（平均直径）使用式（3-4）计算硬度值。GB/T 231.1—2018 规定，布氏硬度用符号 HBW（硬质合金球压头）表示，取消了旧国标中的 HBS（钢球压头）。布氏硬度的试验范围上限为 650HBW。

$$\mathrm{HBW} = 0.102 \frac{2F}{\pi D(D - \sqrt{D^2 - d^2})} \tag{3-4}$$

在实际应用中，对于一些新型布氏硬度计，可将实时测量的压痕直径输入硬度计控制面板，由系统直接给出硬度值计算结果。对于传统型布氏硬度计，需使用专门的刻度放大镜量出压痕直径，根据压痕直径的大小，再从专门的硬度表中查出相应的布氏硬度值。

测定的布氏硬度值应标注在硬度符号的前面，一般采用"硬度值+硬度符号(HBW)+数字/数字/数字"的形式来标记。硬度符号后的数字依次表示球形压头直径（mm）、载荷大小（kgf，1kgf = 9.80665N）及载荷保持时间（s）等试验条件，如600HBW10/30/20 表示试验力为30 kgf 保持时间为20 s，采用的硬质合金球直径为10 mm，试样的布氏硬度值为600。

布氏硬度试验的优点是压痕面积较大，受试样不均匀度影响较小，能准确反映试样的真实硬度，适合于各种退火、正火状态下的钢材、铸铁、有色金属等，也用于调质处理的机械零件。对于晶粒粗大、偏析严重的金属材料的硬度测量也可选用这种方式，还可用此方法测定塑料材料的硬度。其缺点是压痕面积较大，不适于检验小件、薄件或成品件。

2. 洛氏硬度

目前，洛氏硬度试验的应用最为广泛。这种方法也是利用压痕来测定材料的硬度。与布氏硬度不同，它是以残余压痕深度的大小作为计量硬度的依据。

根据国家标准 GB/T 230.1—2018《金属材料 洛氏硬度试验 第 1 部分：试验方法》规定，洛氏硬度试验原理（图 3-5）是将压头（金刚石圆锥、钢球或硬质合金球）分两个步骤压入试样表面，经规定保持时间后，卸除主试验力，测量在初试验力下的残余压痕深度 h。根据 h 值及常数 N 和 S（N 一般取 100 或 130，S 取 0.002 或 0.001），计算洛氏硬度公式为

$$洛氏硬度 = N - \frac{h}{S} \tag{3-5}$$

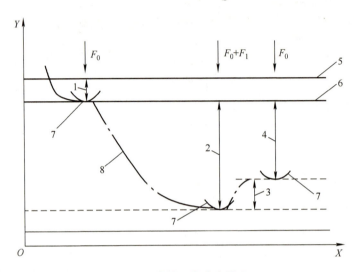

图 3-5 洛氏硬度试验原理

X—时间 Y—压头位置 1—在初试验力 F_0 下的压入深度 2—由主试验力 F_1 引起的压入深度
3—卸除主试验力 F_1 后的弹性回复深度 4—残余压痕深度 5—试样表面 6—测量基准面
7—压头位置 8—压头深度相对时间的曲线

洛氏硬度的标尺有 A、B、C、D、E、F、G、H、K 等，分别记为 HRA、HRB、HRC、HRD、HRE、HRF、HRG、HRH、HRK。洛氏硬度标尺见表 3-2，表中共给出包括表面洛氏硬度标尺 15N、30N 等在内的共计 15 种标尺，其中以 HRA、HRB、HRC 三种最为常用。在常用的三种标尺中，又以 HRC 应用最多，一般经淬火处理的钢或工具都用 HRC 标尺测量。

表 3-2 洛氏硬度标尺（摘自 GB/T 230.1—2018）

洛氏硬度标尺	硬度符号	压头类型	初试验力 F_0/N	总试验力 F/N	标尺常数 S/mm	全量程常数 N	适用范围
A	HRA	金刚石圆锥	98.07	588.4	0.002	100	20~95 HRA
B	HRBW	直径 1.5875 mm 球	98.07	980.7	0.002	130	10~100 HRBW
C[①]	HRC	金刚石圆锥	98.07	1471	0.002	100	20~70 HRC
D	HRD	金刚石圆锥	98.07	980.7	0.002	100	40~77 HRD
E	HREW	直径 3.175 mm 球	98.07	980.7	0.002	130	70~100 HREW
F	HRFW	直径 1.5875 mm 球	98.07	588.4	0.002	130	60~100 HRFW
G	HRGW	直径 1.5875 mm 球	98.07	1471	0.002	130	30~94 HRGW
H	HRHW	直径 3.175 mm 球	98.07	588.4	0.002	130	80~100 HRHW
K	HRKW	直径 3.175 mm 球	98.07	1471	0.002	130	40~100 HRKW

(续)

洛氏硬度标尺	硬度符号	压头类型	初试验力 F_0/N	总试验力 F/N	标尺常数 S/mm	全量程常数 N	适用范围
15 N	HR15 N	金刚石圆锥	29.42	147.1	0.001	100	70～94 HR15 N
30 N	HR30 N	金刚石圆锥	29.42	294.2	0.001	100	42～86 HR30 N
45 N	HR45 N	金刚石圆锥	29.42	441.3	0.001	100	20～77 HR45 N
15 T	HR15 TW	直径1.5875 mm 球	29.42	147.1	0.001	100	67～93 HR15 TW
30 T	HR30 TW	直径1.5875 mm 球	29.42	294.2	0.001	100	29～82 HR30 TW
45 T	HR45 TW	直径1.5875 mm 球	29.42	441.3	0.001	100	10～72 HR45 TW

① 当金刚石圆锥表面和顶端球面是经过抛光的，且抛光至沿金刚石圆锥轴向距离尖端至少0.4 mm，试验适用范围可延伸至10 HRC。

洛氏硬度用硬度值、符号 HR、使用的标尺字母和球压头代号（钢球为 S，硬质合金球为 W）表示。一般，可略去钢球压头代号。例如，60HRBW 表示用硬质合金球压头在 B 标尺上测得的洛氏硬度值为60。

洛氏硬度试验的优点是压痕面积较小，可检测成品、小件和薄件；测量范围大，从很软的非铁金属到极硬的硬质合金；测量简便迅速，可直接从表盘上读出硬度值。其缺点是由于压痕小，对内部组织和性能不均匀的材料，测量不够准确，一般需要在材料表面的不同部位测量三点，然后取其平均值作为该材料的硬度值。

3. 维氏硬度

测定维氏硬度的原理和上述两种硬度的测量方法类似，其区别在于压头采用锥面夹角为136°的金刚石正四棱锥体，压痕是四方锥形，如图3-6所示，以压痕的对角线长度来衡量硬度值的大小。维氏硬度用 HV 表示，单位为 MPa，一般不予标出。维氏硬度值的表示为"数字 + HV + 数字/数字"的形式。HV 前的数字表示硬度值，HV 后的数字表示试验所用的载荷和持续时间，如640HV30/20 表示试验力为30 kgf，保持20 s，得到的硬度值为640。

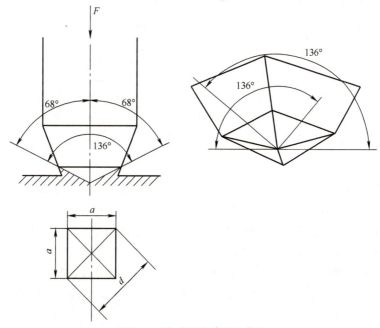

图3-6 维氏硬度试验示意图

维氏硬度试验法所用载荷小，压痕深度浅，适用于测量薄壁零件的表面硬化层、金属镀层及薄片金属的硬度，这是布氏法和洛氏法所不及的。此外，因压头是金刚石角锥，载荷可调范围大，故对软、硬材料均适用。

应当指出，各硬度试验法测得的硬度值不能直接进行比较，必须通过硬度换算表换算成同一种硬度值后，方可比较其大小。

3.1.4 冲击韧性

材料抵抗冲击载荷的能力称为材料冲击韧性。冲击载荷是指以较高的速度施加到零件上的载荷，当零件在承受冲击载荷时，瞬间冲击所引起的应力和变形比静载荷时要大得多。因此，在制造承受冲击载荷的零件时，如冲床的冲头、锻锤的锤杆、飞机的起落架等，就必须考虑到材料的冲击性能。

评定材料冲击韧性可以采用冲击试验来进行。冲击试验是将具有一定形状和尺寸的试样在冲击载荷的作用下冲断，以测定其吸收能量的一种动态力学性能试验，常用的方法是夏比摆锤冲击试验。根据 GB/T 229—2020《金属材料 夏比摆锤冲击试验方法》规定，试验中用一个带有 V 型、U 型缺口或无缺口的标准试样，在摆锤式弯曲冲击试验机上弯曲折断，测定其所消耗的能量，如图 3-7 所示。试验时，把试样 2 放在试验机的两个支承 3 上，试样缺口有规定的几何形状并位于两支座的中心、打击中心的对面，将重力为 $G(\mathrm{N})$ 的摆锤 1 放至一定高度 $H(\mathrm{m})$，释放摆锤，并测量出击断试样后向另一方向升起达到的高度 $h(\mathrm{m})$。根据摆锤重力和冲击前后摆锤的高度差，可算出击断试样所耗冲击吸收能量 K。

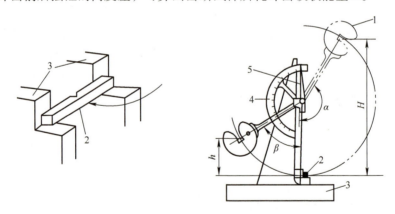

图 3-7 冲击试验原理

1—摆锤 2—试样 3—支承 4—刻度盘 5—指针

$$K = G(H - h) \tag{3-6}$$

冲击吸收能量符号需按照试验中采用的试样缺口类型和摆锤锤刃半径进行标注，用字母 V 或 U 表示缺口几何形状，用字母 W 表示无缺口试样，用下标字母 2 或 8 表示摆锤锤刃半径（mm）。如 KU_8，其含义为 U 型缺口试样在 8 mm 摆锤锤刃冲击下的吸收能量；KW_2，其含义为无缺口试样在 2 mm 摆锤锤刃冲击下的吸收能量。

冲击试验对材料的缺陷很敏感，它能灵敏地反映出材料的宏观缺陷、显微组织的微小变化和材料的质量，因此冲击试验是生产上用来检验冶炼、热加工、热处理工艺质量的有效方法。

一些材料的冲击韧性对温度是很敏感的，如低碳钢或低合金高强度钢在室温以上时冲击性能很好，但温度降低至 -20 ~ -40 ℃ 时就变为脆性状态，即发生韧性-脆性的转变现象。通过系列温度冲击实验可得到特定材料的韧性-脆性转变温度范围。

3.1.5 疲劳强度

许多零件和制品，常受到大小及方向变化的交变载荷作用。在交变载荷反复作用下，材料常在远低于其屈服强度的应力下发生断裂，这种现象称为"疲劳"。材料的疲劳试验通常是在旋转对称弯曲疲劳试验机上测定的。按照材料承受的交变应力（R）和断裂循环次数（N）之间的关系，可绘出疲劳曲线，如图 3-8 所示。

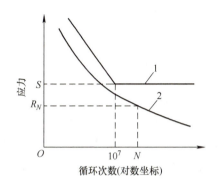

图 3-8 疲劳曲线
1—钢铁材料 2—非铁金属及其合金

疲劳曲线表明，材料在规定 N 次的交变载荷作用下，而不致引起断裂的最大应力称为疲劳强度，用 S 表示。一般钢铁材料取循环次数为 10^7 次（图 3-8 中曲线 1）。一般非铁金属及其合金的疲劳曲线（图 3-8 中曲线 2）特征是循环次数 N 随所受应力的减小而增大，但不存在水平阶段。一般规定非铁金属 N 取 10^6 次，而腐蚀介质作用下的钢铁材料，N 取 10^8 次。

由于大部分机械零件的损坏都是由疲劳造成的，因此消除疲劳或减少疲劳失效，对于提高零件使用寿命有着重要意义。提高零件的疲劳强度可通过合理选材、改善零件的结构形状、避免应力集中、减少材料和零件的缺陷、降低零件表面粗糙度、对表面进行强化等方法解决。

3.1.6 断裂韧性

断裂韧性（又称断裂韧度）是指带微裂纹的材料或零件阻止裂纹扩展的能力，用符号 K_{IC} 表示。金属材料从冶炼到各种加工过程，都有可能在材料内部产生微裂纹，这种裂纹的存在降低了材料的工作应力，但不是存在微裂纹的零件一概不能使用。当零件承受载荷而在其内部产生应力集中时，裂纹尖端处呈现应力集中，形成一个裂纹尖端的应力场，其大小用应力强度因子 K_I 表示为

$$K_I = YR\sqrt{a} \tag{3-7}$$

式中　Y——形状因子，与裂纹形状、加载方式等有关，在特定状态下是一个常量，一般 $Y = 1 \sim 2$；

　　　R——承受载荷时的应力（MPa）；

　　　a——裂纹长度的一半（mm）。

断裂韧性可为零件的安全设计提供重要的力学性能指标。当 $K_I < K_{IC}$ 时，零件可安全工作；当 $K_I \geq K_{IC}$ 时，则零件可能由于裂纹扩展而断裂。各种材料的 K_{IC} 值可在有关手册中查得，当已知 K_{IC} 和 Y 值后，可根据存在的裂纹长度确定许可的应力，也可根据应力的大小确定许可的裂纹长度。

断裂韧性是材料固有的力学性能指标，是强度和韧性的综合体现。它与裂纹的大小、形

状、外加应力等无关,主要取决于材料的成分、内部组织和结构。

3.2 材料的物理性能

材料的种类繁多,性能各异,可以满足不同的应用需求。人们可以根据材料的实际用途、工作条件和零件的损坏形式选取材料的某些性能作为选材和使用的依据。材料的物理性能、化学性能是选用材料的重要依据。本节对材料的常见物理性能进行介绍。

3.2.1 密度和熔点

1. 密度

材料单位体积的质量,称为密度(一般用 ρ 表示)。工程金属材料的密度一般为$(1.7 \sim 19) \times 10^3 \ \mathrm{kg \cdot m^{-3}}$,将密度小于 $5 \times 10^3 \ \mathrm{kg \cdot m^{-3}}$ 的金属称为轻金属,如锂、铍、镁、铝、钛及其合金;密度大于 $5 \times 10^3 \ \mathrm{kg \cdot m^{-3}}$ 的金属称为重金属,如铁、铜、铅、钨及其合金。大多数高分子材料的密度在 $1.0 \times 10^3 \ \mathrm{kg \cdot m^{-3}}$ 左右。陶瓷材料的密度一般在 $(2.5 \sim 5.8) \times 10^3 \ \mathrm{kg \cdot m^{-3}}$ 范围内。

抗拉强度 R_m 与密度 ρ 的比值称为比强度,弹性模量 E 与密度 ρ 的比值称为比弹性模量,这两个比值反映了材料力学性能与密度的综合效能。对于航空、交通等工业产品,要选用比强度高、比弹性模量大的材料,如钛合金、铝合金、高分子材料及其复合材料等。

材料的密度可由阿基米德排水法测定。方便的做法是将试样用吊丝悬挂浸没于水中,此时根据阿基米德原理,由水的密度可求得材料的密度为

$$\rho = \frac{m}{m_1 - m_2} \rho_\text{水} \tag{3-8}$$

式中　m——试样在空气中的质量(kg);
　　　m_1——试样和吊丝在空气中的质量(kg);
　　　m_2——试样和吊丝在水中的质量(kg);
　　　$\rho_\text{水}$——水的密度(kg·m⁻³)。

2. 熔点

熔点是指材料的熔化温度。金属和合金的冶炼、铸造和焊接等都要利用这个性能。金属都有固定的熔点,合金的熔点由它们的成分决定。熔点低的金属称为易熔金属,如锡(231.2℃)、铅(327.4℃)、锌(419.4℃)等,这类材料主要用于生产熔丝、焊丝等。熔点高的金属称为难熔金属或耐热金属,如钨(3410℃)、钼(2622℃)、钒(1919℃)等,这类材料主要用于生产耐高温零件(如燃气轮机转子等)。陶瓷材料的熔点一般都高于常规金属材料。

3.2.2 热性能

1. 热导率

若物体中两点有温度差,则有热量从一点向另一点传递,热导率就是表示这一热量传递的能力。材料的热导率大,则导热性好。金属中导热性以银最好,铜、金、铝和铁次之。纯金属的导热性比合金好,而合金的导热性又比非金属好。高分子材料、陶瓷材料的导热性较

差。金刚石的热导率在 1300～2400 W/(m·K)，称得上是自然界热导率最高的材料。

在材料加热和冷却过程中，由于表面与内部产生较大温差，极易产生内应力，甚至变形和开裂。导热性好的材料散热性也好，利用这个性能可制作热交换器、散热器等器件。相反，利用导热性较差的材料可制作保温部件。陶瓷的导热性比金属差，是较好的绝热材料。

2. 比热容

物体温度升高时所吸收的热量与其质量和升高的温度（$T_2 - T_1$）成正比，单位质量物体每升高 1 ℃ 所需的热量称为比热容（c），即

$$Q = cm(T_2 - T_1) \tag{3-9}$$

式中　Q——吸收的热量（J）；

c——材料的比热容[J/(kg·℃)]；

m——物体质量（kg）；

T_1、T_2——升温前、后物体的温度（℃）。

3. 热膨胀系数

热胀冷缩是物体重要的物理性能。常用热膨胀系数表示材料受热后的长度或体积变化的程度。对于精密仪器或机器零件，尤其是高精度配合零件，热膨胀系数是一个尤为重要的性能参数。如发动机活塞与缸套的材料就要求两种材料的热膨胀系数尽可能接近，否则将影响密封性。一般情况下，陶瓷材料的热膨胀系数较低，金属次之，而高分子材料最大。工程上有时也利用不同材料的热膨胀系数的差异制造一些控件部件，如电热式仪表的双金属片等。

3.2.3　弹性性能

1. 弹性模量

材料在弹性变形范围内，正应力与正应变成比例，比例常数称为弹性模量，即

$$R = E\varepsilon \tag{3-10}$$

式中　E——弹性模量（MPa）；

R——正应力（MPa）；

ε——正应变。

2. 切变模量

材料在弹性变形范围内，切应力 τ 和切应变 γ 成正比关系，比例系数称为切变模量，可用公式表示为

$$\tau = G\gamma \tag{3-11}$$

式中　G——切变模量（MPa）；

τ——切应力（MPa）；

γ——切应变。

3. 泊松比

对于各向同性的材料，在弹性变形范围内，试样在轴向拉伸时，所产生的横向应变与轴向应变之比的绝对值称为泊松比（μ）。

$$\mu = \left|\frac{\varepsilon_2}{\varepsilon_1}\right| \tag{3-12}$$

式中 ε_1——轴向应变；

ε_2——横向应变。

泊松比也可根据弹性模量 E、切变模量 G 的测定值计算得到，即

$$\mu = \frac{E}{2G} - 1 \tag{3-13}$$

3.2.4 磁性能

1. 磁性

磁性是材料可导磁的性能。磁性材料可分为软磁材料和硬磁材料。软磁材料容易磁化，导磁性良好，但当去掉外磁场后，磁性基本消失，如硅钢片等。硬磁材料具有去掉外磁场后，仍能保持磁性、磁性不易消失的特点，如稀土钴等。许多金属都具有较好的磁性，如铁、镍、钴等，利用这些磁性材料，可制作磁芯、磁头和磁带等电器元件。也有许多金属是无磁性的，如铝、铜等。非金属材料一般无磁性。

2. 磁导率

磁导率（μ）用于表征材料在一定的磁场强度中产生一定的磁感应强度的能力。磁感应强度（B）随磁场强度（H）的升高而增大，将磁导率定义为二者的比值，即

$$\mu = \frac{B}{H} \tag{3-14}$$

式中 B——磁感应强度（$Wb \cdot m^{-2}$）；

H——磁场强度（$A \cdot m^{-1}$）。

磁导率是软磁材料中的一个重要参数。对于铁磁性材料，磁导率不是一个恒量。因此存在起始磁导率和最大磁导率。起始磁导率对在磁场下工作的软磁材料（如铁镍合金等）具有重要的意义，而硅钢片、工业纯铁等大功率材料则要求最大磁导率高。

3.2.5 电性能

1. 导电性

导电性是导电性材料传导电流的能力。材料的导电性与材料本质、环境温度有关。金属一般都具有良好的导电性，银的导电性最好，铜和铝次之，导线主要用价格低的铜或铝制成。合金的导电性一般比纯金属差，所以用镍-铬合金、铁-锰-铝合金等制作电阻丝。

绝大多数高分子材料具有优良的电绝缘性能，可以作为电容器的介质材料，是电器工业中不可缺少的电绝缘材料，广泛应用于电线、电缆及仪表电器中，但有些高分子复合材料也具有良好的导电性。与高分子材料类似，陶瓷材料一般都是良好的绝缘体，但有些特殊成分的陶瓷是有一定导电性的半导体。

2. 电导率

材料的导电性用电导率（γ）表示。金属电导率随温度升高而降低，对于具有一定导电性的特殊成分的陶瓷来说，其电导率随温度升高而增大。

电导率 γ 定义为电阻率 ρ 的倒数，即

$$\gamma = \frac{1}{\rho} = \frac{L}{S} \cdot \frac{I}{U} \tag{3-15}$$

式中　ρ——电阻率（$\Omega \cdot cm$）；
　　　L——试样的长度（cm）；
　　　S——试样的横截面积（cm^2）；
　　　I——通过试样的电流（A）；
　　　U——试样两端的电压（V）。

3.2.6　光电性能

光电性能是材料对光的辐射、吸收、透射、反射和折射的性能以及荧光性等。金属对光具有不透明性和高反射率，而陶瓷材料、高分子材料反射率均较小。某些材料通过激活剂引发荧光性，可制作荧光灯、显示管等。玻璃纤维可作为光通信的传输介质。利用材料的光电性能制作一些光电器元件的前景十分广阔。

3.3　材料的化学性能

材料的化学性能一般是指材料在常温或高温条件下，抵抗氧化物和各种腐蚀性介质对其氧化或腐蚀的能力，比如高温抗氧化性和耐蚀性，统称为化学稳定性。

3.3.1　成分

构成材料的元素或化学组分称为材料的成分。成分可以用分析化学的方法测定。金属中，成分通常是指构成金属的各种元素的质量分数。聚合物的成分是由起始的单体化学符号和链长度的标志组成的化学式来表示。陶瓷的成分通常是根据化学计算关系（元素在化合时的定量关系）而得到的。

3.3.2　耐蚀性

耐蚀性是材料对环境介质（如水、大气）及各种电解液侵蚀的抵抗能力。材料的耐蚀性常用每年腐蚀深度（渗蚀度）K_a（$mm \cdot a^{-1}$）表示。

金属腐蚀包括化学腐蚀和电化学腐蚀，化学腐蚀是指金属发生化学反应而引起的腐蚀，电化学腐蚀是金属和电解质溶液构成原电池而引起的腐蚀。金属材料耐蚀性还与其所处的温度高低有关，工作温度越高，氧化腐蚀越严重。有些金属氧化时，可在表面形成一层连续、致密并与基体结合牢固的氧化膜，从而阻止进一步氧化，如铝、铬等都具有这种防护能力，但大多数金属材料在没有防护时均会发生不同程度的腐蚀。

一般非金属材料的耐蚀性比金属材料高得多。对于金属材料，碳钢、铸铁的耐蚀性较差，钛及其合金、不锈钢的耐蚀性较好。在食品、制药、化工工业中，不锈钢是重要的应用材料。铝合金和铜合金亦有较好的耐蚀性。提高材料耐蚀性的方法很多，如均匀化处理、表面处理等。

3.3.3　高温抗氧化性

长期在高温下工作的零件，如工业用的锅炉、加热设备、汽轮机、喷气发动机、火箭、导弹，易发生氧化腐蚀，形成一层层的氧化铁皮。因此，对于在高温下工作的零部件与设备而言，除了要在高温下保持基本力学性能外，还要具备抗氧化性能。所谓高温抗氧化性，通常是指材料在迅速氧化后，能在表面形成一层连续而致密并与母体结合牢靠的膜，从而阻止进一步氧化的特性。

金属材料的氧化随温度的升高而加速。氧化不仅造成材料的过量损耗，还会形成各种缺陷，应该避免。例如，钢材在铸造、锻造、焊接、热处理等热加工作业时，其周围常有一种还原气体或保护气体，以免发生氧化。

3.4 材料的工艺性能

材料的工艺性能是指在制作零件过程中采用某种加工方法制造零件的难易程度。材料工艺性能的好坏，会直接影响制造零件的工艺方法、质量以及制造成本。不同类型的材料，工艺性能大不一样，选材时，不仅要考虑其使用性能，还要考虑其工艺性能。

本节主要介绍金属材料的工艺性能。金属材料的工艺性能包括铸造性能、锻造性能、焊接性能、热处理性能以及切削加工性能等。

3.4.1 铸造性能

铸造性能也称可铸性，是指金属及合金易于浇注成形并获得优质铸件的能力。铁水流动性好、收缩率小表示可铸性好。常用的金属材料，如灰铸铁、锡青铜的铸造性较好，可浇铸薄壁、结构复杂的铸件。

3.4.2 锻造性能

锻造性能也称可锻性，是指材料是否易于进行压力加工的性能。可锻性包括材料的塑性及变形抗力两个参数。塑性好（高）或变形抗力（即屈服强度）小，锻压所需外力小，则可锻性好。钢的可锻性良好，铸铁则不能进行压力加工，纯铜在室温下就有良好的锻造性能。

3.4.3 焊接性能

焊接性能也称焊接性，是指材料是否易于焊接在一起并能保证焊缝质量的性能。可焊性好坏一般用焊接接头出现各种缺陷的倾向来衡量。可焊性好的材料可用一般的焊接方法和工艺，施焊时不易形成裂纹、气孔、夹渣等缺陷。含碳量低的低碳钢具有优良的可焊性，而含碳量高的高碳钢、铸铁和铝合金的焊接性较差。某些工程塑料也有良好的焊接性，但与金属的焊接方法及工艺并不相同。

3.4.4 热处理性能

热处理是通过加热、保温和冷却，改变材料组织结构，从而获得所需性能的一种工艺。热处理性能也是金属材料的一个重要工艺性能，它与材料的化学成分有关。对钢材而言，热处理性能主要指淬透性、淬硬性、回火脆性倾向、氧化脱碳倾向及变形开裂倾向等。

3.4.5　切削加工性能

切削加工性能是指材料在切削加工时的难易程度。它与材料的种类、成分、硬度、韧性、导热性及内部组织状态等许多因素有关。切削加工性好的材料切削容易，刀具寿命长，易于断屑，加工出的表面也比较光洁。从材料种类看，铸铁、合金钢、铝合金及一般碳钢的切削加工性能较好。

本 章 小 结

金属材料作为现代生产制造业的基本材料，广泛应用于制造各种生产设备、工具、武器和生活用具的零部件，是一种应用领域宽泛的工程材料。金属材料之所以获得广泛的应用，是由于它具有许多良好的性能。本章重点介绍了金属材料的力学性能、物理性能、化学性能及工艺性能。金属材料的常用力学性能指标有强度、塑性、硬度、冲击韧性、疲劳强度及断裂韧性等，它们是衡量材料性能和决定材料应用的重要指标，也是本章内容的重点。金属材料工艺性能的好坏直接影响制造零件的工艺方法、质量及成本。

复习思考题

3-1　什么是金属材料的力学性能？金属材料的力学性能包含哪些方面？

3-2　什么是强度？在拉伸试验中衡量金属强度的主要指标有哪些？它们在工程应用上有什么意义？

3-3　什么是塑性？在拉伸试验中衡量金属塑性的指标有哪些？

3-4　什么是硬度？指出测定金属硬度的常用方法和各自的优缺点。

3-5　反映材料受冲击载荷的性能指标是什么？不同温度条件下测得的这种指标能否进行比较？

3-6　为什么疲劳断裂对机械零件有着很大的潜在危险？

3-7　实际生产中，为什么零件设计图上一般是提出硬度技术要求而不是强度或塑性值？

3-8　一紧固螺钉在使用过程中发现有塑性变形，是因为螺钉材料的力学性能哪一指标的值不足？

3-9　一架波音787飞机，约70%的零件是用铝和铝合金制造的。请问飞机上的零件为什么要大量选用铝和铝合金制造？

3-10　何谓金属的工艺性能？主要包括哪些内容？

第 4 章

金属材料的凝固与相图

【本章学习要点】本章介绍金属材料的结晶凝固过程与相图,主要包括纯金属的结晶过程、合金的凝固过程、合金相图及材料中非常重要的铁碳合金的相图与平衡相变过程等内容。要求熟悉金属结晶的基本过程,了解晶粒细化手段,了解合金相图的建立过程,熟悉匀晶、共晶和包晶相图及典型合金凝固过程,熟悉铁碳合金相图和典型铁碳合金的平衡相变过程,了解铁碳合金的成分-组织-性能关系等。

物质由液态转变为固态的过程称为凝固。除少量金、铜等以外,金属都需要通过冶金过程从天然矿石中进行提取,大多需要经历凝固过程。金属制品加工时,很多时候也存在熔化-凝固过程。研究金属凝固的过程,掌握有关规律和影响因素,对于改善金属的组织和提高材料的性能具有重要意义。凝固后的金属一般都是晶体,所以此过程也可称为结晶。凝固是最典型的相变过程之一。相图表达了不同温度、压力等环境约束下组分、相的稳定状态和相组成之间的平衡关系,是研究与分析凝固及其他类型相变的有力工具。

4.1 纯金属的结晶

纯金属在由液态向固态凝固的结晶过程中,需要经历从液态金属中凝结出晶核和晶核长大的过程。这一结晶过程,受到液态金属结构、热力学条件及动力学因素的控制。

4.1.1 金属结晶的基本规律

1. 纯金属结晶的宏观热现象

研究金属的结晶过程常采用热分析法,即将金属加热熔化成液态,然后缓慢冷却下来,记录温度随时间变化的曲线,称为冷却曲线。纯金属的冷却曲线如图 4-1 所示。

从冷却曲线上可以看出,纯金属自液态缓慢冷却时,随着冷却时间的不断增加,热量不断地向外界散失,温度也连续下降。当温度降到理论结晶温度 T_m 时,液态纯金属并未开始结晶,而是需要继续冷却到 T_m 以下某一温度 T_n 时,液态金属才开始结晶,这种现象称为过冷现象。理论结晶温度与实际结晶温度之差称为过冷度,即有 $\Delta T = T_m - T_n$。

当液态纯金属的温度降到实际结晶温度 T_n 开始结晶后，冷却曲线上会出现一个平台，这是由于液态纯金属在结晶时产生的结晶潜热与向外界散失的热量相等的原因，这个平台一直延续到结晶过程完毕，纯金属全部转变为固态为止，然后再继续向外散热直至冷却到室温，相应的冷却曲线也连续下降。

2. 纯金属结晶的热力学条件

液态金属结晶必须在一定的过冷条件下才能进行，这是由热力学条件决定的。在热力学平衡条件下，物质的稳定状态一定是其自由能最低的状态。对于结晶过程而言，其能否发生，就要看液态金属和固态金属的自由能孰高孰低。图 4-2 为液态金属与固态金属自由能随温度变化曲线。

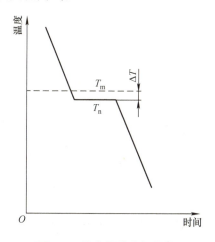

图 4-1　纯金属的冷却曲线　　图 4-2　液态金属与固态金属自由能随温度变化曲线

液态金属和固态金属的自由能都随着温度的升高而降低，液态金属自由能曲线的斜率比固态金属的大，所以液态金属的自由能降低得更快一些，两条曲线的斜率不同必然导致两条曲线在某一温度相交，此时的液态金属和固态金属的自由能相等，这意味着此时两者共存，处于热力学平衡状态，这一温度就是理论结晶温度 T_m。可见，只有当温度低于 T_m 时，固态金属的自由能才低于液态金属的自由能，液态金属可以自发地转变为固态。因此，液态金属要结晶，其结晶温度一定要低于理论结晶温度 T_m，即要有一定的过冷度，此时的固态金属的自由能低于液态金属的自由能，两者的自由能之差构成了金属结晶的驱动力。

3. 纯金属结晶的微观过程

液态金属的结晶是一个晶核形成与长大的过程。图 4-3 为小体积液态纯金属结晶过程。

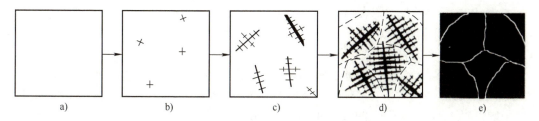

图 4-3　小体积液态纯金属结晶过程

当液态金属过冷至理论结晶温度以下的实际结晶温度时,晶核并未立即产生,而需要经过一定时间后才开始出现第一批晶核,结晶开始前的这段停留时间称为孕育期。随着时间的推移,已形成的晶核不断长大,与此同时,液态金属中又产生第二批晶核。依此类推,液态金属中不断形核,形成的晶核不断长大,使液态金属越来越少,直到各个晶体相互接触,液态金属耗尽,结晶过程进行完毕。由一个晶核长成的晶体,就是一个晶粒。由于各个晶核是随机形成的,其位向各不相同,所以各晶粒的位向也不相同,这样就形成一块多晶体金属。如果在结晶过程中只有一个晶核形成并长大,则形成一块单晶体金属。

4.1.2 晶核的形成与晶体的长大

1. 液态金属的结构

从大的尺度范围看,液态金属中的原子排列是不规则的,但从局部微小区域来看,原子可以偶然地在某一瞬间出现规则的排列,这种现象称为近程有序。液态金属中存在的近程有序排列原子集团是处于瞬间出现、瞬间消失、此起彼伏、变化不定的状态之中,称为结构起伏。这种结构起伏构成了液态金属的动态图像。

金属结晶是由晶核的形成和晶体的长大过程完成的,而晶核是由晶胚生成的。液态金属中近程有序的原子集团是形成晶胚的基础,只有在过冷液体中出现尺寸较大的晶胚才有可能在结晶时转变为晶核。液态金属中的这种动态结构的变化是结晶的结构基础。

2. 晶核的形成

晶核的形成有两种方式,一种为均匀形核,另一种为非均匀形核。

由金属原子规则排列形成的晶核,称为均匀形核。晶核形成后,其周围的原子围绕晶核进行有规则的排列,而使晶体逐渐长大,最后长大成为一个晶粒。通常液态金属总是存在着各种固态杂质微粒,某些外来的固体小质点也可作为晶核进行结晶。凡依靠外来微粒作为晶核进行结晶的均称为非均匀形核。

非均匀形核在金属结晶过程中往往起着更重要的作用。必须指出,并非外来的任何微粒都能起到晶核作用。只有那些晶体结构或晶格常数与基体金属的晶体结构或晶格常数近似的微细颗粒,才能起到晶核作用。

(1) 均匀形核 当温度降到熔点以下,过冷液体中出现晶胚时,一方面原子由液态转变为固态,将使体系的自由能降低,形成相变的驱动力;另一方面,由于晶胚构成了新的界面,又会引起表面自由能的增加,形成相变的阻力,此时,体系总的自由能的变化为

$$\Delta G = V\Delta G_V + \sigma S \tag{4-1}$$

式中 ΔG_V——固、液两相单位体积自由能之差,为负值;

σ——晶胚单位面积表面能,可用表面张力表示,为正值;

V——晶胚的体积;

S——晶胚的表面积。

为使计算方便,设晶胚为球形,其半径为 r,则式(4-1)可写成

$$\Delta G = 4\pi r^3 \Delta G_V/3 + 4\pi r^2 \sigma \tag{4-2}$$

由此得到 ΔG 随 r 变化的曲线,如图4-4所示。

由图4-4可知,ΔG 在半径为 r_k 时达到最大值。

当 $r < r_k$ 时,随着晶胚尺寸的增大,系统的自由能增加,过程不能自动进行,这种晶胚

不能成为稳定的晶核，而是瞬时形成，又瞬时消失。

当 $r > r_k$ 时，随着晶胚尺寸的增大，系统的自由能降低，过程可以自动进行，晶胚可以自发地长成稳定的晶核，并不再消失。

当 $r = r_k$ 时，这种晶胚既可能消失，也可能长大成为稳定的晶核，半径为 r_k 的晶核叫作临界晶核，而 r_k 称为临界晶核半径。

令 $d(\Delta G)/dr = 0$，则可求出

$$r_k = -2\sigma/\Delta G_V \qquad (4-3)$$

结晶时的相变驱动力 ΔG_V 与过冷度 ΔT、结晶潜热 L_m 有如下关系，即

$$\Delta G_V = -L_m \Delta T/T_m$$

则

$$r_k = 2\sigma T_m/(L_m \Delta T) \qquad (4-4)$$

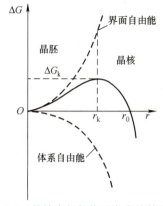

图 4-4　晶核半径与体系自由能的关系

形成临界晶核时，系统自由能增加到最大值，这部分能量称为临界形核功 ΔG_k。将式（4-3）和式（4-4）代入式（4-2），可得

$$\Delta G_k = 16\pi\sigma^3/3(\Delta G_V)^2 \qquad (4-5)$$

及

$$\Delta G_k = 16\pi\sigma^3 T_m^2/3(L_m \Delta T)^2 \qquad (4-6)$$

可见，临界半径 r_k 和临界形核功与过冷度 ΔT 成反比，过冷度越大，则临界半径和临界形核功越小。这说明，过冷度增大时，较小的晶胚将可以形成晶核，同时，所需形核功也会变小，形核的机会增多，晶核的数目增多。

以上从热力学的角度讨论了金属结晶时的形核，实际上，结晶形核还受到动力学的影响。定义形核率为单位时间、单位体积液体中所形成的晶核数。它受两个方面因素的控制，一方面是随着过冷度的增加，晶核的临界半径和形核功减小，有利于晶核形成，形核率增加（形核功因子 N_1）；另一方面随着过冷度的增加，原子的扩散能力降低，给形核造成困难，使形核率降低（原子扩散能力的因子 N_2）。形核率 N 是上述两个因子协同作用的体现，即

$$N = N_1 N_2$$

图 4-5 为 N、N_1、N_2 与温度的关系。

（2）非均匀形核　液态金属均匀形核所需的过冷度很大，约 $0.2T_m$。例如纯铁均匀形核时的过冷度达 295 ℃，纯铝为 130 ℃。而实际形核过冷度一般不超过 20 ℃，其原因在于产生了非均匀形核。在液态金属中总是存在一些微小的固相杂质质点，并且液态金属在凝固时还要和型壁接触，晶核就可以优先依附在这些现成的固体表面上形成，这种形核方式就是非均匀形核，它使形核时的过冷度大大降低。

形核的主要阻力是晶核的表面能，非均匀形核依附于固相质点的表面，能使表面能降低，使形核在较小的过冷度下进行。

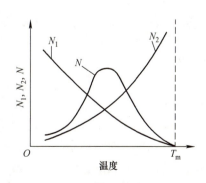

图 4-5　N、N_1、N_2 与温度的关系

当晶胚依附在型壁、大的第二相等平面上形成球冠形状时,如图 4-6 所示。

设该球冠型晶胚的曲率半径为 r,θ 为该晶胚与平面的浸润角。可求得

$$r'_k = -2\sigma_{\alpha L}/\Delta G_V = 2\sigma_{\alpha L}T_m/L_m\Delta T \qquad (4-7)$$

$$\Delta G'_k = (16\pi\sigma^3_{\alpha L}/3\Delta G^2_V)[(2+\cos\theta)(1-\cos\theta)^2/4] \qquad (4-8)$$

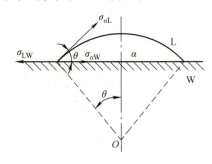

图 4-6 非均匀形核示意图

比较均匀形核、非均匀形核的临界半径和形核功,可以看出,非均匀形核临界球冠半径与均匀形核的临界半径是相等的。

一般的情况是 θ 角在 0~180°之间变化,非均匀形核的球冠体积小于均匀形核的晶核体积,$\Delta G'_k$ 恒小于 ΔG_k。θ 越小,$\Delta G'_k$ 越小,非均匀形核越容易,需要的过冷度也越小。

非均匀形核的形核率与均匀形核相似,但除受过冷度和温度的影响外,还受固体杂质的结构、数量、形貌及其他一些物理因素的影响。

非均匀形核的形核功与 θ 角有关,θ 角越小,形核功越小,形核率越高。杂质(形核核心)与晶体结构相似、尺寸相当,点阵匹配时,形核率越高。固体杂质表面的形状各种各样,具有不同的形核率。在曲率半径、接触角相同的情况下,晶核体积随界面曲率的不同而改变。凹曲面的形核效能最高,因为较小体积的晶胚便可达到临界晶核半径,平面的效能居中,凸曲面的效能最低。

过热度是指金属熔点与液态金属温度之差。液态金属的过热度对非均匀形核有很大的影响。当过热度较大时,有些质点的表面状态就会改变,如质点内微裂缝及小孔减少、凹曲面变为平面,使非均匀形核的核心数目减少。当过热度很大时,会导致固体杂质质点全部熔化,这就使非均匀形核转变为均匀形核,形核率大大降低。

在液态金属凝固过程中进行振动或搅动,一方面可使正在长大的晶体碎裂成几个结晶核心,另一方面又可使受振动的液态金属中的晶核提前形成。

3. 晶体的长大

稳定晶核出现之后,马上就进入了长大阶段。晶体的长大从宏观上来看,是晶体的界面向液相逐步推移的过程;从微观上看,则是依靠原子逐个由液相中扩散到晶体表面上,并按晶体点阵规律的要求,逐个占据适当的位置而与晶体稳定牢靠地结合起来的过程。

晶体长大的方式和长大速度主要取决于固液界面前沿液体中的温度分布状况和晶核的界面结构。

(1) 固液界面前沿液体中的温度分布 固液界面前沿液体中的温度分布(图 4-7)是影响晶体长大的一个重要因素,它可分为正温度梯度和负温度梯度两种。

正温度梯度是指液相中的温度随与界面距离的增加而升高的温度分布状况,如图 4-7a 所示,其结晶前沿液体中的过冷随与界面距离的增加而减小。一般的液态金属均在铸型中凝固,金属结晶时放出的结晶潜热通过型壁传导释放,故靠近型壁处的液体温度最低,结晶最早发生,而越接近熔融金属中心温度越高。

如图 4-7b 所示,负温度梯度是指液相中的温度随与界面距离的增加而降低的温度分布状况,也就是说,过冷度随与界面距离的增加而增大。此时所产生的结晶潜热既可通过已结

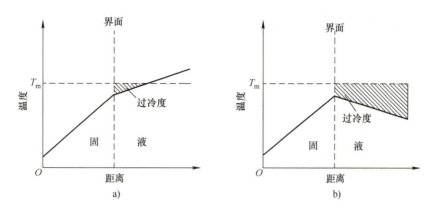

图 4-7　固液界面前沿液体中的温度分布

晶的固相和型壁散失，也可通过尚未结晶的液相散失。

（2）固液界面的微观结构与晶体长大机制　晶体的长大是通过液体中单个原子的移动完成的，并按照晶面原子排列的要求与晶体表面原子结合起来。按原子尺度，把相界面结构分为粗糙界面和光滑界面两类。如图 4-8 所示，固液界面的微观结构不同，则其接纳液相中原子的能力也不同，因此在晶体长大时将有不同机制。

从光学显微镜下来看，光滑界面呈参差不齐的锯齿状，界面两侧的固液两相是明显分开的（图 4-8a 上图），在界面的上部，所有的原子均处于液体状态，在界面的下部，所有的原子均处于固体状态，即所有的原子都位于结晶相晶体结构所规定的位置上。这种界面通常为固相的密排晶面。当从原子尺度观察时，这种界面是光滑平整的（图 4-8a 下图）。

在这种界面条件下，若液相原子单个扩散迁移到界面上是很难形成稳定状态的，这是由于它所带来的表面自由能的增加，远大于其体积自由能的降低。在这种情况下，晶体的长大只能依靠所谓的二维晶核机制，即依靠液相中的结构起伏和能量起伏，使一定大小的原子集团几乎同时降落到光滑界面上，形成具有一个原子厚度并且有一定宽度的平面原子集团。二维晶核形成后，它的四周就出现了台阶，后迁移来的液相原子一个个填充到这些台阶处，这样所增加的表面能较小。直到整个界面铺满一层原子后，又变成了光滑界面，而后又需要新的二维晶核的形成，否则生长中断。晶体以这种机制长大时，其长大速度十分缓慢。

通常，具有光滑界面的晶体，其长大速度比按二维晶核机制快得多。由于在晶体长大时，总是难以避免形成种种缺陷（如螺型位错），这些缺陷所造成的界面台阶使原子容易向上堆砌，因而较二维晶核机制长大速度快。

通过光学显微镜观察时，粗糙界面是平整的（图 4-8b 上图）。当从原子尺度观察时，这种界面高低不平，并存在着厚度为几个原子间距的过渡层。在过渡层中，液相与固相的原子呈现犬牙交错分布（图 4-8b 下图）。

粗糙界面很容易按照连续长大机制进行晶体长大。粗糙界面上几乎有一半应按晶体规律排列的原子位置虚位以待，从液相中扩散过来的原子很容易填入这些位置与晶体连接起来。由于这些位置接纳原子的能力是等效的，在粗糙界面上的所有位置都是生长位置，所以液相原子可以连续地、垂直地向界面添加，界面的性质永远不会改变，从而使界面迅速地向液相推移。晶体缺陷在粗糙界面的生长过程中不起明显作用。这种长大机制也称为垂直长大，它的长大速度很快，大部分金属晶体均以这种机制长大。

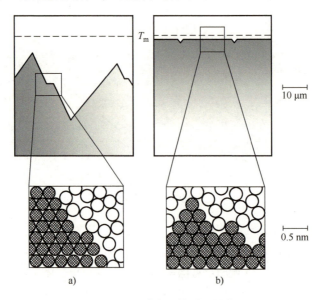

图 4-8　固液界面的微观结构

（3）晶体生长的方式与界面形态　正温度梯度下，结晶潜热只能通过固相散出，相界面的推移速度受固相传热速度控制。晶体的生长是以接近平面状向前推移，其中，在光滑界面和粗糙界面情况下又有所不同。

光滑界面微观结构为某一晶体学小平面，与熔点等温面交有一定角度，但从宏观来看，其仍为平行于熔点等温面的平直面，如图 4-9a 所示，这种情况有利于形成规则形状的晶体，其生长形态呈台阶状。具有粗糙界面的晶体，在正温度梯度下成长时，其界面为平行于熔点 T_m 等温面的平直界面，它与散热方向垂直，如图 4-9b 所示。

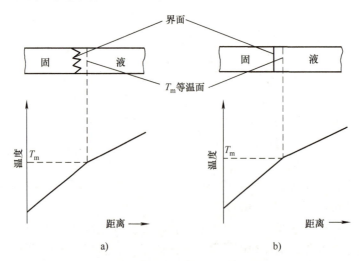

图 4-9　正温度梯度下纯金属凝固的界面形态

晶体在生长时界面只能随着液体的冷却而均匀一致地向液相推移，一旦局部偶有突出，它便进入低于临界过冷度甚至熔点 T_m 以上的温度区域，成长立刻减慢下来，甚至被熔化掉，所以固液界面始终保持平面。在这种条件下，晶体界面的移动完全取决于散热方向和散热条件，具有平面状的长大形态，称为平面长大方式。

负温度梯度下，相界面上产生的结晶潜热既可通过固相散失，也可通过液相散失。在这种情况下，如果界面的某一局部偶有凸出，则它将伸入到过冷度更大的液体中，使凸出部分的生长速度增大而进一步伸向液体中。在这种情况下，固液界面就不可能保持平面状，而会形成许多伸向液体的分枝（沿一定晶向），称为一次晶轴，同时在这些晶轴上又可能会长出二次晶轴，在二次晶轴上再长出三次晶轴，如图 4-10 所示。晶体的这种生长方式称为树枝状生长。

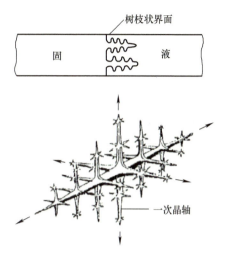

图 4-10　晶体树枝状生长示意图

（4）晶体长大速度　晶体的长大速度与其长大机制有关。当界面为光滑界面并以二维晶核机制长大时，其长大速度非常慢。当以螺型位错机制长大时，由于界面上的缺陷所能提供的向界面上添加原子的位置也很有限，故长大速度也较慢。对于具有粗糙界面的大多数金属来说，由于它们是连续长大机制，所以长大速度较以上两者要快得多。

4.1.3　金属结晶后晶粒的大小及控制

金属结晶后，其晶粒大小（即单位体积中晶粒数目的多少）对金属材料的力学性能有很大的影响。**晶粒越细，不仅其强度、硬度越高，而且塑性和韧性也越好**。晶粒的大小取决于形核率 N[个/$(m^3 \cdot s)$]和生长线速度 $G(m/s)$，而 N 和 G 又与下列因素有关。

1. 过冷度

单位体积内的晶粒数与形核率 N 成正比，而与生长线速度 G 成反比，即晶粒大小取决于 N/G 的值。金属结晶时，其 N 值和 G 值一般都随着过冷度的增加而增大，但 N 的增长率大于 G 的增长率，如图 4-11 所示，因此，增加 ΔT 就会提高 N/G，而使晶粒变细。过冷度又取决于冷却速度，提高金属结晶时的冷却速度的方法很多，如降低浇注温度，采用金属模、连续铸造等。但是，用增加冷却速度来细化晶粒的方法往往只适用于小件或薄件，对壁厚稍大的铸锭或铸件就难以办到。因此，工业上常采用其他途径细化晶粒，如变质处理、振动或搅动。

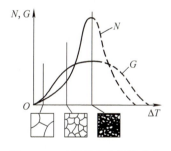

图 4-11　形核率和生长线速度同过冷度的关系曲线示意图

2. 变质处理

变质处理就是在液态金属中有意地加入一定量的某些物质，以获得细小晶粒的方法。所加入的物质称为变质剂，其作用是促进非自发形核或抑制晶体的长大。例如，向铸钢液中加入少量的 Al、V、Ti、Zr 等，向铸铁液中加入石墨粉、硅铁合金，向铝合金中加入钛、钠盐等，都是应用变质处理的实例。

3. 振动或搅动

生产上采用的机械振动、超声波、电磁搅拌、压力浇注或离心浇注等方法，其目的都是加强液态金属的相对运动，从而促进形核，提高形核率。同时能打碎正在生长的枝晶，破碎的枝晶起晶核作用，从而获得细小晶粒。

4.2 合金的凝固与相图

合金的凝固过程比纯金属的结晶复杂，通常可以应用合金相图分析合金的结晶过程。借助相图，可以确定任一给定成分的合金，在不同的温度和压力条件下由哪些相组成，以及相的成分和相对含量。同时，相图也是分析合金组织、研究组织变化规律的有效工具。

4.2.1 合金相图的建立与基本规律

合金相图是用来表示合金系中合金状态、温度和成分之间平衡关系的图形，也称为平衡图或状态图。利用合金相图可以了解不同成分的合金在不同温度下的组成相和它们的相对含量，以及随温度改变而变化的情况。

1. 二元合金相图的建立

二元合金相图是以成分和温度为坐标的平面图形，纵坐标表示温度，横坐标表示成分。合金的成分以质量分数或原子分数表示。

二元合金相图一般根据一系列成分合金的临界点（即状态变化的温度）绘出。测定临界点的方法很多，常用热分析法，并配合以其他方法综合测定。以 Cu-Ni 合金为例建立二元合金相图时，首先配制一系列不同成分的 Cu-Ni 合金，并测出其从液态到室温的冷却曲线，得出各临界点。然后将测得的这些临界点标在温度-成分的坐标中，再将相同意义的临界点连接起来，就得到如图 4-12 所示的 Cu-Ni 相图。

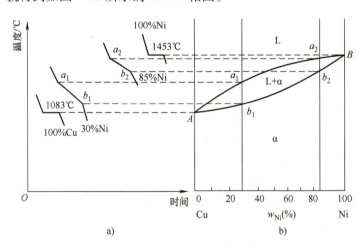

图 4-12 Cu-Ni 相图
a) 冷却曲线 b) 相图

随着材料数据的积累和计算机技术的进步，通过合金热力学的理论计算建立相图的研究方法，已取得很大进展。

2. 相平衡与相律

相平衡是指系统中各相的化学、热力学平衡。化学、热力学平衡包括热平衡、力平衡和化学平衡。系统中温差消失时，达到热平衡状态；合力为零时，系统达到力平衡；系统中各组元浓度不再变化时，系统达到化学平衡状态。当上述三种平衡同时达到时，系统处于化学、热力学平衡状态。

一个系统状态的稳定性及其变化方向，可以根据吉布斯自由能的高低加以判别。在温度和压力恒定的条件下，系统自发趋于吉布斯自由能最低的稳定状态，其转变的驱动力为自由能差 ΔG。而在临界温度出现相平衡时，$\Delta G = 0$。

相律用来表示平衡状态下系统的组元数 C、相数 P 与独立可变因素——自由度数 f 之间的关系，即

$$f = C - P + 2$$

所谓自由度数，是指系统在保持平衡状态和相数不变的前提下，能够在一定范围内任意独立改变的因素（温度、压力、成分等）的数目。

在金属与合金的凝固系统中，通常压力的改变对状态影响极小，可以忽略不计，故系统平衡时的相律形式为

$$f = C - P + 1$$

在分析相图和验证其几何规则的正确性方面，相律具有指导意义。

3. 二元合金相图分析基础

（1）平衡相成分确定　在二元合金相图的两相区中，当温度变化时，两平衡相的成分随之发生相应的改变。例如，为了确定不同温度下固液两平衡相各自的组元含量，可通过该两相区中一系列等温线及其与液相线、固相线的交点所对应成分表示。其中，任一温度与两相界线之间的交点成分，即为该温度下两平衡相相应的组元含量。

上述二元合金两平衡相成分的确定规则，主要由系统自由能与成分的关系决定，如图4-13所示。

（2）平衡相相对含量的确定　为了确定不同成分二元合金在两相区中各平衡相之间的相对含量，通常采用杠杆定律法则进行定量计算。图4-14a 为某A-B二元合金相图，设其中任一成分合金 C_0 的质量为 W_0，T_1 温度时两平衡相 L 与 α 中的 B 组元含量分别为 C_L 和 C_α，此时两相质量为 W_L 和 W_α。则有

$$W_0 = W_L + W_\alpha$$
$$W_0 C_0 = W_L C_L + W_\alpha C_\alpha$$

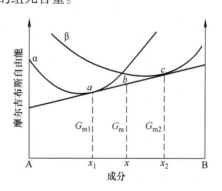

图4-13　平衡相成分的确定

可求得各相所占的质量分数为

$$\left. \begin{array}{l} \dfrac{W_L}{W_0} = \dfrac{C_\alpha - C_0}{C_\alpha - C_L} \\[2mm] \dfrac{W_\alpha}{W_0} = \dfrac{C_0 - C_L}{C_\alpha - C_L} \end{array} \right\}$$

两平衡相的相对质量则为

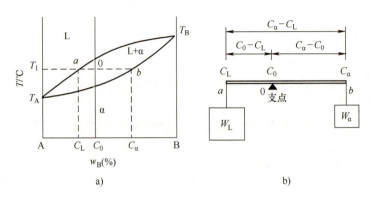

图 4-14 平衡相相对含量的确定
a) A-B 二元相图 b) 杠杆定律

$$\frac{W_L}{W_\alpha} = \frac{C_\alpha - C_0}{C_0 - C_L}$$

由此可见，当合金成分不同时，其两平衡相的相对含量会有所不同。若把图 4-14a 中的 0 点看作杠杆的支点，a、b 为杠杆端点，则上述结果类似于物理中的杠杆定律（图 4-14b），因此计算合金平衡相的相对含量的方法也称为杠杆定律。

在二元相图系统中用杠杆定律确定相对含量的方法只适用于两相区。在两相区 $f = 1$，系统只允许有一个独立的变数，这样就可以确定平衡相的相对含量。

4. 二元合金相图的基本类型

在二元合金相图中，由于两组元在固相下相互作用的不同，它们在冷却过程中的转变过程和产物也不同。这种特性反映在相图上就是相图的形式不同。许多实际的合金相图，往往非常复杂。但任何复杂的二元相图，都可视为由基本类型的相图组成。二元合金相图主要有匀晶相图、共晶相图、包晶相图等基本类型。

4.2.2 匀晶相图及固溶体的结晶

1. 匀晶相图

当两组元在液相和固相均无限互溶时形成的相图，称为匀晶相图。具有这类相图的合金系主要有 Cu-Ni、Au-Ag、W-Mo 等。

图 4-12 所示的 Cu-Ni 合金相图中 A 为纯铜的熔点，为 1083 ℃，B 为纯镍的熔点，为 1453 ℃。相图中仅有两条线，其中 Aa_1a_2B 为液相线，Ab_1b_2B 为固相线。这两条线将相图分为三个区域，在液相线以上为液相区，用 L 表示；在固相线以下为固相区，用 α 表示；在液相线与固相线之间为液相、固相共存的两相区，用 $L + \alpha$ 表示。

2. 固溶体合金的平衡结晶及其组织

平衡结晶是指液态合金在极为缓慢的冷却条件下进行的结晶过程。由于组元得以充分扩散，故在结晶进行的不同温度阶段，皆可达到相应的相平衡及均匀的相成分。

两组元无限互溶合金在液相线以上时，保持单一液相，冷却到液相线时，开始结晶出固相，保持固液两相平衡直至冷却到固相线温度为止。

现以含 Ni 量为 40%（质量分数）的 Cu-Ni 合金为例，结合图 4-15 所示 Cu-Ni 合金相图，分析其平衡结晶过程。

当该合金自高温液态缓冷至与液相线相交的温度 T_0 时，开始出现 α 固溶体晶核，其成分由 T_0 温度线确定为 $α_0$。此时系统处于 L_0 与 $α_0$ 两相的平衡状态。当温度继续降至 T_1 时，α 晶体的生长和其他部位的形核将同时进行，而与该温度相对应的平衡关系则为 L_1 与 $α_1$ 两相的平衡，即结晶的 α 相成分和剩余的 L 相成分各自沿固相线与液相线变化。两平衡相的相对含量可按杠杆定律确定。显然，随着温度降低、结晶过程的连续进行，α 相不断析出，L 相相应减少。当降至温度 T_3 时，液态合金结晶完毕，全部转变为该合金成分分布均匀的单相 α 固溶体，如图 4-15 所示。

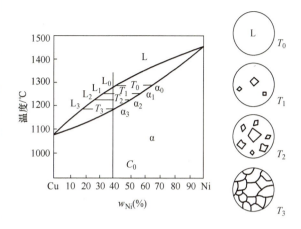

图 4-15 Cu-Ni 合金相图及单相固溶体合金结晶过程

固溶体的结晶主要依靠结构起伏和能量起伏形核，但由于开始析出的 α 相与原合金成分不同，因而新相形核还必须借助液态合金中组元原子分布的微观不均匀性提供的浓度起伏。

α 相长大过程中，固相成分和剩余液相成分在不断地变化，其变化规律是液相成分始终沿液相线变化，而固相成分始终沿固相线变化。

3. 固溶体合金的非平衡结晶及其组织

实际生产条件下，液态合金的结晶是在较快的冷却速度下进行的，组元原子得不到充分扩散，称为非平衡结晶，所得组织称为非平衡组织。

非平衡结晶时，存在显微组织的化学成分不均匀的问题，先结晶的部分含高熔点组元较多，后结晶的部分含低熔点组元较多，这种现象称为晶内偏析。当固溶体以树枝状方式结晶时，这种偏析也称枝晶偏析。

枝晶偏析的程度取决于结晶时的冷却速度、偏析元素的扩散能力以及相图中固液线的距离等因素。严重的枝晶偏析将恶化合金的性能，生产上常把有枝晶偏析的合金加热到固相线以下 100~200 ℃ 进行长时间保温，使原子充分扩散，实现成分均匀化，这种处理方法称为均匀化退火或扩散退火。

4.2.3 共晶相图及其合金的结晶

1. 共晶相图

当两组元在液态时无限互溶，在固态时有限互溶，且发生共晶反应的相图，称为共晶相图。具有这类相图的合金系主要有 Pb-Sn、Cu-Ag、Al-Si 等。图 4-16 所示为 Pb-Sn 合金相图。

A 为 Pb 的熔点，B 为 Sn 的熔点。AEB 为液相线，$AMENB$ 为固相线。MF 为 Sn 溶于 Pb 的溶解度线，NG 为 Pb 溶于 Sn 的溶解度线。Sn 溶于 Pb 的固溶体用 α 表示，Pb 溶于 Sn 的固溶体用 β 表示。α 和 β 是两种有限固溶体。α 的最大溶解度为 19% Sn。β 的最大溶解度为

2.5%Pb。α 和 β 是该合金系在固态时的两个基本相。

相图中，有三个单相区（L、α 和 β 相区）和三个双相区（L+α、L+β 和 α+β 相区），MEN 水平线为三相（L+α+β）共存线。

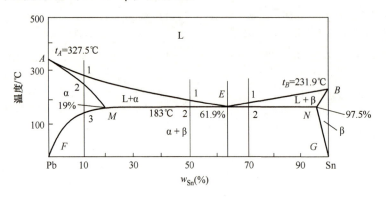

图 4-16　Pb-Sn 合金相图

2. 合金平衡凝固结晶过程

（1）共晶合金　共晶 Pb-Sn 合金含 61.9%（质量分数）的 Sn，其余为 Pb。当合金处于 E 点以上时，为液相。冷却到 E 点，发生共晶转变，则有

$$L_{61.9} \xrightarrow{183\ ℃} \alpha_{19} + \beta_{97.5}$$

转变的产物是两个固相 α 和 β 的机械混合物，称为共晶体或共晶组织。这个转变是在恒温下进行的，所以冷却曲线上会出现平台。

共晶转变结束后，相的组成为 α、β，相对含量为

$$W_\alpha = \frac{97.5\% - 61.9\%}{97.5\% - 19\%} = 45.4\%$$

$$W_\beta = 1 - W_\alpha = 54.6\%$$

E 点以下，将从 α 相中析出 β_{II}，从 β 相中析出 α_{II}，但 α_{II} 和 β_{II} 会附着在共晶 α 相和 β 相上长大，无法区分，故结晶结束后，相的组成为 α、β，组织的组成为 α+β 共晶体。

图 4-17 是共晶合金平衡凝固结晶过程示意图。

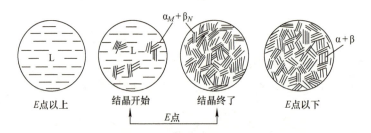

图 4-17　共晶合金平衡凝固结晶过程示意图

（2）亚共晶合金　亚共晶合金含 Sn 量在 19%～61.9% 之间。以 50%Sn 为例，1 点以上，合金为液相；1 点和 2 点之间，液相中结晶出初生 α 相，液相成分沿 AE 线变化，固相成分沿 AM 线变化；到 2 点，液相成分变为共晶成分，将发生共晶转变。共晶转变结束后，相的组成为 α、β，其相对量为

$$W_\alpha = \frac{97.5\% - 50\%}{97.5\% - 19\%} = 60.5\%$$

$$W_\beta = 1 - W_\alpha = 39.5\%$$

组织的组成为 α、α+β，其相对量为

$$W_\alpha = \frac{50\% - 19\%}{61.9\% - 19\%} = 72\%$$

$$W_{\alpha+\beta} = 1 - W_\alpha = 28\%$$

继续冷却，初生 α 相中将析出次生的 β_{II}，共晶 α+β 中的 α 和 β 中将析出次生的 β_{II} 和 α_{II}，但在显微镜下难以分辨。因此，结晶结束后，室温下相的组成为 α、β，组织的组成为 α、α+β、β_{II}。

图 4-18 是亚共晶合金平衡凝固结晶过程示意图。

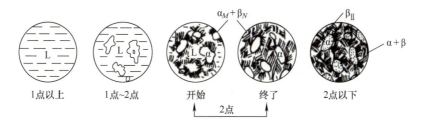

图 4-18　亚共晶合金平衡凝固结晶过程示意图

（3）过共晶合金　过共晶合金含 Sn 量在 61.9%~97.5%之间，其结晶过程与亚共晶合金类似，不同之处在于先共晶为 β 相。以 70%Sn 为例，1 点以上，合金为液相；1 点和 2 点之间，液相中结晶出初生 β 相，液相成分沿 *BE* 线变化，固相成分沿 *BN* 线变化；到 2 点，液相成分变为共晶成分，将发生共晶转变。共晶转变结束后，相的组成为 α、β，组织的组成为 β、α+β。结晶结束后，室温下相的组成为 α、β，组织的组成为 β、α+β、α_{II}。

（4）含 Sn 量小于 19%的合金　含 Sn 量小于 19%的合金不会发生共晶转变。在 1 点以上时，合金为液相；1 点和 2 点之间，结晶出 α 相，液相成分沿 *AE* 线变化，固相成分沿 *AM* 线变化；2 点和 3 点之间为单相 α，3 点以下从过饱和的 α 相中析出二次（次生）β，即 β_{II}。室温下，该合金的相的组成为 α+β；组织为 α+β_{II}。

含 Sn 量大于 97.5%的合金与上述合金结晶过程完全相同，只是从液相中析出的为 β 相。

图 4-19 是含 Sn 量小于 19%的合金的平衡凝固结晶过程示意图。

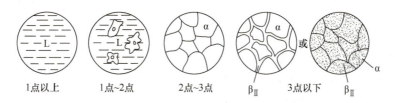

图 4-19　含 Sn 量小于 19%的合金的平衡凝固结晶过程示意图

3. 合金的不平衡结晶及组织

在不平衡结晶时，成分在共晶点附近的亚（过）共晶合金可以得到全部共晶组织，这种非共晶成分得到的共晶组织称为伪共晶。

在先共晶相数量较多而共晶组织甚少的情况下，有时共晶组织中与先共晶相相同的那一相，会依附于先共晶相上生长，剩下的另一相则单独存在于晶界处，从而使共晶组织的特征消失，这种两相分离的共晶称为离异共晶。

4. 合金的偏析

在亚（过）共晶合金中，若初生相与剩余液相密度相差较大，则初生相会上浮或下沉，产生偏析现象，称为比重偏析。比重偏析与合金组元的密度差、相图的结晶的成分间隔及温度间隔等有关。

为了预防比重偏析的发生，可以加快冷却速度，使初生相来不及上浮或下沉；也可加入合金元素，形成高熔点且与液相密度相近的化合物，在结晶时先析出，构成化合物骨架，阻止随后的初生相上浮或下沉。

固溶体合金结晶时，如果凝固从一端开始进行，可能产生区域偏析。共晶相图中也包含有匀晶转变，因此在结晶时也可能形成区域偏析。

4.2.4 包晶相图及其合金的结晶

1. 包晶相图

当两组元在液态时无限互溶，在固态时有限互溶，且发生包晶反应的相图，称为包晶相图。具有这类相图的合金系主要有 Pt-Ag、Sn-Sb、Cu-Sn 等。图 4-20 所示为 Pt-Ag 合金相图。

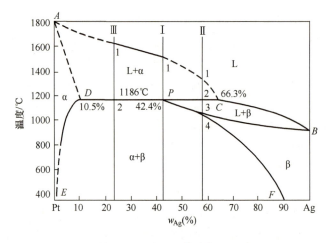

图 4-20　Pt-Ag 合金相图

A 为 Pt 熔点，B 为 Ag 熔点。ACB 为液相线，$ADPB$ 为固相线，DPC 为三相共存线。所有成分在 DC 之间的合金，凝固过程中将发生包晶转变 $L_C + \alpha_D \rightarrow \beta_P$。

2. 合金平衡凝固结晶过程

（1）含 Ag 量为 42.4% 的合金　对应于图 4-20 中的合金 Ⅰ。合金 Ⅰ 在 1 点以上时为液相；在 1 点~P 点之间时，由液相结晶出 α，液相成分沿 AC 变化，固相成分沿 AD 变化；到 2 点时，发生包晶转变，则有

$$L_{66.3} + α_{10.5} \xrightarrow{1186\ ℃} β_{42.4}$$

包晶转变前，相的组成为 α、L，其相对含量为

$$W_α = \frac{66.3\% - 42.4\%}{66.3\% - 10.5\%} = 42.83\%$$

$$W_L = 1 - 42.83\% = 57.17\%$$

包晶转变结束后，液相和固相同时消耗完，生成单一的 β 相。继续冷却，将会从 β 中析出 $α_Ⅱ$。结晶结束后，相的组成为 α、β，组织的组成为 $α_Ⅱ$、β，其相对含量可以用杠杆定律计算。

图 4-21 是含 Ag 量为 42.4% 的合金的平衡凝固结晶过程示意图。

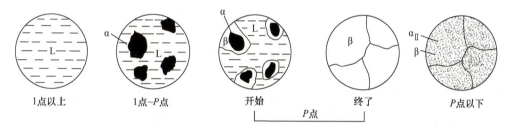

图 4-21　含 Ag 量为 42.4% 的合金的平衡凝固结晶过程示意图

（2）含 Ag 量在 10.5% ~42.4% 的合金　对应于图 4-20 中的合金Ⅲ。在 1 点以上，合金为液相；在 1 点 ~2 点之间，由液相中结晶出 α；到 2 点时，发生包晶转变，转变时 α 相过量，转变结束后，相的组成为 α、β，组织的组成为 α、β。

在 2 点以下时，将发生 $α→β_Ⅱ$ 和 $β→α_Ⅱ$ 的反应。

室温下，相的组成为 α、β，组织的组成为 α、β、$α_Ⅱ$ 和 $β_Ⅱ$。

（3）含 Ag 量为 42.4% ~66.3% 的合金　对应于图 4-20 中的合金Ⅱ。与合金Ⅲ结晶过程相似，只是包晶反应结束后 L 相过量。过量 L 相后续将转变为 β 相。

4.2.5　其他类型二元合金相图

除了匀晶、共晶和包晶三种最基本的二元相图之外，还有其他类型的二元合金相图，现简要进行介绍。

1. 组元间形成化合物的相图

有些合金组元间可以形成化合物，这些化合物有可能是稳定化合物，也有可能是不稳定化合物。稳定化合物是指具有一定熔点，在熔点以下保持其固有结构而不发生分解的化合物。可以把化合物设想为一个组元，整个相图由若干个相图左右连接而成。如图 4-22 所示的 Mg-Si 相图。

不稳定化合物加热时可以分解，并在相图上表现出分解产物。

2. 其他具有三相平衡等温转变的相图

其他具有三相平衡等温转变的相图，包括偏晶转变、熔晶转变、合晶转变、共析转变、包析转变等。

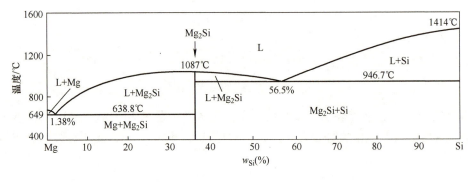

图 4-22　Mg-Si 相图

（1）偏晶转变　一个液相在一定的温度下分解为一个固相和另一成分液相的转变称为偏晶转变。

（2）熔晶转变　一个固相在一定温度下分解为液相和另一个固相的转变称为熔晶转变。

（3）合晶转变　两个成分不同的液相相互作用，形成一个固相的转变称为合晶转变。

（4）共析转变　一定成分的固相在一定温度下同时转变为另外两个固相的过程称为共析转变。

（5）包析转变　两个成分不同的固相在一定温度下相互作用转变为另一成分的固相称为包析转变。

共析转变和包析转变为固态相变，它们分别与共晶转变和包晶转变类似。其中共析转变的产物称为共析体或共析组织。

4.2.6　相图与合金性能的关系

合金的化学成分和组织决定合金的性能，利用相图可以大致判断合金的性能及其变化的规律，如图 4-23 所示。

一般来说，当合金形成单相固溶体时，溶质原子的溶入量越多，则合金的强度、硬度会越高，电导率越低，性能与成分呈曲线关系。当合金形成机械混合物时，其性能是组成相的性能的算术平均值，即性能与成分呈直线关系。共晶成分的合金，如果其组成相的颗粒很细小且分散度很大时，其性能会提高。

合金的工艺性能与相图也存在一定关系。如铸造性能与合金的结晶特点及相图中液相线与固相线之间的距离大小有关。液相线与固相线间的距离越小，液态合金结晶的温度范围就越窄，合金的流动性就越好，对浇注和铸件质量也就越有利；反之，液相线与固相线间的距离越大，则枝晶偏析的倾向性越大，合金的流动性也越差，增加了形成分散缩孔的倾向，使铸造性能恶化。所以，铸造合金的成分，一般选择共晶成分或接近共晶成分的，或选择结晶温度间隔最小的成分，以保证形状复杂的铸件获得优良的铸造工艺性能，从而得到组织致密的铸件。

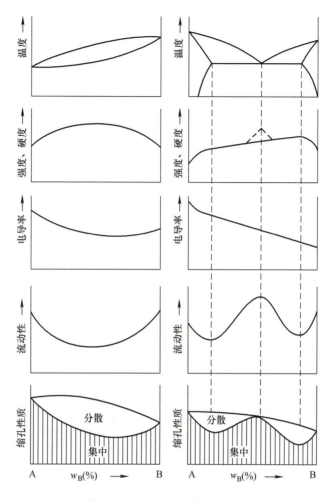

图 4-23 相图与合金性能的关系

4.3 铁碳合金平衡态的相变

钢铁是国民经济的重要物质基础，是现代工业中应用最广泛的金属材料。碳钢和铸铁的基本组元都是铁和碳，故统称为**铁碳合金**。为了合理使用钢铁材料，正确制订其加工工艺，必须研究铁碳合金的成分、组织和温度之间的关系。铁碳合金平衡态的相变规律是研究这些关系的基础，铁碳合金相图是进行上述研究的重要工具。

4.3.1 铁碳合金相图

铁碳合金中的碳有化合物和石墨（单质）两种存在形式。铁和碳可形成一系列化合物，如 Fe_3C、Fe_2C、FeC 等，因此，当碳以化合物形式存在时，整个铁碳合金相图应由 Fe-Fe_3C、Fe_3C-Fe_2C、Fe_2C-FeC 及 FeC-C 等二元相图构成。含碳量大于5%的铁碳合金脆性极大，没有实用价值，通常情况下，仅研究 Fe-Fe_3C 相图。但 Fe_3C 是一个亚稳相，在一定条件下，它可分解出石墨形式的自由碳，即 $Fe_3C \rightarrow 3Fe + C$（石墨）。因此铁碳合金相图常表示为 Fe-Fe₃C（实线）和 Fe-石墨（虚线）双重相图，如图 4-24 所示。

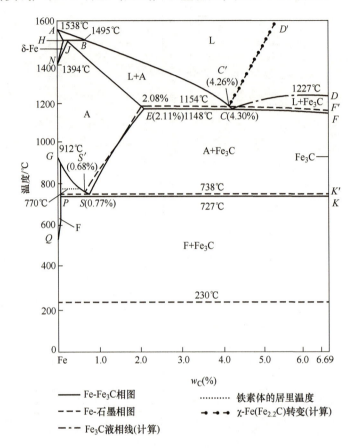

图 4-24　铁碳合金相图

1. 铁碳合金的基本组元

Fe-Fe₃C 相图中的组元是纯铁和 Fe_3C。一般来说，铁是不纯净的，都含有杂质。工业纯铁虽然塑性好，但强度低，所以很少用它制造机器零件。在纯铁中加入少量的碳，会使强度和硬度明显提高，原因是铁和碳相互结合，形成不同的合金相和组织，主要有以下几种。

（1）铁素体　碳在 α-Fe 中的间隙固溶体称为铁素体，常用符号 F 表示。铁素体具有体心立方晶格结构，其溶碳能力很低，在 727 ℃时，最大溶解度为 0.0218%，在室温时仅为 0.0008%。所以铁素体的性能接近于纯铁，即强度（R_m = 250 MPa）低、硬度（80 HBW）低，塑性（A = 50%，Z = 80%）高、韧性（K_{U2} = 160 J）高。

（2）奥氏体　碳在 γ-Fe 中的间隙固溶体称为奥氏体，常用符号 A 表示。奥氏体具有面心立方晶格结构，由于面心立方晶格原子间的间隙比体心立方晶格大，因此它的溶碳能力比 α-Fe 大。在 1148 ℃时，其最大溶解度达 2.11%，在 727 ℃时为 0.77%。奥氏体的性能与其溶碳量及晶粒大小有关，其强度（R_m = 400 MPa）、硬度（170～220 HBW）较低，塑性（A = 40%～50%）、韧性较高。因此，奥氏体组织适用于压力加工。

（3）渗碳体　渗碳体即 Fe_3C，熔点约为 1227 ℃。其含碳量高，为 6.69%。它是一种具有复杂结构的间隙化合物，其晶格结构如图 4-25 所示。渗碳体的结构决定了它具有极高的硬度和脆性,其力学性能一般为 950~1050 HV、$A=0$、$K_{U2}=0$。渗碳体在钢和铸铁中一般呈片状、网状或球状。它的尺寸、形状和分布对钢的性能影响很大,是铁碳合金的重要强化相。

(4)珠光体 珠光体是铁素体与渗碳体的机械混合物,也称为共析体,常用符号 P 表示。其含碳量为 0.77%,它的性能介于铁素体和渗碳体两者之间,其力学性能一般为 R_m = 750~850 MPa、A = 20%~30%、180~230 HBW、K_{U2} = 24~32 J,是一种综合力学性能较好的组织。因此,珠光体适用于压力加工和切削加工。

(5)莱氏体 莱氏体是指由奥氏体(或其转变的产物)与渗碳体组成的混合物。莱氏体分为高温莱氏体和低温莱氏体。高温莱氏体是含碳量大于 2.11% 的铁碳合金,从液态冷却到 1148℃ 时,同时结晶出奥氏体和渗碳体的共晶体,用符号 L_d 表示。低温莱氏体是指在 727℃ 以下,高温莱氏体中的奥氏体将转变为珠光体,形成的珠光体和渗碳体的混合物,用符号 L'_d 表示,一般也称作变态莱氏体。

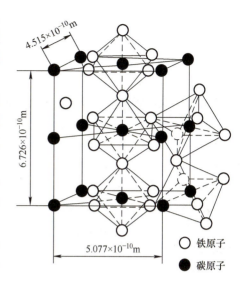

图 4-25 Fe_3C 晶格结构

莱氏体中由于大量渗碳体的存在,其性能与渗碳体相似,即硬度高、脆性大、塑性差。

2. Fe-Fe_3C 相图分析

(1)特征点 Fe-Fe_3C 相图中的符号是国际通用的,其主要特征点的温度、含碳量及其含义见表 4-1。

表 4-1 Fe-Fe_3C 相图中的主要特征点

符号	温度/℃	碳的质量分数(%)	含义
A	1538	0	纯铁的熔点
B	1495	0.53	包晶转变时液态合金的成分
C	1148	4.30	共晶点 $L_C \rightarrow A_E + Fe_3C$
D	1227	6.69	Fe_3C 的熔点
E	1148	2.11	碳在 γ-Fe 中的最大溶解度
F	1148	6.69	Fe_3C 的成分
G	912	0	α-Fe⇔γ-Fe 同素异晶转变点(A_3)
H	1495	0.09	碳在 δ-Fe 中的最大溶解度
J	1495	0.17	包晶点 $L_B + \delta_H \rightarrow A_J$
K	727	6.69	Fe_3C 的成分
N	1394	0	γ-Fe⇔δ-Fe 同素异晶转变点(A_4)
P	727	0.0218	碳在 α-Fe 中的最大溶解度
S	727	0.77	共析点(A_1)$A \rightarrow F_P + Fe_3C$
Q	600(室温)	0.0057 0.0008	600℃(或室温)时碳在 α-Fe 中的溶解度

(2) 特性线 Fe-Fe$_3$C 相图中特性线的含义如下。

ABCD 线为液相线，在此线以上铁碳合金呈液态（L），合金冷却至此线开始结晶。AHJECF 线为固相线，合金冷却至此线时全部结晶完毕，因此，此线以下的合金都是固态。

三条水平线如下：

1) HJB 线为包晶线。在此线上液态合金将发生包晶反应，即 $L_B + \delta_H \longrightarrow A_J$，转变产物是奥氏体。此转变仅发生在含碳量为 0.09%～0.53% 的铁碳合金中。

2) ECF 线为共晶线。在此线上液态合金将发生共晶反应，即 $L_C \xrightarrow{1148\ ℃} A_E + Fe_3C_F$。反应的产物是奥氏体与渗碳体的机械混合物，即高温莱氏体（L_d）。含碳量在 ECF 线范围内（2.11%～6.69%）的铁碳合金，冷却到 1148 ℃ 时均发生共晶反应。

3) PSK 线为共析线，又称 A_1 线。含碳量在 0.0218%～6.69% 范围内的铁碳合金冷却到 727 ℃ 时，均发生共析反应，即 $A_S \xrightleftharpoons{727\ ℃} F_P + Fe_3C_K$。即由一定成分的固相，在一定温度下同时析出两种成分和结构均不相同的固相。反应的产物是铁素体与渗碳体的机械混合物，即珠光体（P）。

三条重要的固态转变线如下：

1) GS 线，又称 A_3 线。它表示合金在冷却过程中从奥氏体中析出铁素体的开始线，或者表示在加热时铁素体溶入奥氏体的终止线。

2) ES 线，又称 A_{cm} 线。它是碳在奥氏体中的固溶度曲线，即随着温度的降低（1148 ℃ → 727 ℃），奥氏体中的含碳量沿着此线逐渐减少（2.11% → 0.77%）。因此，凡含碳量大于 0.77% 的铁碳合金在冷却时，将沿此线从奥氏体中析出渗碳体，称为二次渗碳体 Fe_3C_{II}。

3) PQ 线，碳在 F 中的溶解度线。F 从 727 ℃ 冷却下来时，也将析出 Fe_3C，称为三次渗碳体 Fe_3C_{III}。

(3) 主要相区 Fe-Fe$_3$C 相图中有 5 个单相区，包括 ABCD 线以上为液相区（L），AHN 区为 δ 铁素体区，NGSEJN 区为奥氏体区（A），GPQ 线以左为铁素体区（F），DFK 垂线为渗碳体区（Fe$_3$C）。还有 7 个双相区，它们分别存在于相邻两个单相区之间，即 L + δ、L + A、δ + A、L + Fe$_3$C、F + A、A + Fe$_3$C、F + Fe$_3$C。3 条水平线为三相平衡线，在包晶线上为 L + A + δ 三相平衡、在共晶线上为 L + A + Fe$_3$C 三相平衡，在共析线上为 F + A + Fe$_3$C 三相平衡。

4.3.2 典型铁碳合金的平衡相变过程分析

铁碳合金按其含碳量和组织的不同，可分为三类：第一类是工业纯铁（w_C < 0.0218%）；第二类是钢（w_C = 0.0218%～2.11%），它包括亚共析钢（w_C = 0.0218%～0.77%）、共析钢（w_C = 0.77%）和过共析钢（w_C = 0.77%～2.11%）；第三类是白口铸铁（w_C = 2.11%～6.69%），它包括亚共晶白口铸铁（w_C = 2.11%～4.3%）、共晶白口铸铁（w_C = 4.3%）和过共晶白口铸铁（w_C = 4.3%～6.69%）。

下面以几种典型的铁碳合金为例，分析其结晶过程和冷却过程中发生相变的规律。几种典型铁碳合金的含碳量如图 4-26 所示。

1. 工业纯铁（w_C < 0.0218%）

工业纯铁为图 4-26 中的合金①，其冷却曲线和平衡相变过程如图 4-27 所示。

合金溶液在 1~2 点温度区间按匀晶转变结晶出 δ 铁素体。δ 铁素体冷却到 3 点发生固

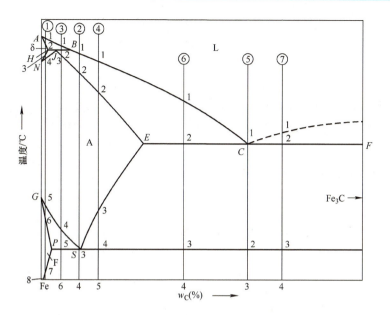

图 4-26 几种典型铁碳合金的含碳量

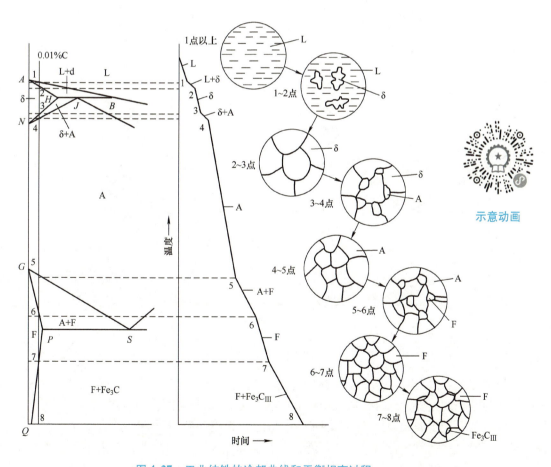

图 4-27 工业纯铁的冷却曲线和平衡相变过程

溶体的同素异构转变（δ→A），A 不断地在 δ 铁素体的晶界上形核并长大，这一转变在 4 点结束，合金组成为单相 A。冷却到 5～6 点间又发生同素异构转变（A→F），F 同样在 A 的晶界形核并长大，6 点以下全部是铁素体。冷却到 7 点时，碳在铁素体中的溶解度达到饱和，将从铁素体中析出三次渗碳体 $Fe_3C_Ⅲ$。

工业纯铁的室温组织为单相铁素体晶粒及析出的少量三次渗碳体，如图 4-28 所示。

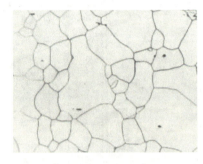

图 4-28　工业纯铁的室温组织（400 倍）

2. 共析钢（$w_C = 0.77\%$）

共析钢为图 4-26 中的合金②，其冷却曲线和平衡相变过程如图 4-29 所示。

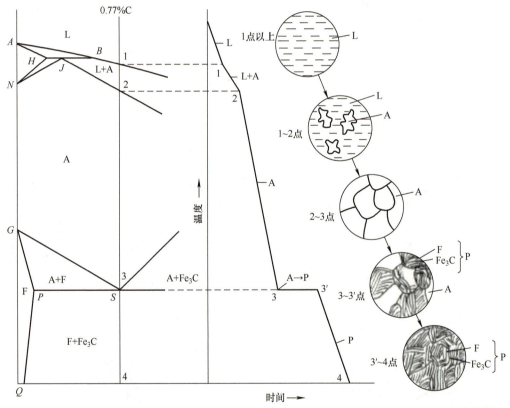

图 4-29　共析钢的冷却曲线和平衡相变过程示意图

示意动画

当温度在 1 点以上时，合金处于液相（L）。当缓冷至 1 点时，合金的成分垂线与液相线相交，此时，从 L 中结晶出 A。在 1～2 点之间，随着温度的下降，从 L 中不断结晶出 A，A 的量不断增加，其成分沿 JE 线变化，而 L 的量不断减少，其成分沿 AC 线变化。当温度降低至 2 点时，成分垂线与固相线相交，L 结晶为 A 的过程结束，其组织全部由均匀的 A 晶粒构成，在 2～3 点之间是 A 的冷却过程，合金组织不发生变化。当温度降至 3 点即 S 点时，A 将发生共析反应，得到珠光体。即

$A_S \xrightleftharpoons{727\ ℃} F_P + Fe_3C_K$。在 3′ 点以后的降温过程中,可以认为合金的组织不再发生变化。所以,共析钢的室温组织为单一的 P(图 4-30),它是由 F 和 Fe_3C 两相构成的层片状组织,F 为白色基体,黑色线条是渗碳体(当放大倍数较低时)。

图 4-30 共析钢的室温组织(500 倍)

3. 亚共析钢($w_C = 0.0218\% \sim 0.77\%$)

以 $w_C = 0.45\%$ 的合金为例,亚共析钢为图 4-26 中的合金③,它的冷却曲线和平衡相变过程如图 4-31 所示。

合金溶液在 1~2 点温度区间结晶出 δ 铁素体。冷却至 2 点(1495 ℃)时,δ 铁素体的含碳量为 0.09%,液相的含碳量为 0.53%,此时液相和 δ 相发生包晶转变,即

$$L_B + δ_H → A_J$$

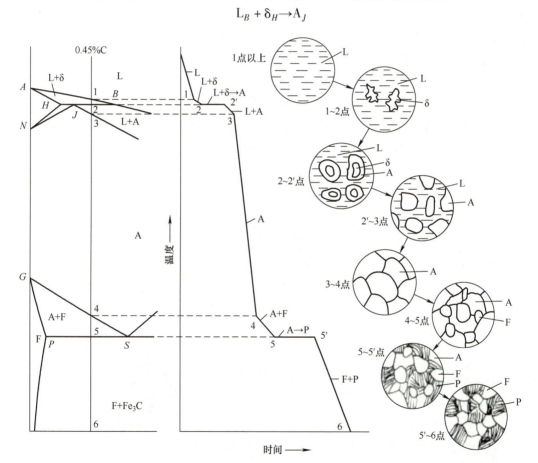

图 4-31 亚共析钢的冷却曲线和平衡相变过程示意图

由于合金碳含量大于 0.17%,所以包晶转变终止后,还有过剩的液相存在。在 2′~3 点之间,液相中继续结晶出 A,所有 A 的成分均沿 JE 线变化。冷却至 3 点时,合金全部由 A 组成。冷却至 4 点时,开始从 A 中析出

示意动画

F，F 的含碳量沿 GP 线变化，而剩余 A 的含碳量沿 GS 线变化。当冷却至 5 点（727 ℃）时，剩余 A 的含碳量达到 0.77%，在恒温下发生共析转变，形成珠光体 P。在 5′ 点以下，先共析铁素体中将析出三次渗碳体 $Fe_3C_Ⅲ$，但因其数量少，一般可忽略。因此亚共析钢的室温组织为 P 和 F，如图 4-32 所示。其图中白块为 F 晶粒，黑块或层片状为 P 晶粒。

4. 过共析钢（$w_C = 0.77\% \sim 2.11\%$）

以 $w_C = 1.2\%$ 的合金为例，过共析钢为图 4-26 中的合金④，它的冷却曲线和平衡相变过程如图 4-33 所示。

此合金在 1～3 点间的冷却过程与共析钢类似，为 A 的形成和冷却过程。当冷却至 3 点时，合金的成分垂线与 ES 相交，此时从 A 中开始析出 $Fe_3C_Ⅱ$。缓冷时，$Fe_3C_Ⅱ$ 一般沿 A 晶界析出，呈网状分布。在 3～4 点间，随着温度的下降，$Fe_3C_Ⅱ$ 的量不断增加，A 的量不断减少，其成分

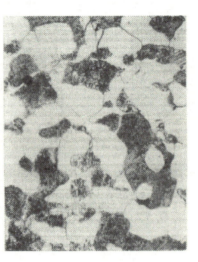

图 4-32 亚共析钢的室温组织（600 倍）

沿 ES 线变化。由于 $Fe_3C_Ⅱ$ 的含碳量高（6.69%），所以，剩余 A 的含碳量将逐渐减少。当冷却至 4 点（727 ℃）时，先共析 $Fe_3C_Ⅱ$ 保持不变，剩余 A 的含碳量达到了 S 点（$w_C = 0.77\%$），故这部分 A 发生共析反应形成 P。点 4′ 以后，组织不再发生变化。所以，过共析钢的室温组织由白色网状 $Fe_3C_Ⅱ$ 和其所包围的层片状 P 所组成（图 4-34）。

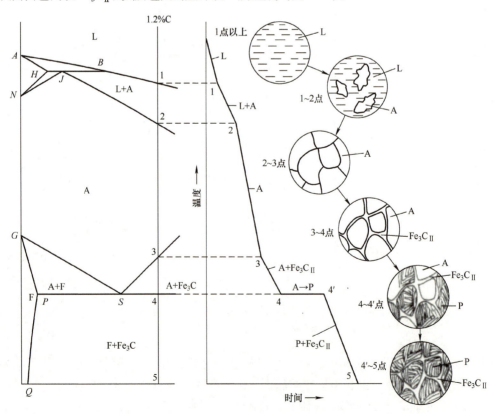

图 4-33 过共析钢的冷却曲线和平衡相变过程示意图

不同碳含量过共析钢的结晶过程都与 $w_C = 1.2\%$ 的合金相似，其差别仅在于室温组织中 P 和 Fe_3C_{II} 的相对含量不同，含碳量越高，P 的量越少，Fe_3C_{II} 的量越多。

5. 共晶白口铸铁（$w_C = 4.3\%$）

共晶白口铸铁如图 4-26 中的合金⑤，它的冷却曲线和平衡相变过程如图 4-35 所示。

温度在 1 点以上时，合金处于液相，当缓冷至 1 点（C 点）时，L 将发生共晶反应，即 $L_C \xrightleftharpoons{1148\ ℃} A_E + Fe_3C_F$，生成高温莱氏体（$L_d$）。在 1′点以后的降温过程中，$L_d$ 中的 A 成分沿 ES 线变化并析出 Fe_3C_{II}，它主要分布在 A 的边界上，与共晶反应生成的共晶渗碳体连成一片，无法分辨。当温度降至 2 点（727 ℃）时，L_d 中剩余的 A 成分降至 $w_C =$ 0.77%，发生共析反应生成 P。所以，共晶白口铸铁的室温组织是 P 分布在共晶 Fe_3C 上，即低温莱氏体（L_d'），如图 4-36 所示。组织中白色基体是共晶渗碳体和二次渗碳体，黑色颗粒是由共晶奥氏体转变成的珠光体。

图 4-34 过共析钢的室温组织（600 倍）

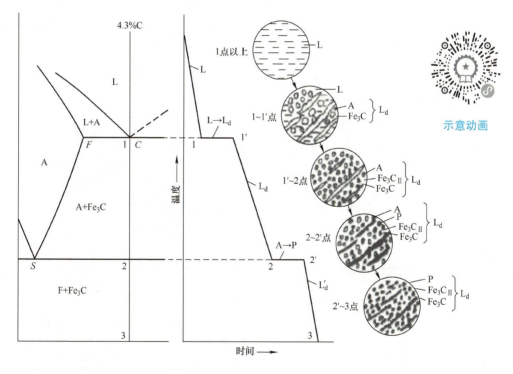

图 4-35 共晶白口铸铁的冷却曲线和平衡相变过程示意图

6. 亚共晶白口铸铁（$w_C = 2.11\% \sim 4.30\%$）

以 $w_C = 3.0\%$ 的合金为例，亚共晶白口铸铁为图 4-26 中的合金⑥，它的冷却曲线和平衡相变过程如图 4-37 所示。

亚共晶白口铸铁合金溶液在结晶过程中，先结晶出 A，在共晶温度时，剩余液相发生共

图 4-36　共晶白口铸铁的室温组织（130 倍）

晶转变，生成 L_d。温度低至共析温度时，先共晶 A 相和 L_d 中的 A 相均发生共析转变，生成 P。此时 L_d 转变为低温莱氏体。室温组织为珠光体和低温莱氏体，如图 4-38 所示。组织中树枝状的大块黑色组织是由先共晶奥氏体转变成的珠光体，其余部分为低温莱氏体，先共晶奥氏体析出的二次渗碳体通常紧附在共晶渗碳体上，在显微组织中难以辨认。

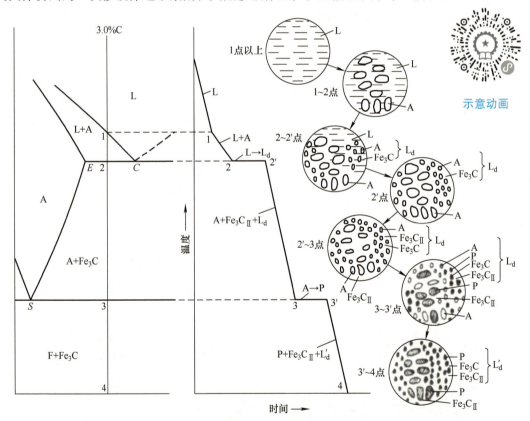

图 4-37　亚共晶白口铸铁的冷却曲线和平衡相变过程

7. 过共晶白口铸铁（w_C = 4.30% ~ 6.69%）

以 w_C = 5.0% 的合金为例，过共晶白口铸铁为图 4-26 中的合金⑦，它的冷却曲线和平衡相变过程如图 4-39 所示。

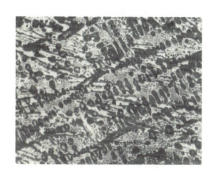

图 4-38 亚共晶白口铸铁的室温组织（130 倍）

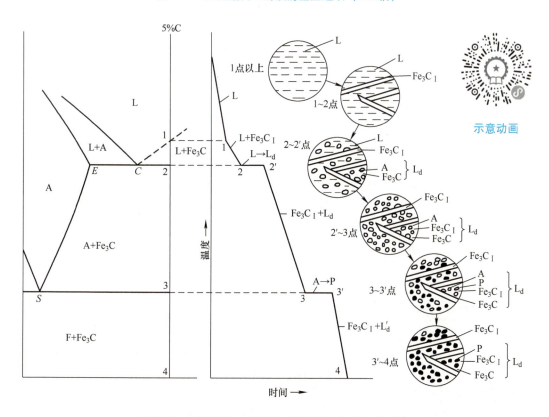

图 4-39 过共晶白口铸铁的冷却曲线和平衡相变过程

过共晶白口铸铁合金溶液在结晶过程中，先结晶出 Fe_3C，在共晶温度时，剩余液相发生共晶转变，生成 L_d。温度低至共析温度时，L_d 中的 A 相均发生共析转变，生成 P。此时 L_d 转变为低温莱氏体。室温组织为先共晶的一次渗碳体和低温莱氏体，如图 4-40 所示。组织中白色板片状为一次渗碳体，其余部分为低温莱氏体。

根据以上典型铁碳合金的平衡相变过程和

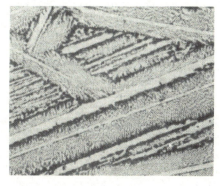

图 4-40 过共晶白口铸铁的室温组织（150 倍）

组织分析，可以得到如图 4-41 所示的铁碳合金组织相图。

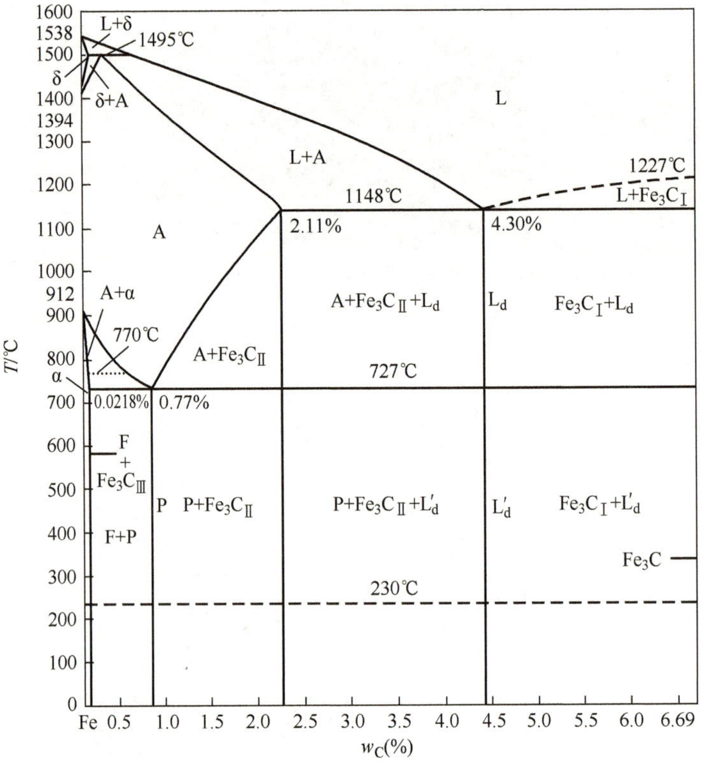

图 4-41　铁碳合金组织相图

4.3.3　铁碳合金的成分-组织-性能关系

1. 含碳量对平衡组织的影响

任何成分的铁碳合金在室温下的组织均由铁素体和渗碳体两相组成。只是随含碳量的增加，铁素体含量相对减少，而渗碳体含量相对增多，并且渗碳体的形状和分布也发生变化，因而形成不同的组织。

室温时，随含碳量的增加，铁碳合金的组织按下列顺序变化，即 F、F + P、P、P + Fe_3C_{II}、P + Fe_3C_{II} + L_d'、L_d'、L_d' + Fe_3C_I、Fe_3C。当含碳量增高时，Fe_3C 的存在形式由分布在 F 的基体内，变为与 F 形成层片状分布（如 P），再变为分布在 A 的晶界上（Fe_3C_{II}），最后形成 L_d 时，Fe_3C 已作为基体出现。可见，不同含碳量的铁碳合金具有不同的组织，而这也正是它们具有不同性能的原因。

不同成分的铁碳合金的室温组织中，相组成物的相对量及组织组成物的相对量可总结为图 4-42。

2. 含碳量对力学性能的影响

图 4-43 为含碳量对碳钢的力学性能的影响（正火）。当 w_C < 0.9% 时，随着钢中含碳量增加，钢的强度、硬度升高，而塑性和韧性下降，这是由于组织中渗碳体含量不断增多，铁素体含量不断减少的缘故。当 w_C > 0.9% 时，由于网状二次渗碳体的存在，强度明显下降，

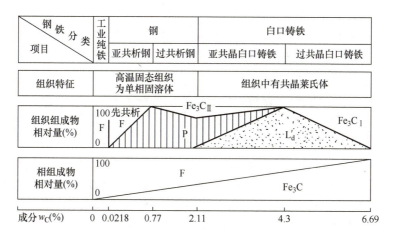

图 4-42 铁碳合金室温平衡相组成及组织组成随合金含碳量的变化规律

但硬度仍在增高，塑性和韧性继续降低。因此，为保证钢有足够的强度和一定的塑性及韧性，机械工程中使用的钢的碳质量分数一般不大于 1.4%。而 w_C >2.11% 的白口铸铁，由于组织中渗碳体含量多，硬度高而脆性大，难于切削加工，在实际中很少直接应用。

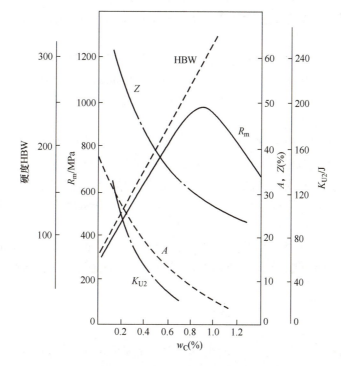

图 4-43 含碳量对碳钢的力学性能的影响（正火）

3. 含碳量对工艺性能的影响

含碳量对铁碳合金工艺性能也有重要的影响。工艺性能主要包括切削性能、可锻性能、铸造性能、焊接性能等。总体而言，中碳钢具有比较合适的切削性能，低碳钢的可锻性能比高碳钢好，共晶成分附近的合金铸造性能好，低碳钢的焊接性能要优于高碳钢。

4. 杂质元素的影响

在铁碳合金冶炼过程中，不可避免会带入锰、硅、硫、磷、氮、氢、氧等元素，很难完全除去，从而形成铁碳合金中的杂质，对合金的组织与性能产生影响。

锰是作为脱氧去硫的元素加入钢中的，在碳钢中，锰属于有益元素。对镇静钢（冶炼时用强脱氧剂硅和铝脱氧的钢），锰可以提高硅和铝的脱氧效果。作为脱硫元素，锰和硫形成硫化锰，在相当大程度上消除了硫的有害影响。

硅在碳钢中含量小于 0.50%，也是钢中的有益元素。在沸腾钢（以锰为脱氧剂的钢）中硅含量很低（小于 0.05%）；在镇静钢中，硅作为脱氧元素，含量较高（0.12%～0.37%）。硅能增大钢水的流动性。硅除形成夹杂物外还溶于铁素体，能使钢强度提高的同时塑性韧性下降不明显。但硅含量超过 0.8% 时钢的塑性和韧性会显著下降。

硫是钢中的有害元素，它是碳钢中不能除尽的杂质。硫在固态铁中溶解度极小，它能与铁形成低熔点（1190 ℃）的 FeS。FeS+Fe 共晶体的熔点更低（989 ℃）。这种低熔点的共晶体一般以离异共晶的形式分布在晶界上。在对钢进行热加工（锻造、轧制）时，加热温度常在 1000 ℃ 以上，这时晶界上的 FeS+Fe 共晶熔化，导致热加工时钢的开裂，这种现象称为钢的热脆或红脆。一般用锰来脱硫，锰与硫的亲和力比铁与硫的大，优先形成硫化锰，减少硫化铁。硫化锰熔点高（1600 ℃），高温下有一定塑性，不会使钢产生热脆。

磷能使钢的脆性转变温度急剧升高，即提高了钢发生冷脆的温度，增加了钢的低温脆性风险。

长期以来，习惯把氮看作钢中的有害杂质。当含氮较高的钢自高温快冷时，铁素体中的溶氮量达到过饱和。如果将此钢材冷变形后在室温放置或稍微加温时，氮将以氮化物的形式沉淀析出，这使低碳钢的强度、硬度上升而塑性、韧性下降。这种现象叫作机械时效或应变时效，对低碳钢的性能不利。

氢对钢的危害表现在两个方面，一是氢溶入钢中使钢的塑性和韧性降低引起氢脆，二是当原子态氢析出（变成分子氢）时造成内部裂纹缺陷。白点是这类缺陷中最突出的一种。具有白点的钢材其横向断面经腐蚀后可见丝状裂纹（发纹）。纵向断口则可见表面光滑的银白色的斑点，形状接近圆形或椭圆形，直径一般在零点几毫米至几毫米或更大。具有白点的钢一般是不能使用的。

氧在钢中的溶解度很小，几乎全部以氧化物形式存在，而且往往形成复合氧化物或硅酸盐。这些非金属夹杂物的存在，会使钢的性能下降，影响程度与夹杂物的大小数量、分布有关。

4.3.4 Fe-Fe$_3$C 相图的应用

Fe-Fe$_3$C 相图在生产中具有很大的实际意义，主要应用在钢铁材料的选用和热加工工艺的制订两个方面。

1. 在钢铁材料选用方面的应用

Fe-Fe$_3$C 相图所表明的成分-组织-性能的规律，为钢铁材料的选用提供了依据。建筑结构和各种型钢需用塑性、韧性好的材料，因此，选用含碳量较低的钢材。各种机械零件需要强度、塑性及韧性都较好的材料，应选用含碳量适中的中碳钢。各种工具要用硬度高和耐磨性好的材料，则选用含碳量高的钢种。白口铸铁硬度高、脆性大，不能切削加工，也不能锻造，但其耐磨性好，铸造性能优良，适用于要求耐磨、不受冲击、形状复杂的铸件，例如拉丝模、冷轧辊、矿车轮、犁铧、球磨机的磨球等。

2. 在铸造工艺方面的应用

根据 Fe-Fe$_3$C 相图可以确定合金的浇注温度，浇注温度一般在液相线以上 50～100 ℃。从相图上可看出，纯铁和共晶白口铸铁的铸造性能最好，它们的凝固温度区间最小，因而流动性好，分散缩孔少，可以获得致密的铸件，所以铸铁在生产上总是选在共晶成分附近。在铸钢生产中，含碳量规定在 0.15%～0.6% 之间，因为这个范围内钢的结晶温度区间较小，铸造性能较好。

3. 在热锻、热轧工艺方面的应用

钢处于奥氏体状态时强度较低，塑性较好，因此锻造或轧制选在单相奥氏体区内进行。一般始锻温度控制在固相线以下 100～200 ℃ 范围内，温度高时，钢的变形抗力小，节约能源，设备要求的吨位低，以免钢材因塑性差而发生锻裂或轧裂。亚共析钢热加工终止温度多控制在 GS 线以上，避免变形时出现大量铁素体，形成带状组织而使韧性降低。过共析钢变形终止温度应控制在 PSK 线以上一点，以便把网状析出的二次渗碳体打碎。终止温度不能太高，否则再结晶后奥氏体晶粒粗大，使热加工后的组织也粗大。一般始锻温度为 1150～1250 ℃，终锻温度为 750～850 ℃。

4. 在热处理工艺方面的应用

Fe-Fe$_3$C 相图对于制订热处理工艺有着特别重要的意义。一些热处理工艺如退火、正火、淬火的加热温度都是依据 Fe-Fe$_3$C 相图确定的。这将在热处理部分详细阐述。

在运用 Fe-Fe$_3$C 相图时应注意以下两点：

1）Fe-Fe$_3$C 相图只反映铁碳二元合金中相的平衡状态，如含有其他元素，相图将发生变化。

2）Fe-Fe$_3$C 相图反映的是平衡条件下铁碳合金中相的状态，若冷却或加热速度较快时，其组织转变就不能只用相图来分析了。

本 章 小 结

金属结晶存在着过冷现象，这是由热力学条件决定的。结晶过程可分为晶核形成与长大两个阶段。晶核的形成机制有均匀形核和非均匀形核两种，晶核长大机制也存在不同。金属材料晶粒大小的控制就在于控制形核与长大过程。合金的凝固过程比纯金属的结晶复杂，一般用合金相图分析。在二元合金相图中的两相区，可以用杠杆定律来计算合金组成相的含量。二元相图有匀晶相图、共晶相图、包晶相图等类型。匀晶合金凝固过程冷却曲线上不存在温度平台。共晶相图和包晶相图上均存在三相反应线，发生共晶反应和包晶反应。铁碳合金相图是研究钢铁材料最重要的工具之一。按照不同的含碳量划分，铁碳合金有工业纯铁、亚共析钢、共析钢、过共析钢、亚共晶白口铸铁、共晶白口铸铁、过共晶白口铸铁等。随着含碳量的变化，铁碳合金中的相的组成和组织的组成呈现出一定的规律性。

复习思考题

4-1　结晶与凝固有何不同？
4-2　金属结晶的必要条件是什么？如何获得细晶组织？
4-3　固液前沿光滑界面与粗糙界面结晶后的晶体形态如何？
4-4　共晶体可否称为相？
4-5　不平衡凝固会对共晶合金造成什么影响？如何消除合金不平衡凝固产生的偏析？
4-6　说明相图与合金性能之间的关系。
4-7　铁碳相图上有哪几个三相转变？什么成分的合金会发生上述三相转变？
4-8　说明碳含量对碳钢组织和性能的影响。
4-9　说明铁碳相图在生产中的应用。

第 5 章

金属的塑性变形与再结晶

【本章学习要点】本章介绍金属的塑性变形与再结晶,主要包括金属的塑性变形、冷变形对金属组织和性能的影响、冷变形金属的回复与再结晶,以及金属的热变形与动态回复、动态再结晶等内容。要求掌握冷变形对金属组织和性能的影响,熟悉金属的回复与再结晶、动态回复与动态再结晶,了解金属的塑性变形机制。

金属材料经过冶炼、铸造获得铸锭后,可采用塑性加工的方法获得具有一定形状、尺寸和力学性能的型材、板材、管材或线材,以及零件毛坯或零件。塑性加工方法(图5-1)包括锻压、轧制、挤压、拉拔、冲压等。材料变形可分为弹性变形与塑性变形。金属在承受塑性加工时,产生塑性变形。金属材料在外力作用下发生塑性变形后,在形状和尺寸改变的同时,其内部组织也发生了很大变化,使金属性能得到改善和提高。塑性变形理论是金属塑性加工的基础。

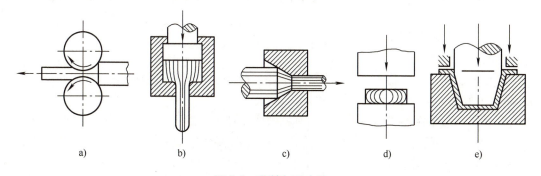

图5-1 塑性加工方法
a)轧制 b)挤压 c)拉拔 d)锻压 e)冲压

5.1 金属的塑性变形

金属材料在外力作用下,其内部会产生应力。在应力的作用下,原子将离开原来的平衡位置,于是,原子间的距离被改变,从而使金属发生变形,并使原子的位能增高而处于高位能不稳定状态。当外力作用停止后，如果变形不大，原子就能自发地回到平衡位置，应力消失，变形亦随之消失，这类变形称为弹性变形。当变形增大到一定程度后，即使外力的作用停止，金属的部分变形也不会消失，这部分变形称为塑性变形。

金属的塑性变形过程比弹性变形复杂。金属的塑性变形包括单晶体的塑性变形与多晶体的塑性变形。工业用金属材料大多是由多晶体构成的，要研究多晶体的塑性变形，必须首先了解单晶体的塑性变形。

5.1.1 单晶体的塑性变形

单晶体的塑性变形的方式有滑移和孪生两种。

1. 滑移

金属的塑性变形深入到原子层面，实质是金属晶体的一部分沿着某些晶面（滑移面）和晶向（滑移方向）相对于另一部分发生相对滑动的结果，这种变形方式称为滑移。

滑移有如下特点：

1）滑移只能在切应力作用下才会发生，不同金属产生滑移的最小切应力（也称滑移临界切应力）大小不同。钨、钼、铁的滑移临界切应力比铜、铝的要大。

2）滑移是晶体内部位错在切应力作用下运动的结果。滑移并非是晶体两部分沿滑移面作整体的相对滑动，而是通过位错的运动来实现的。如图 5-2 所示，在切应力作用下，一个多余半原子面从晶体一侧运动到晶体的另一侧，晶体产生滑移。

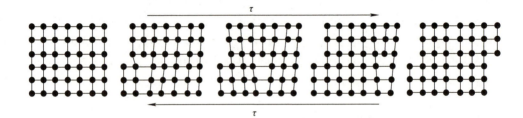

图 5-2 位错运动造成滑移

3）由于位错每移出晶体一次即造成一个原子间距的变形量，因此晶体发生的总变形量一定是这个方向上的原子间距的整数倍。

4）滑移一般是在晶体的密排面上沿其密排方向进行。这是由于密排面之间的面间距最大，结合力最弱，因此滑移在密排面上进行，该密排面称为滑移面。又由于密排方向上的原子间距最小，原子在密排方向上移动距离最短，因此滑移在密排方向上进行，该密排方向称为滑移方向。一个滑移面与其上的一个滑移方向组成一个滑移系。如体心立方晶格中，(110) 和 [$\bar{1}$11] 即组成一个滑移系。常见金属晶格的滑移面、滑移方向与滑移系见表 5-1。滑移系越多，金属发生滑移的可能性越大，塑性就越好。滑移方向对滑移所起的作用比滑移面大，所以面心立方晶格金属比体心立方晶格金属的塑性更好。

5）滑移时晶体伴随有转动。如图 5-3 所示，在拉伸时，单晶体发生滑移，外力将发生错动，产生一力偶，迫使滑移面向拉伸轴平行方向转动。同时晶体还会以滑移面的法线为转轴转动，使滑移方向趋于最大切应力方向，如图 5-4 所示。

表 5-1　常见金属晶格的滑移面、滑移方向与滑移系

晶格	体心立方晶格		面心立方晶格		密排六方晶格	
滑移面	$\{110\} \times 6$		$\{111\} \times 4$		$\{0001\} \times 1$	
一个滑移面上的滑移方向	$\langle 111 \rangle \times 2$		$\langle 110 \rangle \times 3$		$\langle 11\bar{2}0 \rangle \times 3$	
滑移系	$6 \times 2 = 12$		$4 \times 3 = 12$		$1 \times 3 = 3$	

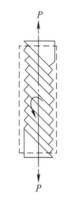

图 5-3　滑移面的转动

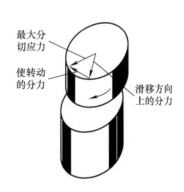

图 5-4　滑移方向的转动

2. 孪生

在切应力作用下，晶体的一部分相对于另一部分沿一定晶面（孪生面）和晶向（孪生方向）发生切变的变形过程称为孪生（图 5-5）。发生切变而位向改变的这一部分晶体称为孪晶。孪晶与未变形部分晶体原子分布形成对称。孪生所需的临界切应力比滑移的大得多。孪生只在滑移很难进行的情况下才发生。体心立方晶格金属（如铁）在室温或受冲击时才发生孪生。滑移系较少的密排六方晶格金属如镁、锌、镉等，则容易发生孪生。

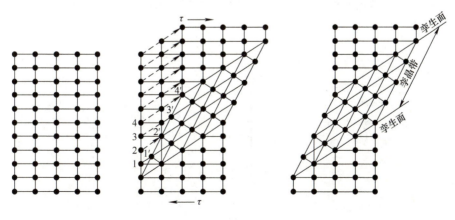

图 5-5　孪生

5.1.2 多晶体的塑性变形

工程上使用的金属绝大部分是多晶体。多晶体中每个晶粒的变形基本方式与单晶体相同。但由于多晶体材料中，各个晶粒位向不同，且存在许多晶界，因此变形要复杂得多，如图5-6所示。

多晶体中，由于晶界上原子排列很不规则，阻碍位错的运动，使变形抗力增大。金属晶粒越细，晶界越多，变形抗力越大，金属的强度就越大。

多晶体中每个晶粒位向不一致。一些晶粒的滑移面和滑移方向接近于最大切应力方向（称晶粒处于软位向），另一些晶粒的滑移面和滑移方向与最大切应力方向相差较大（称晶粒处于硬位向）。在发生滑移时，软位向晶粒先开始。当位错在晶界受阻逐渐堆积时，其他晶粒发生滑移。因此多晶体变形是晶粒分批地、逐步地变形，变形分散在材料各处。晶粒越细，金属的变形越分散，减少了应力集中，推迟了裂纹的形成和发展，使金属在断裂之前可发生较大的塑性变形，因此使金属的塑性提高。

图5-6 多晶体的塑性变形示意图

由于细晶粒金属的强度较高、塑性较好，所以断裂时需要消耗较多的功。此外，细晶粒金属的韧性也较好，因此**细晶强化是金属的一种很重要的强韧化手段**。

5.1.3 合金的塑性变形

合金的组成相为固溶体时，溶质原子会造成晶格畸变，增加滑移抗力，产生固溶强化。如图5-7所示，溶质原子还常常分布在位错附近，降低了位错附近的晶格畸变，使位错易动性减小，变形抗力增加，强度升高。

合金的组织由固溶体和弥散分布的金属化合物（称析出相或第二相）组成时，析出相硬质点成为位错移动的障碍物。在外力作用下，位错线遇到析出相硬质点时发生弯曲，如图5-8所示，位错通过后在析出相硬质点周围留下一个位错环。**析出相硬质点的存在增加了位错移动的阻力，使滑移抗力增加，从而提高了合金的强度。这种强化方式叫作析出强化，也称为弥散强化。**

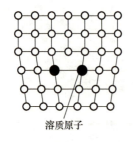

图5-7 位错周围的溶质原子

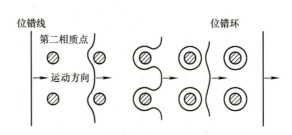

图5-8 位错线与第二相质点

5.2 冷变形对金属组织和性能的影响

在某一温度以下进行的塑性变形称为冷变形（冷塑性变形），这一温度一般为金属的再结晶温度。金属发生冷变形时，随着变形量的增加，金属的组织结构与性能将发生变化。

5.2.1 塑性变形对金属组织结构的影响

1. 晶粒变形，形成纤维组织

晶粒发生变形，沿变形方向被拉长或压扁。当拉伸变形量很大时，晶粒变成细条状，有些夹杂物也被拉长，分布在晶界处，形成纤维组织，如图5-9所示。

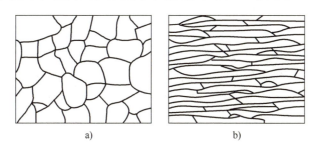

图5-9 塑性变形时晶粒形状变化示意图
a）变形前 b）变形后

2. 亚结构形成，细化晶粒

金属经大的塑性变形后，由于位错的密度增大和发生交互作用，大量位错堆积在局部区域，使晶粒分化成许多位向略有不同的小晶块，在晶粒内产生亚晶粒，如图5-10所示。

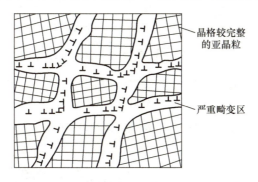

图5-10 金属经塑性变形后的亚结构（亚晶粒）

3. 形成形变织构

金属塑性变形很大（变形量达到70%以上）时，由于晶粒发生转动，使各晶粒的位向趋于一致，这种结构叫作形变织构。形变织构有两种，一种是各晶粒的一定晶向平行于拉拔方向，称为丝织构，例如低碳钢经大变形量冷拔后，<100>方向平行于拉丝方向，如图5-11a所示。另一种是各晶粒的一定晶面和晶向平行于轧制方向，称为板织构，低碳钢的板织构为{001}、<110>，如图5-11b所示。

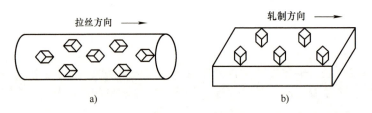

图 5-11 形变织构示意图

a）丝织构　b）板织构

5.2.2 塑性变形对金属性能的影响

1. 加工硬化

金属发生塑性变形，随变形程度的增大，金属的强度和硬度显著提高，塑性和韧性明显下降，这种现象称为加工硬化，也叫作形变强化，如图 5-12 所示。一方面金属发生塑性变形时，位错密度增加，位错间的交互作用增强，相互缠结，造成位错运动阻力的增大，引起塑性变形抗力提高。另一方面由于晶粒破碎细化，使强度提高。在生产中可通过冷轧、冷拔提高钢板或钢丝的强度。

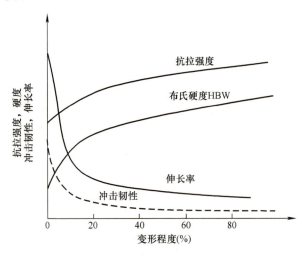

图 5-12 低碳钢的加工硬化现象

2. 产生各向异性

由于纤维组织和形变织构的形成，使金属的性能产生各向异性。如沿纤维方向的强度和塑性明显高于垂直方向的。用有形变织构的板材冲制筒形零件时，由于在不同方向上塑性差别很大，零件的边缘会出现制耳，如图 5-13 所示。

在工程中，形变织构的各向异性也得到应用。制造变压器铁心的硅钢片，沿 [100] 方向最易磁化，采用这种形变织构可使铁损大大减小，变压器的效率提高。

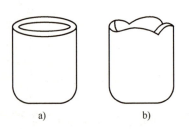

图 5-13 因形变织构造成深冲制品的制耳示意图

a）无织构　b）有织构

3. 金属的物理、化学性能变化

电阻增大，耐蚀性降低。

4. 产生残余内应力

由于金属在发生塑性变形时，金属内部变形不均匀，位错、空位等晶体缺陷增多，金属内部会产生残余内应力，即外力去除后，金属内部会残留下来应力。残余内应力会使金属的耐蚀性能降低，严重时可导致零件变形或开裂。

5.3 冷变形金属的回复与再结晶

金属经冷变形（冷加工）后，发生加工硬化，其组织结构和性能发生很大的变化。加工硬化状态是一种内部能量较高的不稳定状态，具有恢复到稳定状态的趋势，但在室温下不易实现。如果对变形后的金属进行适当加热，增大原子的扩散能量，可以促使金属向低能量的稳定状态转变，金属的组织结构和性能又会发生变化，从而消除加工硬化。随着加热温度的提高，冷变形金属将相继发生回复、再结晶和晶粒长大过程，如图5-14所示。

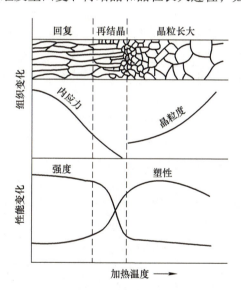

图 5-14　冷变形金属加热时组织和性能变化示意图

5.3.1　回复

金属加热到某一温度以上时，通过原子的少量扩散而消除晶粒的晶格扭曲，可显著降低金属的内应力，这一过程称为回复，对应的温度称为回复温度。

回复温度与熔化温度之间大致存在以下关系，即

$$T_{回} \approx (0.25 \sim 0.3) T_{熔} \tag{5-1}$$

式中　$T_{回}$——金属回复温度（K）；

　　　$T_{熔}$——金属熔点（K）。

由于加热温度不高，原子扩散能力不是很大，只是晶粒内部位错、空位、间隙原子等缺

陷通过移动、复合消失而大大减少，而晶粒仍保持变形后的形态，变形金属的显微组织不发生明显的变化。此时材料的强度和硬度只略有降低，塑性略有升高，但残余应力则大大降低。工业上常利用回复过程对变形金属进行去应力退火，以降低残余内应力，保留加工硬化效果。

5.3.2 再结晶

如果继续提高加热温度，金属原子获得更多的热能，扩散能力大为加强，冷变形金属发生再结晶。

1. 再结晶过程及其对金属组织、性能的影响

变形后的金属在较高温度加热时，由于原子扩散能力增大，被拉长或压扁、破碎的晶粒通过重新形核和长大，变成新的均匀、细小的等轴晶，这个过程称为再结晶。再结晶生成的新的晶粒的晶格类型与变形前后的晶格类型均一样。变形金属进行再结晶后，金属的强度和硬度明显降低，而塑性和韧性大大提高，加工硬化现象被消除，此时内应力全部消失，物理、化学性能基本上恢复到变形以前的水平。

2. 再结晶温度

变形后的金属发生再结晶的温度是一个温度范围，并非某一恒定温度。一般所说的再结晶温度指的是最低再结晶温度（$T_{再}$），通常用经过大变形量（70%以上）的冷变形的金属，经1h加热后能完全再结晶的最低温度来表示。最低再结晶温度与该金属的熔点有如下关系，即

$$T_{再} \approx (0.35 \sim 0.4) T_{熔} \tag{5-2}$$

式中　$T_{再}$——金属再结晶温度（K）；

　　　$T_{熔}$——金属熔点（K）。

最低再结晶温度与下列因素有关：

（1）预先变形度　金属再结晶前塑性变形的相对变形量称为预先变形度。预先变形度越大，金属的晶体缺陷就越多，组织越不稳定，最低再结晶温度也就越低。当预先变形度达到一定大小后，金属的最低再结晶温度趋于某一稳定值，如图5-15所示。

（2）金属的熔点　熔点越高，最低再结晶温度也就越高。

（3）杂质和合金元素　由于杂质和合金元素（特别是高熔点元素）阻碍原子扩散和晶界迁移，可显著提高最低再结晶温度。例如高纯度铝（99.999%）的最低再结晶温度为80 ℃，而工业纯铝（99.0%）的最低再结晶温度提高到了290 ℃。

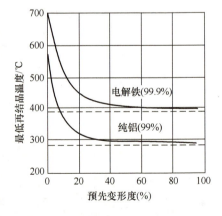

图5-15　预先变形度对金属最低再结晶温度的影响

（4）加热速度和保温时间　再结晶是一个扩散过程，需要一定时间才能完成。提高加热速度会使再结晶在较高温度下发生，而保温时间越长，再结晶温度越低。

3. 再结晶后晶粒的晶粒度

晶粒大小影响金属的强度、塑性和韧性，因此生产上非常重视控制再结晶后的晶粒度，特别是对那些无相变的钢和合金。

影响再结晶后晶粒度的主要因素是加热温度和预先变形度。

（1）加热温度　加热温度越高，原子扩散能力越强，则晶界越易迁移，晶粒长大也越快，如图 5-16 所示。

（2）预先变形度　预先变形度的影响主要与金属变形的均匀度有关。预先变形度与再结晶晶粒度的关系如图 5-17 所示。预先变形度很小时，不足以引起再结晶，晶粒不变化。当预先变形度达到 2%~10% 时，金属中少数晶粒变形，再结晶时生成的晶核少，得到极粗大的晶粒。再结晶时使晶粒发生异常长大的预先变形度称为临界变形度。一般，生产上应尽量避免临界变形度的塑性变形加工。超过临界变形度之后，随变形度的增大，晶粒的变形强烈而均匀，再结晶核心增加，因此再结晶后的晶粒越来越细小。但是，当变形度过大（≥90%）时，晶粒可能再次出现异常长大，这是由形变织构造成的。

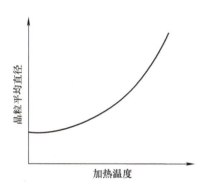

图 5-16　加热温度对晶粒度的影响　　图 5-17　预先变形度与再结晶晶粒度的关系

5.3.3　晶粒长大

再结晶完成后的晶粒是细小的，但如果加热温度过高或保温时间过长时，晶粒会明显长大，最后得到粗大的晶粒。晶粒长大是个自发过程，它通过晶界的迁移来实现，如图 5-18 所示，即通过一个晶粒的边界向另一晶粒迁移，把另一晶粒中的晶格位向逐步地改变为与此晶粒相同的晶格位向，于是另一晶粒便逐步地被这一晶粒"吞并"，二者合并成一个大晶粒，使晶界减少，能量降低，组织变得更为稳定。晶粒的这种长大称为正常长大，由此将得到均匀粗大的晶粒组织，使金属的强度、硬度等力学性能下降。

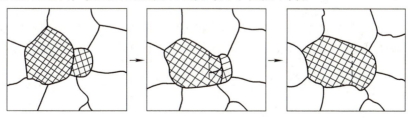

图 5-18　晶粒长大示意图

当金属变形较大时，产生形变织构，加热时只有少数处于优越条件的晶粒（例如尺寸较大、取向有利等）优先长大，迅速吞食周围的大量小晶粒，最后获得晶粒异常粗大的组织。这种不均匀的长大过程称为二次再结晶，它使金属的强度、硬度、塑性、韧性等力学性能都显著降低。在零件使用中，往往会导致零件的损坏。因此，在再结晶退火时，必须严格控制加热温度和保温时间，以防止晶粒过分粗大而降低材料的力学性能。

5.4　金属的热变形与动态回复、动态再结晶

金属塑性加工方法有热加工和冷加工两种。热加工和冷加工不是根据变形时是否加热来区分，而是根据变形时的温度是高于还是低于被加工金属的再结晶温度来划分的。钢材及许多其他金属在生产过程中大多是经热变形加工的，热变形所产生的加工硬化会被动态再结晶抵消。

5.4.1　金属的热加工与冷加工

在金属的再结晶温度以上的塑性变形加工称为热加工，例如钢材的热锻和热轧。熔点高的金属，再结晶温度高，热加工温度也应高。如钨的最低再结晶温度约为 1200 ℃，它的热加工温度要比这个温度高；而铅、锡等低熔点金属，再结晶温度低于室温，它们在室温进行塑性变形已属于热加工。

5.4.2　动态回复与动态再结晶

1. 动态回复

动态回复主要发生在层错能高的金属材料的热变形过程中，动态回复是其主要或唯一的软化机制。

2. 动态再结晶

随变形量增加，位错密度不断增高，使动态再结晶加快，软化作用逐渐增强，当软化作用开始大于加工硬化作用时，应力开始下降。当变形造成的硬化与再结晶造成的软化达到动态平衡时，应力进入稳定阶段。在低应变速率下，与其对应的稳定态阶段的应力呈波浪形变化，这是由于在低的应变速率或较高的变形温度下，位错密度增加速率小，动态再结晶后，必须进一步加工硬化，才能再一次进行再结晶的形核。因此，在这种情况下，动态再结晶与加工硬化交替进行，使应力呈波浪式。

层错能偏低的材料（如铜及其合金、奥氏体钢等）易出现动态再结晶。故动态再结晶是低层错能金属材料热变形的主要软化机制。

5.4.3　热加工对金属室温力学性能的影响

热加工后随即冷却，可将当时的组织结构状态保留下来，避免因高温停留或缓冷所引起的静态回复、再结晶以及动态再结晶软化。热加工可细化亚晶粒，从而提高材料强度。

5.4.4　热加工后的组织与性能

1. 改善铸锭组织

金属高温塑性好，变形抗力低，可进行大量的塑性变形，使铸锭中的组织缺陷明显改

善。如使气孔焊合,提高了材料的致密度和力学性能,改善了组织。

2. 纤维组织

热加工时钢中偏析、夹杂物、第二相与晶界等随着应变量的增大,逐渐沿变形方向延伸,所形成的热加工纤维组织称为流线。纤维组织的形成将使钢的力学性能呈现一定的异向性。

3. 带状组织

通常指亚共析钢经热加工后出现的铁素体和珠光体沿变形方向呈带状或层状分布的不正常组织。其形成原因主要与偏析或夹杂物在热加工时被伸长变形有关。

本 章 小 结

研究金属的塑性变形原理,熟悉塑性变形对金属组织、性能的影响,对于正确选择金属材料的加工工艺、改善产品质量、合理使用材料等具有重要的意义。冷变形对金属性能的影响和冷变形金属的回复与再结晶是本章重点。滑移是晶体变形的主要方式,滑移过程是通过位错的移动来进行的。由于位错的移动牵涉到实际金属中的缺陷,故而塑性变形的原理是本章的难点。在工业生产中,钢材和许多零件的毛坯都是在加热至高温后经塑性加工(如轧制、锻造等)而制成的,这是因为金属在高温下强度、硬度将降低,塑性将提高,在高温下的成形比在低温下容易得多。熟悉热塑性变形过程的动态回复与再结晶,有利于正确地制订热加工工艺,改善金属材料的组织和性能。

复习思考题

5-1 解释以下名词:滑移、滑移面、滑移方向、滑移系、孪生、形变织构、加工硬化、回复、再结晶。

5-2 滑移和孪生有何区别?试比较它们在塑性变形过程中的作用。

5-3 多晶体的塑性变形与单晶体的塑性变形有何异同?

5-4 试述细晶粒金属具有较高的强度、塑性和韧性的原因。

5-5 试述金属经冷变形后组织结构与性能之间的关系,阐明加工硬化在机械零件、构件生产和服役过程中的重要意义。

5-6 口杯采用低碳钢板冷冲而成,如果钢板的晶粒大小很不均匀,那么冲压后常常发现口杯底部出现裂纹。请说明原因。

5-7 冷拔铜丝制作导线,冷拔之后应如何处理?并说明原因。

5-8 金属塑性变形产生的残余应力对机械零件可能产生哪些影响?

5-9 何谓动态回复与动态再结晶?

5-10 热加工对金属的组织与性能有何影响?

第 6 章
钢铁中的合金元素及作用

【本章学习要点】 本章介绍钢铁中的合金元素及作用，主要内容包括钢铁中常见合金元素及其偏聚行为、合金元素在钢铁中的存在形式、合金元素对铁碳合金相图和钢性能的影响等内容。合金元素在钢铁中的作用是进行材料设计与优化的基础。本章要求了解钢铁中常见合金元素，熟悉铁基固溶体、钢铁中的碳化物和氮化物、金属间化合物等的结构与性能特点，熟悉合金元素影响铁碳合金相图和钢铁性能的基本规律。

钢铁是典型的铁基金属材料，也是典型的合金材料。除铁外，钢铁中可能存在碳和其他元素，这些元素，可以是有益的合金元素，也可能是有害的杂质元素；可能是有意添加的，也可能是制备过程中的残留元素。合金元素指的是在制备金属材料时有目的地加入的一定量的一种或多种金属或非金属元素。钢铁中加入合金元素是为了改善钢铁的使用性能和工艺性能，得到更优良的或特殊的性能。了解钢铁中的合金元素及其作用，是对钢铁材料工艺优化和合理使用的基础。

6.1 钢铁中常见合金元素及其偏聚行为

6.1.1 钢铁中的常见合金元素

目前钢铁材料中的常见合金元素有二十几种，分属化学元素周期表中不同周期，主要如下：

第 2 周期：B、C、N。
第 3 周期：Al、Si、P、S。
第 4 周期：Ti、V、Cr、Mn、Co、Ni、Cu。
第 5 周期：Y、Zr、Nb、Mo。
第 6 周期：La 系稀土元素、Ta、W。

钢铁中常见的有害杂质元素，如 P、S、H、N、O 等，这些元素在一般情况下对钢铁的性能起有害作用，但其中有的元素在特定的条件下，也能起有益的作用，成为有意添加的合金元素。硫、磷适量加入钢中可以改善切削加工性能，磷适量加入钢中可以改善耐大气腐蚀性能。氮适量加入微合金钢中可以获得期望的氮化物或碳氮化物，或加入不锈钢中以达到替代成本高的奥氏体稳定元素（镍）等特定目的。

碳在某些情况下也可能成为钢中的有害元素。例如，在需要避免晶间腐蚀的奥氏体不锈钢、马氏体时效超高强度钢、无间隙原子钢中，碳就不一定是必要的，甚至是有害的。

根据钢中合金元素加入量，合金化程度可分为三级，合金元素质量分数低于5%的是低合金钢，5%~10%的是中合金钢，高于10%的是高合金钢。目前合金钢钢种门类齐全，常用的有上千种合金钢牌号，其产量约为钢总产量的10%，是不可缺少的、常常具有高附加值的一大类钢铁材料。

钢铁中的合金元素在材料体系中可能是均匀分布的，也可能发生偏聚甚至严重偏聚，或者是集中分布在化学热处理获得的渗层和钢钝化后的表面氧化膜里。它们可能存在于钢铁的基体组织（置换固溶体、间隙固溶体）、析出相（碳化物、氮化物、金属间化合物等），甚至无机非金属夹杂物（硫化物夹杂、氧化物夹杂、氮化物夹杂等）中。

各种合金元素在钢中的合金化是通过两种机制起作用：一是改变钢本身的物理性能和化学性能；二是通过热处理进一步改变钢的组织结构，进而获得所需要的钢的性能。后者在钢的合金化作用中更为重要。合金元素与铁、碳和其他合金元素之间的相互作用，是合金钢内部组织和结构发生变化的基础。钢中这些元素之间在原子结构、原子尺寸和各元素晶体点阵之间的差异，则是产生这些变化的根源。

6.1.2 合金元素原子的偏聚

合金元素溶解于铁碳合金基体中，会出现原子的偏聚。溶质原子与位错等交互作用将形成柯氏气团等，阻碍位错运动，从而提升材料的强度，这是溶质原子偏聚在工程合金中导致的一个具体现象。其他如低碳钢的上下屈服强度现象（无间隙原子钢的研究开发）、硼在奥氏体晶界的偏聚抑制先共析铁素体的晶界处非均匀形核从而提高钢的淬透性（硼钢提高淬透性的重要机理）、合金调质钢的高温回火脆性（可逆回火脆性）及其消除或避免等一系列工程问题，也都与合金元素溶质原子的偏聚有关。

1. 溶质原子的位错偏聚

位错偏聚，是钢中溶质原子和位错应力场交互作用所导致的溶质原子偏聚于刃型位错线附近的现象，即柯氏气团。其出现的原因是溶质原子偏聚于刃型位错线附近，导致总的系统吉布斯自由能降低。

位错偏聚现象可能会对材料的力学性能和钢材的质量产生重要影响。例如，钢的上下屈服强度现象和低碳钢薄板在冲压加工时钢板表面出现的吕德斯带，即是由溶质原子和位错交互作用引起的。为避免上述问题，专门开发有无间隙原子钢（IF钢，intersitial-freesteel）。

2. 溶质原子的晶界偏聚

合金元素溶于多晶体铁后，将与晶界产生相互作用，在晶界区有很高的富集浓度，称为溶质原子的晶界偏聚或晶界内吸附。溶质原子在钢中虽然含量极微，但由于发生晶界偏聚而在晶界形成高浓度的富集，它将对钢的组织和与晶界有关的性能产生巨大的影响，如晶界迁移、相变时晶界形核、晶界脆性、晶界强化、晶间腐蚀等。

产生溶质原子晶界偏聚的主要原因是溶质原子与基体原子的弹性作用。由于溶质原子在尺寸上与铁原子的差别，使铁原子完整晶体中产生点阵畸变时需要极高的能量。如把 α-Fe 点阵向各方弹性地扩张 10%，所需应力为 15450 MPa，相应的畸变能为 62.8 kJ/mol，这将引起体系的内能升高。为了减少体系的内能，较铁原子尺寸大的置换固溶体原子趋向于晶界区受膨胀的点阵，较铁原子尺寸小的代位固溶体原子趋向于晶界区受压缩的点阵，间隙溶质原子趋向于晶界区膨胀的间隙位置。这样可以使点阵畸变松弛，所以这种晶界偏聚过程是自发进行的。

溶质原子晶界偏聚的晶界浓度可由麦克林（Mclean）恒温晶界偏聚方程表示，即

$$C_g = C_0 \exp(E/RT)$$

式中　C_g——溶质原子在晶界处的平衡偏聚浓度；
　　　C_0——溶质原子在基体内的平均浓度；
　　　E——1mol 溶质原子在晶界处和晶内的内能之差，E 为正值。E 值越大，该元素的晶界偏聚驱动力也越大，其晶界偏聚富集系数也越高。

溶质元素的晶界偏聚系数 $\beta = C_g/C_0$，表示溶质元素的晶界偏聚倾向。

实际中的钢铁材料都是多元系合金，各溶质元素之间的交互作用必然会影响溶质元素的晶界偏聚。当两种溶质元素之间发生强相互作用，则会在晶界处发生共偏聚作用，如合金元素镍、锰、铬与磷、锡、锑在晶界发生共偏聚，促进合金调质钢的高温回火脆性。

当两种溶质元素的结合力很强时，可阻止发生晶界偏聚，如含钼的 NiCr 调质钢中钼和磷强结合阻止磷向晶界偏聚，消除了高温回火脆性。另外，稀土元素镧加入 NiCr 调质钢中，镧和磷强结合形成 LaP 在晶内沉淀，阻止磷的晶界偏聚，消除了高温回火脆性。

在钢中添加微量的硼，并有意识地使其偏聚于淬火前的原奥氏体晶界，可以抑制 γ（奥氏体）→α（先共析铁素体）相变时的晶界非均匀形核，从而显著提高钢的淬透性。

在铁中产生晶界偏聚倾向强烈的合金元素见表 6-1。

表 6-1　在铁中产生晶界偏聚倾向强烈的合金元素

周期	IV族	V族	VI族	周期	IV族	V族	VI族
第2周期	碳	氮	氧	第5周期	锡	锑	碲
第3周期	硅	磷	硫	第6周期		铋	
第4周期	锗	砷	硒				

6.2　铁基固溶体

纯铁具有多型性转变，常压下在不同温度范围具有体心立方点阵和面心立方点阵两种晶体结构。体心立方点阵的有 α-Fe（低于 A_3 温度时）和 δ-Fe（高于 A_4 温度时）；面心立方点阵的为 γ-Fe（A_4 与 A_3 温度之间）。

α-Fe 是钢中纯铁、非合金钢、低合金钢、中合金钢和若干高合金钢中最为常见的室温相。δ-Fe 可能会出现在某些种类的不锈钢等高合金钢室温组织中。在某些高合金钢中，γ-Fe 可能是钢室温组织中的稳定相或亚稳相。

产生这些现象的原因是钢中含有碳或其他元素，这些元素对于铁的同素异构体 α-Fe、γ-Fe 和 δ-Fe 的相对稳定性及多型性转变温度 A_3（912 ℃）和 A_4（1394 ℃）都有影响。

合金元素对铁的 γ 相区和 α 相区的作用可以分为两大类四小类,从而有奥氏体稳定元素、铁素体稳定元素之分。

1. 奥氏体稳定元素

第一类是使 A_3 温度下降、A_4 温度升高的元素,称作奥氏体稳定元素(奥氏体形成元素)。其中,镍、钴、锰与 γ-Fe 无限固溶,使 α 和 δ 相区缩小,其二元相图如图 6-1a 所示。而碳、氮、铜虽然使 γ 相区扩大,但在 γ 相中有限溶解,其二元相图如图 6-1b 所示。

2. 铁素体稳定元素

第二类是使 A_3 温度升高、A_4 温度下降的元素,称作铁素体稳定元素(铁素体形成元素)。

其中,钒、铬、钛、钼、钨、铝、磷等元素使 A_3 温度上升、A_4 温度下降并在一定浓度汇合,在相图上形成一个 γ 圈,如图 6-1c 所示。其中钒和铬与 α-Fe 无限固溶,其余都与 α-Fe 有限固溶。

还有一些元素也属这一类,但由于出现了金属间化合物,破坏了 γ 圈,这些元素包括铌、钽、锆、硼、铈、硫等,如图 6-1d 所示。这些元素中只有碳、氮和硼与铁形成间隙固溶体,其余元素与铁都形成置换固溶体。

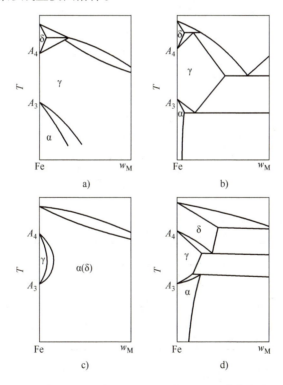

图 6-1 扩大与缩小 γ 相区的 Fe-M 相图(M 代表合金元素)

3. 合金元素的固溶度

这些与铁形成置换固溶体的合金元素,它们扩大或缩小 γ 相区的作用,与该元素在化学元素周期表中的位置有关。凡是扩大 γ 相区的合金元素,本身就具有面心立方点阵或在其多型性转变中有一种面心立方点阵。以化学元素周期表中第 4 周期元素为例,其中过渡族元素由钛到铜，随着原子序数增高，各元素的晶体点阵由体心立方向面心立方转变，其中钛、钒、铬具有体心立方点阵，锰、铁和钴在其多型转变中都存在面心立方点阵，而镍和铜只有单一的面心立方点阵。它们与铁的原子尺寸相近，电负性相近，所以锰、钴、镍和铜都是扩大γ相区的合金元素，而钛、钒和铬都是缩小γ相区的合金元素。

合金元素在铁中的固溶度与该元素属于哪一族、元素的晶体点阵类型、该元素与铁的电负性和原子尺寸差别有关。

锰、钴、镍的电负性和原子尺寸均与铁相近，且有面心立方点阵，故与γ-Fe可无限固溶，而铬和钒虽然电负性和原子尺寸与铁也相近，但有体心立方点阵，故与α-Fe可无限固溶。

原子的尺寸因素对固溶度有重要作用。钛、铌、钼、钨等元素由于原子尺寸较大，在铁中的固溶度较小，它们与铁形成尺寸因素化合物拉弗斯相（AB_2相）。碳、氮、硼原子尺寸较小，它们在铁中的固溶度主要受畸变能影响，碳、氮与铁能形成间隙固溶体，γ-Fe中八面体间隙比α-Fe中的间隙大，所以它们在γ-Fe中的溶解引起畸变能较小，故在γ-Fe中有较大的固溶度，是扩大γ相区的元素，而在α-Fe中只有很小的固溶度。硼的原子尺寸大于碳和氮，硼与铁的原子半径之比为0.73。硼原子无论与铁形成间隙固溶体还是置换固溶体，都会引起晶体点阵有较大的畸变，故硼在γ-Fe或α-Fe中的固溶度都很小。

合金元素在铁中的固溶度见表6-2。尤其应注意到，置换固溶类元素钴、镍、锰在γ-Fe中无限固溶，铬、钒在α-Fe中无限固溶；间隙固溶类元素碳、氮在α-Fe中的固溶度极小，而硼在α-Fe、γ-Fe中的固溶度均极小。

表6-2 合金元素在铁中的固溶度（质量分数）

元素	固溶度（%）		元素	固溶度（%）	
	α-Fe	γ-Fe		α-Fe	γ-Fe
Co	76	无限	W	33（1540℃），4.5（700℃）	3.2
Ni	10	无限	Al	36	1.1
Mn	约3	无限	Si	18.5	约2
Cu	1（700℃），0.2（室温）	8.5	Ti	约7（1340℃），约2.5（600℃）	0.68
C	0.02	2.11	P	2.8	约0.2
N	0.095	2.8	Nb	1.8	2.0
Cr	无限	12.8	Zr	约0.3	0.7
V	无限	约1.4	B	约0.008	0.018~0.026
Mo	37.5（1450℃），约4（室温）	约3			

6.3 钢铁中的碳化物和氮化物

6.3.1 钢铁中的碳化物

碳化物是钢铁中重要的组成相，由钢中过渡族金属与碳结合而成，其类型、成分、数量、颗粒尺寸、性质及分布对钢的性能有极其重要的影响。钢中的碳化物，除渗碳体Fe_3C

外,还可能会出现合金渗碳体、特殊碳化物、复合碳化物,甚至从淬火马氏体中脱溶生成过渡碳化物等。

1. 钢中碳化物的稳定性

碳化物具有高硬度、高弹性模量和脆性,并具有高熔点。这表明碳化物有强的内聚力,在很大程度上是由碳原子的 p 电子和金属原子的 d 电子间形成的共价键所造成的。过渡族金属与碳形成二元合金碳化物时有高的生成焓($-\Delta H$),其绝对值越高,在钢中的稳定性也越大。这些碳化物的生成焓数据如图 6-2 所示,其中钛、锆、铪的碳化物生成焓最高,其次是钒、铌、钽,再次是钨、钼、铬,最低是锰和铁。根据它们与碳相互作用的强弱和在钢中的稳定性,可分为三类。

1)强碳化物形成元素,如钛、锆、铪、钒、铌和钽。
2)中强碳化物形成元素,如钨、钼和铬。
3)弱碳化物形成元素,如锰和铁。

碳化物越稳定,它们在钢中的固溶度越小。

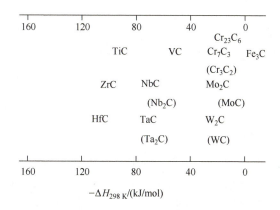

图 6-2 碳化物的生成焓 $-\Delta H_{298\,K}$ 值

钢中碳化物的相对稳定性对钢中的组织转变有重要影响。强碳化物较稳定,在钢加热时溶解速度慢,溶解温度高,从钢中析出后聚集长大速度慢,保持弥散分布,形成钢中的强化相,如 NbC、VC、TiC 等。中强碳化物(如 W_2C、Mo_2C)稳定性稍低,可作 500~600 ℃ 范围的强化相。铬和锰的碳化物稳定性差,不能作为钢中的强化相。

强碳化物形成元素也可以部分溶于较弱的碳化物,并提高其在钢中的稳定性,如钒、钨、钼、铬可部分溶入 Fe_3C,形成合金渗碳体(Fe,M)$_3$C。合金渗碳体具有比 Fe_3C 更高的稳定性,在钢加热时溶入奥氏体的速度减慢。反之,弱碳化物形成元素存在时也会降低强碳化物的稳定性,如钒钢中加入不少于 1.45%(质量分数)的锰,可使 VC 大量溶入奥氏体的温度从 1100 ℃ 降低到 900 ℃,可以改变钒钢的热处理工艺制度。

2. 钢中碳化物的晶体结构特点

碳化物的晶体结构是由金属原子和碳原子相互作用排列成密排或稍有畸变的密排结构,形成由金属原子亚点阵和碳原子亚点阵组成的间隙结构。由碳原子半径 r_C 和过渡族金属原子半径 r_M 的比值 r_C/r_M 决定形成的是简单密排结构还是复杂结构。

当 $r_C/r_M < 0.59$ 时，形成简单密排结构的碳化物。如钛族元素（钛、锆）和钒族元素（钒、铌、钽）形成面心立方点阵（NaCl 型）的 MC 型碳化物 TiC、ZrC、VC、NbC、TaC。当这类碳化物中碳原子达到饱和值时，金属原子与碳原子数的比达到化学计量比，但通常碳元素有缺位，小于化学计量值，如 VC 因碳有缺位出现 V_4C_3。而钨、钼与碳形成密排六方点阵的碳化物，其中 MC 型的碳化物有 WC 和 MoC，M_2C 型的有 W_2C 和 Mo_2C。

当 $r_C/r_M > 0.59$ 时，形成复杂结构的碳化物。其中复杂立方 $M_{23}C_6$ 型的碳化物有 $Cr_{23}C_6$ 和 $Mn_{23}C_6$，复杂密排六方 M_7C_3 型碳化物有 Cr_7C_3 和 Mn_7C_3，正交晶系的 M_3C 型碳化物有 Fe_3C 和 Mn_3C。

钢中还形成三元碳化物，具有复杂立方结构的 M_6C 型碳化物，如 Fe_3W_3C 和 Fe_3Mo_3C；具有复杂六方结构的 $M_{23}C_6$ 型碳化物，如 $Fe_{21}W_2C_6$ 和 $Fe_{21}Mo_2C_6$。

3. 钢中的复合碳化物

钢中若同时存在多种碳化物形成元素，就会形成有多种碳化物形成元素的复合碳化物。各种碳化物之间可以完全互溶或部分溶解。当满足碳化物点阵类型、电子浓度因素和尺寸因素三个条件时，其中金属原子可以相互置换，完全互溶，如 TiC-VC 系形成 (Ti, V)C，VC-NbC 系形成 (Nb, V)C 等。否则为有限溶解，如渗碳体 Fe_3C 中可部分溶解的元素及其质量分数分别为 28% 的铬、14% 的钼、2% 的钨、3% 的钒形成合金渗碳体 $(Fe, Cr)_3C$ 等。$Cr_{23}C_6$ 中可溶解 25% 的铁以及钼、钨、锰、镍等元素，形成 $(Cr, Fe, W, Mo, Mn)_{23}C_6$ 复合碳化物。碳化物的碳原子也可被其他间隙元素所置换，如 TiC 中的碳常被氮和氧所置换，形成 Ti(C, O, N)。

6.3.2 钢铁中的氮化物与碳氮化物

钢中的氮来源于冶炼时吸收大气中的氮或用含氮合金进行合金化时加入的合金中的氮。因此，钢中存在氮化物。钢在表面氮化处理时其表面也会渗入氮，形成氮化物。

AlN 是钢中最常见的氮化物，是钢水用铝脱氧时生成的，属于正常价化合物。AlN 在抑制钢的奥氏体晶粒长大方面发挥着重要作用，但当加热温度过高导致 AlN 溶解到奥氏体中，其抑制作用消失。

钢中过渡族金属与氮发生作用，形成一系列氮化物。这些氮化物属于间隙化合物。与碳化物相似，它们也具有高硬度、高弹性模量和脆性，并且有高熔点、高生成焓。氮化物的生成焓的绝对值越高，其在钢中的稳定性也越高，氮化物的生成焓如图 6-3 所示。

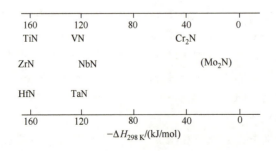

图 6-3　氮化物的生成焓 $-\Delta H_{298\ K}$ 值

由于氮原子的原子半径 r_N 比碳原子半径 r_C 小，$r_N = 0.71$ Å[○]，而 $r_C = 0.77$ Å，所以氮原子半径与过渡族金属原子半径 r_M 之比 r_N/r_M 均小于 0.59，故氮化物都属于简单密排结构。属于面心立方点阵的有 TiN、ZrN、VN、NbN、W_2N、Mo_2N、CrN、MnN、γ-Fe_4N。属于六方点阵的有 TaN、Nb_2N、WN、MoN、Cr_2N、MnN、ε-$Fe_{2.4}N$。

钢中氮化物的稳定性对钢的显微组织和性能有很大影响。钢中的强氮化物形成元素是钛、锆、钒、铌，中强氮化物形成元素是钨和钼，弱氮化物形成元素是铬、锰、铁。其中，铬、锰和铁的氮化物在高温下可溶于钢，在低温下可重新析出。而 VN、NbN 只有在更高温度下才部分溶于奥氏体，在微合金钢中可用来细化奥氏体晶粒，在低温下析出可产生时效强化。在钢表面氮化处理时，钢表面形成的合金氮化物起时效强化作用，提高表面硬度、耐磨性和疲劳强度。

氮化物之间也可以互相溶解，形成完全互溶或有限互溶的复合氮化物，如 TiN-VN、γ'-Fe_4N、ε-Mn_4N 等完全互溶。

氮化物和碳化物之间也可以互相溶解，形成碳氮化物，其中的氮浓度和碳浓度随外界条件（如温度）变化而变化。在微合金钢中，微合金元素形成的碳氮化物相当常见，如 Nb(C, N)、V(C, N)、(Nb, V)(C, N)、$(Cr, Fe)_{23}(C, N)_6$ 等。

6.4 金属间化合物

钢中的过渡族金属元素之间相互作用析出一系列金属间化合物。其中比较重要的金属间化合物有 σ 相、拉弗斯相（AB_2 相）和有序相（A_3B 相）。

6.4.1 σ 相

σ 相属于正方晶系，单位晶胞中有 30 个原子，其点阵常数 $a = b \neq c$。在不锈钢、耐热钢和耐热合金中，伴随 σ 相析出，导致钢和合金的塑性、韧性显著下降，脆性增加。

在二元合金系中形成 σ 相需要三个条件：

1）原子尺寸差别不大，尺寸差别最大的 W-Co 系 σ 相，其原子半径差为 12%。

2）其中一组元为体心立方点阵（配位数为 8），另一组元为面心立方或密排六方点阵（配位数为 12）。

3）钢和合金的平均族数（$s+d$ 层电子浓度）在 5.7~7.6 范围内。

二元合金中 σ 相的存在区域见表 6-3。

表 6-3 二元合金中 σ 相的存在区域

合金系	第V族或第VI族金属含量/%(原子分数,%)	每个原子拥有 $s+d$ 层电子数
V-Mn	24.3% V	6.5
V-Fe	(37%~57%) V	6.9~7.3
V-Co	(40%~54.9%) V	6.8~7.4
V-Ni	(55%~65%) V	6.7~7.2

[○] 1 Å = 1×10^{-10} m。

(续)

合金系	第V族或第Ⅵ族金属含量/%（原子分数,%）	每个原子拥有 $s+d$ 层电子数
Cr-Mn	（19%~24%） Cr （800 ℃）	6.78~6.84
Cr-Fe	（43.5%~49%） Cr （600 ℃）	7.0~7.1
Cr-Co	（56.6%~61%） Cr	7.2~7.3
Mo-Fe	（47%~50%） Mo （1400 ℃）	7.17~7.23
Mo-Co	（59%~61%） Mo （1500 ℃）	7.0~7.4

6.4.2 拉弗斯相（AB_2 相）

在二元系中，拉弗斯相是化学式为 AB_2 型金属间化合物。拉弗斯相出现在复杂成分的耐热钢和耐热合金中，是现代耐热钢的一个强化相。

AB_2 相是尺寸因素起主导作用的化合物，其组元 A 的原子直径 d_A 和第二组元 B 的原子直径 d_B 之比 d_A/d_B 为 1.2。拉弗斯相的晶体结构有 $MgCu_2$ 型面心立方系、$MgZn_2$ 型密排六方系和 $MgNi_2$ 型密排六方系三种类型。

化学元素周期表中任何两族金属元素只要符合原子尺寸 $d_A/d_B=1.2$ 时都能形成 AB_2 相。过渡族金属元素之间形成 AB_2 相时具有哪一种晶系受电子浓度的影响，此时 B 组元原子族数增高，AB_2 相的晶体结构发生立方-六方-立方的转变。过渡族金属的 AB_2 相的"平均族数"均不超过 8，其最高值为 $TaCo_2$ 的 $7\frac{2}{3}$。在合金钢中，AB_2 相是具有复杂密排六方点阵的 $MgZn_2$ 型，例如 $MoFe_2$、WFe_2、$NbFe_2$、$TiFe_2$。在多元合金钢中，原子尺寸小的合金元素锰、铬和镍可取代 AB_2 相中铁原子的位置，原子尺寸较大的合金元素钨、钼、铌和钛处于 A 的位置，形成化学式为 $(W, Mo, Nb)(Fe, Ni, Mn, Cr)_2$ 的复合拉弗斯相。

6.4.3 有序相（A_3B 相）

A_3B 相是一类原子有序排列一直可以保持到熔点的有序金属间化合物，如 Ni_3Al、Ni_3Ti、Ni_3Nb 等。γ'-Ni_3Al 具有面心立方点阵，η-Ni_3Ti 为密排六方点阵，δ-Ni_3Nb 属于菱方点阵。

作为一类特殊的强化相，A_3B 有序相在时效硬化超高强度结构钢和不锈钢、耐热钢和耐热合金中均有着广泛的应用。

在复杂成分的耐热钢和耐热合金（例如镍基高温合金和镍-铁基高温合金）中，面心立方有序的 γ'-A_3B 相的数量、尺寸和分布对合金的高温强度有着极为重要的影响。γ'-Ni_3Al 中可以溶解多种合金元素，电负性和原子半径与镍相近的钴和铜可大量置换镍原子。Ni_3Al 的点阵常数随溶入不同元素而变化，点阵常数在 3.56~3.60 Å 范围内。电负性和原子半径与铝相近的元素可置换铝原子，如钛、铌、钨。原子半径较大的钛和铌溶入后，点阵常数增大，钛可置换 Ni_3Al 中 60% 的铝原子，铌可置换 40% 的铝原子，形成 $Ni_3(Al, Ti, Nb)$ 相。如此，γ' 相中 Al/Ti 和 Al/Nb 比值则对合金的持久强度有很大的影响。另外耐热合金中还出现富铌的亚稳相 γ'' 相，γ''-$Ni_3(Nb, Ti, Al)$ 具有体心立方点阵，也是一种强化相。

另一些元素如铁、铬、钼，其电负性与镍有一定差别，在与镍的二元合金中形成有序固

溶体 Ni_3Fe、Ni_3Cr、Ni_3Mo。它们既可置换镍，又可置换铝。而钒、锰、硅等与镍的电负性差较大，与铝接近，可与镍形成有序固溶体 Ni_3V、Ni_3Mn、Ni_3Si，在 Ni_3Al 中置换铝。

A_3B 型化合物在超导材料领域中也有重要应用，例如 Nb_3Sn、V_3Ga、V_3Si、Nb_3Al、Nb_3Ga 和 Nb_3Ge 等化合物超导体。

6.5 合金元素对铁碳相图的影响

铁碳相图（铁碳合金状态图）是研究铁碳合金相变和对钢铁进行热处理工艺参数选择的依据，了解合金元素对铁碳相图的影响，是研究合金元素作用的重要基础。

1. 对奥氏体相区的影响

前已述及，与铁形成固溶体的合金元素可以分为奥氏体稳定元素和铁素体稳定元素两种。奥氏体稳定元素镍、锰、铜、氮等使铁碳相图 A_1、A_3 温度下降，A_4 温度上升，起扩大奥氏体区的作用，如图 6-4 所示。当这些元素含量足够高（如锰质量分数超过 13%、镍质量分数超过 9%）时，A_3 温度将降至 0 ℃以下，钢在室温下为单相奥氏体组织，称为奥氏体钢。

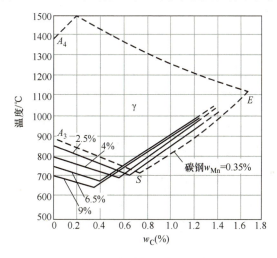

图 6-4 锰元素对奥氏体相区的影响

铁素体稳定元素钛、钼、钨、铬、硅和磷等均使 A_1、A_3 温度升高，A_4 温度下降，起缩小奥氏体区的作用，如图 6-5 所示。当这些元素含量足够高时，奥氏体相区消失，钢为单相铁素体组织，称为铁素体钢。

2. 对共析点和共晶点的影响

从合金元素对奥氏体区的影响上可以看出它们对共析点高低的影响。图 6-6 是合金元素对共析温度的影响。

在对共析点和共晶点含碳量的影响上，几乎所有合金元素都使共析点和共晶点左移，即使这两点的含碳量下降。合金元素对共析点含碳量的影响如图 6-7 所示。

由于共析点左移，能使含碳量低于铁碳合金共析成分的合金钢出现共析组织而析出碳化物。另外，在退火状态下，相同含碳量的合金钢组织中的珠光体量比碳钢多，从而使钢的强度和硬度提高。同样，由于共晶点的左移，使含碳量低于 2.11% 的合金钢中出现共晶组

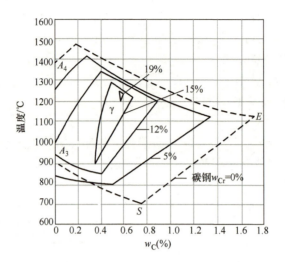

图 6-5　铬元素对奥氏体相区的影响

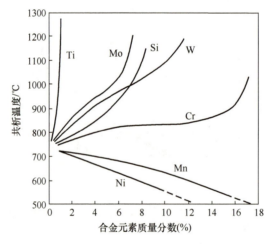

图 6-6　合金元素对共析温度的影响

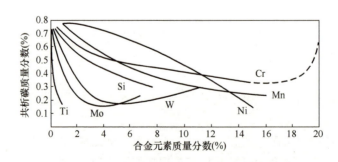

图 6-7　合金元素对共析点含碳量的影响

织，称为莱氏体钢，如高速钢 W18Cr4V（含碳量在 0.7%~0.8% 之间）。

6.6 合金元素对钢性能的影响

6.6.1 合金元素对钢力学性能的影响

钢的力学性能取决于钢的显微组织，即基体和析出相的类型、相对量和分布状态，以及钢的冶金质量。本小节仅讨论结构钢。

根据钢的基体，可将结构钢分为未硬化钢和淬火回火钢。

1. 对未硬化钢的影响

未硬化钢一般经过退火，获得由铁素体和碳化物两相组成的显微组织。合金元素主要通过铁素体影响未硬化钢的力学性能。合金元素的作用有：

1）固溶强化作用。溶于铁素体的置换式溶质元素起着原子尺度的障碍作用。其固溶强化效应以磷、硅和锰最显著，镍、钼、钒、钨、铬较小。

2）钉扎位错作用。碳、氮等间隙式溶质元素提高铁素体的屈服强度，主要是碳、氮原子围绕在位错线偏聚，形成溶质气团（例如柯氏气团），起钉扎位错作用。

3）脆化和韧化作用。多数合金元素会降低铁素体的韧性，强烈增大铁素体脆化倾向的元素为磷、硅和氢，钨、钼、铝、钒的作用较小。磷和硅阻止铁素体在形变时的交滑移，更多依靠孪生进行形变，使形变难以顺利进行。另外铁素体-珠光体组织的合金钢随温度升高，在300℃左右韧性降低，出现蓝脆，主要是碳和氮间隙原子的形变时效造成的。提高铁素体韧性的元素有镍，此外，锰在质量分数不大于1.2%、铬在质量分数小于2%时也有这种作用，超过此限度又会降低铁素体的韧性。这种有利韧性的作用，降低了钢的韧-脆转化温度，在低温下保持有高的滑移系统，增加了低温下形变时的交滑移。

2. 对淬火回火钢的影响

淬火回火钢的力学性能与未硬化钢的显著不同，主要在于淬火回火钢中出现了铁碳平衡相图中没有的亚稳合金相——淬火马氏体，及其众多回火产物。

淬火回火钢的强度和硬度主要取决于钢中的碳含量。合金元素的主要作用，则是提高钢的淬透性，使其在更大截面上获得高强度和高硬度。

合金元素对马氏体及其回火组织的韧性和塑性有显著影响。在相同的强度和硬度下，合金结构钢比碳素结构钢有更高的断面收缩率，而伸长率相当。对淬火回火钢的韧性有害的元素有磷、硫、硅、氢和氧等，会导致钢的韧-脆转化温度升高；改善韧性、降低韧-脆转化温度的元素有镍和锰（质量分数小于1.5%时）；通过脱氧、脱硫和去氢改善韧性的元素有少量铝和稀土金属。若含有害杂质元素磷、锡、锑，或含合金元素锰、铬、镍、硅的合金结构钢还可能会出现不可逆回火脆性和可逆回火脆性，而加入钼、钛、稀土金属可以改善淬火回火钢的可逆回火脆性。

3. 非金属夹杂物的危害

钢中的有害杂质元素磷、硫、氮、氧等，常常存在于非金属夹杂物中。

钢中的非金属夹杂物破坏了钢的金属基体的连续性，引起应力集中，促使裂纹提早形成。一般来讲，非金属夹杂物对钢的屈服强度和抗拉强度的影响较小，而对伸长率、断面收缩率等与断裂有关的各种性能有很大影响。特别是粗大的、延伸很长的条带状塑性夹杂物和点链状沿轧向延伸的脆性夹杂物危害最大。如塑性硫化锰（MnS）、点链状刚玉（Al_2O_3）和尖晶石氧化物（$MgAl_2O_4$）等，对横向和轧向的塑性有显著恶化作用。条带状塑性夹杂物降低了钢的冲击韧性，可以通过降低钢的硫含量，喷吹钙或加入稀土金属作为变质剂，形成不变形的小颗粒硫化钙（CaS）、稀土硫化物（RE_2S_3）和硫氧化物（RE_2O_2S），改善横向和 Z 向塑性和韧性。

非金属夹杂物有时也可以发挥有益作用。例如可以用来改善未硬化钢的切削加工性，这些非金属夹杂物在热轧时沿轧向伸长，呈条状或纺锤状，破坏了钢的连续性，减少切削时对刀具的磨耗，使金属切屑易于折断。

6.6.2　合金元素对钢耐蚀性能的影响

电化学腐蚀和高温氧化是钢受腐蚀的两种主要类型。

1. 电化学腐蚀性能

钢在酸、碱、盐等电解质溶液中将发生电化学腐蚀，这种腐蚀是由于腐蚀微电池引起的。钢在这种电解质溶液中由于微观上化学成分、组织和应力的不均匀，导致微区间电极电位的差异，形成了阳极区和阴极区，构成微电池。它发生阳极过程和阴极过程，包括三个环节：

1）阳极过程。铁变成离子进入溶液，同时留下电子在阳极。
2）电子由阳极流到阴极。
3）阴极过程。溶液中去极化剂吸收流来的电子。

控制其中任一环节都可控制或抑制腐蚀。

铬是改善钢电化学腐蚀的基本合金元素。随着钢中铬含量增加，钢的腐蚀速度下降，在铬质量分数达到10%~12%时，有一个跃变，此时钢在含氧的电解质溶液中生成致密的富铬氧化膜。这种保护膜很稳定，使阳极过程受到阻滞，钢表面达到钝化状态，此时钢具有不锈性。此类氧化膜又称作钝化膜。许多合金元素都能提高铬钢在多种介质中的钝化膜的稳定性和钢的钝化能力，如镍和钼在非氧化性酸（如稀硫酸）和有机酸（如醋酸）中、锰在有机酸中、硅在非氧化性酸中、少量元素铜和铂在非氧化性酸中的作用都是如此。

2. 高温氧化性能

钢在高温干燥大气中将发生氧化，最表层为 Fe_2O_3，中间是 Fe_3O_4，在 570 ℃ 以上时，这一过程由于钢的表面出现 FeO 而显著加剧。

在钢中加入合金元素铬、铝、硅等可提高 FeO 出现的温度，而且能形成含合金元素的氧化膜，且氧化膜结构致密，铁离子和氧离子的扩散变得困难，进而提高表面的化学稳定性。在铬、铝、硅含量较高时，钢可以在 800~1200 ℃ 温度范围内不出现 FeO。

铬、铝、硅化学性比铁活泼，在高温下优先氧化，形成含这些元素的氧化膜。含高铬或高铝的钢，其表面将形成致密的 Cr_2O_3 或 Al_2O_3 膜，有良好的保护作用。一般情况下，钢的表面形成致密的尖晶石类型氧化物 $FeO \cdot Cr_2O_3$ 或 $FeO \cdot Al_2O_3$。在抗温度剧变方面，含 Cr_2O_3 层比含 Al_2O_3 层要优越。硅作为抗氧化的合金元素，只能作为辅加元素而不能作为主加元素，钢中含硅的氧化膜主要为铁的硅酸盐 Fe_2SiO_4。

合金元素对钢氧化速度的影响如图 6-8 所示。

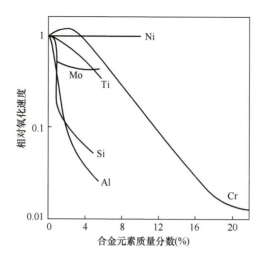

图 6-8　合金元素对钢氧化速度的影响

本 章 小 结

钢铁材料中的常见合金元素有二十几种，它们的存在形式一般有固溶体和化合物两种类型。通常情况下，钢铁中合金元素的含量都不大，但它们容易偏聚于位错、晶界等位置，造成不均匀。合金元素根据与铁的相互作用，可以分为奥氏体稳定元素和铁素体稳定元素。根据与碳的相互作用，可以分为强碳化物形成元素、中强碳化物形成元素和弱碳化物形成元素，它们对铁碳相图的影响也不同。钢铁中合金元素形成的化合物（碳化物、氮化物、金属间化合物等）一般都具有质硬性脆的特点，在钢铁中起到强化作用。合金元素对钢铁材料性能的影响复杂，是多种作用综合体现的结果。

复习思考题

6-1　合金元素发生偏聚的原因是什么？
6-2　分析合金元素在铁中的固溶度与二者晶格之间的关系。
6-3　钢铁中的碳化物、氮化物和金属间化合物在结构和性能上有何特点？
6-4　结合合金元素与铁和碳的关系，分析合金元素对铁碳相图的影响。
6-5　为改善钢的耐蚀性，需从哪些方面考虑？主要选用什么种类合金元素？

第 7 章

金属材料的热处理

【**本章学习要点**】本章主要介绍金属材料的热处理原理与工艺方面的内容，以钢铁材料为主。热处理原理部分主要包括钢在加热时的组织转变，钢在冷却时发生的珠光体转变、马氏体转变、贝氏体转变以及回火转变等。热处理工艺方面，主要介绍钢的典型热处理工艺，即退火、正火、淬火和回火。要求掌握钢加热与冷却时组织转变的基本规律，熟悉其原理，掌握典型的热处理工艺方法与应用。熟悉常用钢的表面热处理方法，如渗碳、渗氮、碳氮共渗等，了解新近的热处理工艺方法及特点。

改善钢材的性能有两个主要途径，一是通过加入合金元素调整钢的化学成分（合金化），二是通过钢的热处理调整钢的内部组织。

所谓钢的热处理，就是通过加热、保温和冷却，使钢材内部的组织结构发生变化，从而获得所需性能的一种工艺方法。

在工业生产中，热处理的主要目的有两个。一是消除上道工序带来的缺陷，改善金属的加工工艺性，确保后续加工的顺利进行，例如降低钢材硬度的软化处理（退火）。二是提高零件或工具的使用性能，例如提高各类切削工具硬度的硬化处理（淬火）和提高零件综合力学性能的调质处理等。

在金属材料从毛坯到零件的整个加工过程中，铸造、锻压、焊接及切削等工艺环节主要是为了赋予零件一定的外形和尺寸。而热处理是在不改变零件形状和尺寸的前提下，充分发挥钢材的性能潜力，保证零件的内在质量，提高零件的使用性能和延长零件的使用寿命。因此，热处理是一种强化金属材料的重要工艺手段，是产品质量的保障措施，在机械制造业中占有十分重要的地位。

并非所有的金属材料都能进行热处理。在固态下能够发生组织转变，是热处理的一个必要条件。由 Fe-Fe₃C 相图可知，钢铁材料具备这个条件，因此可以通过热处理改变钢铁的性能。铸铁和钢组织转变的基本规律是相同的，钢的各种热处理方法大多都能用于铸铁，但因铸铁中的石墨对其性能起着决定性作用，而热处理并不能改变石墨的性能，所以一般情况下不对普通灰铸铁进行热处理。

根据加热和冷却方式的不同，热处理可分为普通热处理和表面热处理。普通热处理主要包括退火、正火、淬火、回火等，表面热处理是针对表面进行的强化，如表面淬火和化学热处理等。除此之外，还有许多先进热处理工艺方法，如真空热处理、可控气氛热处理等。

钢的热处理方法虽然很多，但都需要经过加热与冷却的过程。为了掌握各种热处理方法的特点和作用，就必须研究钢在加热和冷却过程中组织和性能的变化规律。

7.1 钢在加热时的组织转变

钢的加热温度在 A_1 温度（临界点）以下时，组织结构不发生显著变化。共析钢加热到临界点以上时，原始的平衡组织（珠光体）将全部转变为奥氏体，而亚共析钢、过共析钢除得到奥氏体外，还有剩余相（铁素体或渗碳体），但随温度升高剩余相逐渐减少，平衡组织全部转变为奥氏体。这种通过加热获得奥氏体的过程称为奥氏体化。本节将着重介绍这种超过临界点的加热。

钢获得奥氏体后，以不同的冷却方式冷却，可获得不同的组织及性能。因此，钢热处理后组织、性能虽然取决于冷却方式，但是奥氏体的成分、均匀性、晶粒大小，以及残留过剩相的数量、分布对随后的冷却过程和冷却产物都有直接影响。因而了解钢在加热时奥氏体的形成机理等有关问题具有理论意义及实际意义。

无特别说明，本节一般以共析钢为例讲解，其原始组织为平衡组织珠光体。

7.1.1 奥氏体形成的热力学条件

钢在加热时所发生的转变，和其他相变一样，取决于热力学条件，珠光体和奥氏体自由能随温度变化而变化，二者的曲线相交于 727 ℃，如图 7-1 所示。二者之差 ΔG_V 即是相变的驱动力，这是相变的必要条件，但不是充分条件。为形成新相增加表面能、应变能，只有当 ΔG_V 足以补偿形成新相所需要的能量消耗时，转变方可进行。727 ℃时，二相处于平衡状态，只有超过 A_1 一定温度，转变方可进行，$\Delta T = T_1 - T_0$ 称为过热度。即超过 A_1 后随温度升高（时间延长），珠光体向奥氏体的转变将自发进行。同样，奥氏体在冷却过程中，在低于临界点的某一温度（过冷度）将自发转变为珠光体。

加热（冷却）速度越大，过热（过冷）程度也越大。这就使加热和冷却时发生转变的温度（即临界点）不在同一温度。加热时的临界点通常表示为 A_{c1}、A_{c3}、A_{ccm} 等，冷却时的临界点通常表示为 A_{r1}、A_{r3}、A_{rcm} 等。图 7-2 为加热速度和冷却速度均为 0.125 ℃/min 的临界点。

7.1.2 奥氏体的组织结构性能

利用高温金相显微镜可在高温下直接观察钢的奥氏体金相组织（图 7-3）。奥氏体是均匀多边形晶粒，晶界比较平直，某些晶粒内可看到相变孪晶线。

奥氏体是碳溶于 γ-Fe 中的固溶体，X 射线

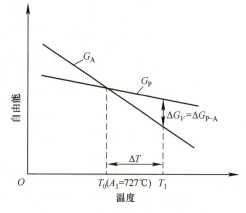

图 7-1 珠光体（P）和奥氏体（A）自由能和温度的关系示意图

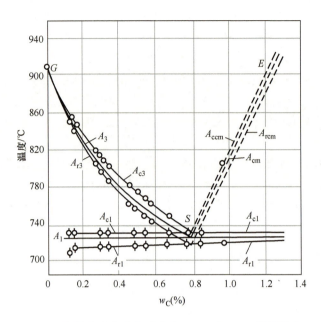

图 7-2 加热速度和冷却速度为 0.125 ℃/min 的临界点

衍射分析表明，C 位于 γ-Fe 八面体间隙处，即面心立方点阵晶胞的中心或棱边的中点，如图 7-4 所示。γ-Fe 的点阵常数为 0.364 nm，其八面体间隙半径为 0.052 nm，与 C 原子半径（0.077 nm）比较接近。因此，当间隙周围的 Fe 原子因某种原因偏离平衡位置而使空隙扩大时，C 原子将进入空隙形成间隙式固溶体。C 原子进入空隙后，引起点阵畸变，点阵常数增大。溶入的碳越多，点阵常数越大，如图 7-5 所示。在钢的多种组织中奥氏体的比体积最小，因此冷却转变时会发生尺寸变化（膨胀）。因而利用这一尺寸突变性质使用膨胀仪可测定奥氏体的转变情况。

图 7-3 奥氏体的金相组织

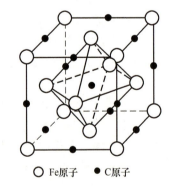

图 7-4 C 在 γ-Fe 中可能的间隙位置

实际上，碳在奥氏体中的最大溶解度为 w_C = 2.11%（1148 ℃），而不是按所有的八面体间隙均被填满时计算所得的 17.7%。按最大溶解度计算，大约 2.5 个 γ-Fe 晶胞中才有一个 C 原子。碳原子在奥氏体中的分布是不均匀的，微观区域存在浓度起伏。统计理论计算表明，在含碳量为 w_C = 0.85% 的奥氏体中可能存在着比其平均浓度高 8 倍的区域。

合金钢中的奥氏体是 C 及合金元素溶于 γ-Fe 中形成的固溶体。Mn、Si、Cr、Ni、Co 等

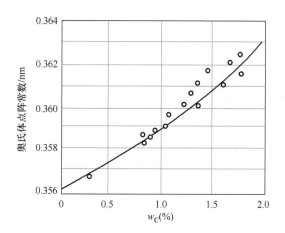

图 7-5 奥氏体点阵常数和碳含量的关系

合金元素溶入 γ-Fe 后将取代 Fe 原子形成置换固溶体，引起点阵畸变和点阵常数的变化。所以合金奥氏体的点阵常数除与碳含量有关外，还与合金元素的含量及合金元素原子和 Fe 原子的半径差等因素有关。

Fe-C 合金的奥氏体在 727 ℃ 以下是不稳定相，但在 Fe-C 合金中加入足够数量的能扩大 γ 相区的合金元素后，可使奥氏体在室温甚至室温以下成为稳定相。能在室温下以奥氏体状态使用的钢称为奥氏体钢。奥氏体呈顺磁性，故奥氏体钢可以用作无磁钢。

奥氏体比体积小可以说明铁原子的结合力大，因而铁原子扩散激活能大，导热性差，所以奥氏体钢加热时不采用过大加热速度。奥氏体与珠光体相比滑移系多，因此塑性好、强度低，容易塑性加工，所以锻造、轧制都要加热到高温奥氏体区再加工。

7.1.3 奥氏体形成机理

若共析钢的原始组织为片状珠光体，当加热至 A_{c1} 以上温度时，珠光体转变为奥氏体，即

$$F + Fe_3C \xrightarrow{A_{c1} \text{以上}} A$$

w_C:　　0.0218%　　　6.69%　　　　　　　　0.77%

　　　　体心立方　　复杂斜方　　　　　　　面心立方

铁素体为体心立方点阵，渗碳体为复杂斜方点阵，奥氏体为面心立方点阵，三者点阵结构相差很大，且含碳量也不一样。因此，奥氏体的形成是由点阵结构和含碳量不同的两个相转变为另一种点阵及含碳量的新相的过程，其中包括碳通过扩散的重新分布和 α-Fe→γ-Fe 的点阵重构。奥氏体化过程（图 7-6）可分为四个阶段，包括奥氏体的形核、奥氏体晶核的长大、渗碳体的溶解和奥氏体成分的均匀化。

1. 奥氏体的形核

将钢加热到 A_{c1} 以上某一温度保温时，珠光体处于不稳定状态，通常先在铁素体和渗碳体相界面上形成奥氏体晶核。这是由于铁素体和渗碳体相界面上的碳原子浓度不均匀，原子排列不规则，易于产生浓度起伏和结构起伏区，为奥氏体形核创造了有利条件。除此之外，

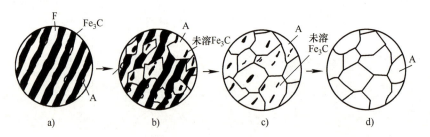

图 7-6 奥氏体化过程
a) 奥氏体形核 b) 奥氏体晶核长大 c) 剩余 Fe_3C 溶解 d) 奥氏体成分均匀化

珠光体团边界也可成为奥氏体的形核部位。在快速加热时，由于过热度大，也可以在铁素体亚晶边界上形核。

2. 奥氏体晶核的长大

奥氏体晶核形成后，它一面与铁素体相接，一面和渗碳体相接，并建立起浓度平衡关系。由于和渗碳体相接的界面碳原子浓度高，而和铁素体相接的界面碳原子浓度低，这就使得奥氏体晶粒内部存在碳原子的浓度梯度，从而引起碳原子不断从渗碳体界面通过奥氏体晶粒向低碳原子浓度的铁素体界面扩散。为了维持原来相界面碳原子浓度的平衡关系，奥氏体晶粒不断向铁素体和渗碳体两边长大，直至铁素体全部转变为奥氏体为止。

3. 渗碳体的溶解

铁素体消失后，继续保温或继续加热时，随着碳原子在奥氏体中继续扩散，剩余渗碳体不断向奥氏体中溶解。

4. 奥氏体成分的均匀化

当渗碳体刚刚全部溶入奥氏体后，奥氏体内碳原子浓度仍是不均匀的，原来是渗碳体的地方碳原子浓度较高，而原来是铁素体的地方碳原子浓度较低。只有经长时间的保温或继续加热，让碳原子进行充分的扩散，才能获得成分均匀的奥氏体。

7.1.4 奥氏体等温形成动力学

为了能控制奥氏体化状态，必须了解奥氏体的形成速度，即奥氏体量与时间的关系。奥氏体形成是通过形核、长大实现的，因此形成速度取决于形核速度和长大速度。表 7-1 为温度对奥氏体的形核率、线生长速度以及转变时间的影响。当转变温度升高时，形核率将迅速增大。这是因为随转变温度升高，原子扩散能力增加，相变驱动力增大使临界形核功减小以及奥氏体形核所需要的碳含量起伏减小。因此，提高加热速度，使奥氏体形成温度升高，可使奥氏体形核率急剧增大，这有利于形成细小的奥氏体晶粒。

表 7-1 温度对奥氏体的形核率、线生长速度以及转变时间的影响

转变温度/℃	形核率/[个/($mm^3 \cdot s$)]	线生长速度/(mm/s)	转变完成一半所需要的时间/s
740	2280	0.0005	100
760	11000	0.010	9
780	51500	0.026	3
800	616000	0.041	1

1. 奥氏体等温形成动力学曲线与等温形成图

（1）共析钢的奥氏体等温形成图　取一系列共析钢试样加热到 A_{c1} 以上某一温度，分别保持不同时间（如 1 s、10 s、40 s），然后盐水中急冷（淬火）。测量马氏体数量即得到高温奥氏体数量，从而得到表示奥氏体量与时间关系的奥氏体等温形成动力学曲线，如图 7-7a 所示。从这些曲线可以得出各个温度下等温形成的开始及终了时间。等温温度越高，形核率和长大速度越大，等温形成的开始及终了时间也越短，这一规律从表 7-1 中也可得到。

将所得的奥氏体等温形成开始及终了时间综合绘制在温度与时间坐标系上，即可得到奥氏体等温形成图，如图 7-7b 所示。通常，将奥氏体开始形成前的一段时间称作奥氏体形成的孕育期。图 7-7b 中的转变终了曲线对应于铁素体全部消失的时间，此后，还需经过一段时间才能使残留渗碳体全部溶解和奥氏体成分完全均匀化。在整个奥氏体形成过程中，残留渗碳体的溶解以及奥氏体成分的均匀化所需时间都很长。

（2）亚共析钢和过共析钢的奥氏体等温形成图　对于亚共析钢或过共析钢来说，当珠光体全部转变为奥氏体后，还有铁素体或渗碳体的继续转变。这也需要通过 C 原子在奥氏体中的扩散及奥氏体与剩余相之间的相界推移来进行。也可以把铁素体转变终了曲线或渗碳体溶解终了曲线画在奥氏体等温形成图上，如图 7-8 所示。与共析钢相比，过共析钢的碳化物溶解和奥氏体成分均匀化所需的时间要长得多。

2. 影响奥氏体形成速度的因素

影响奥氏体形核率和线生长速度的因素都会影响奥氏体的形成速度，如加热温度、原始组织和合金元素等。研究这些因素的影响，对于制订热处理工艺，尤其是选择加热工艺规范具有很重要的实践意义。

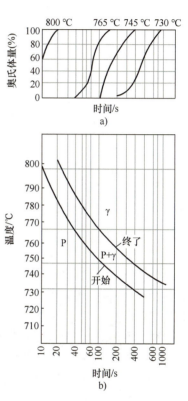

图 7-7　共析钢的奥氏体等温形成动力学曲线和等温形成图

（1）加热温度　随加热温度的提高，碳原子扩散速度增大，奥氏体化速度加快。

（2）加热速度　在实际热处理条件下，加热速度越快，过热度越大，发生转变的温度就越高，转变所需的时间就越短。

（3）钢中碳的质量分数　碳的质量分数增加时，渗碳体量增多，铁素体和渗碳体的相界面增大，因而奥氏体的晶核增多，转变速度加快。

（4）合金元素　钴、镍等元素能增大碳在奥氏体中的扩散速度，进而加快奥氏体化过程；铬、钼、钒等元素能与碳形成较难溶解的碳化物，显著降低碳的扩散能力，所以会减慢奥氏体化过程；硅、铝、锰等元素对碳的扩散速度影响不大，不影响奥氏体化过程。由于合金元素的扩散速度比碳的扩散速度慢得多，所以合金钢的热处理加热温度一般都高一些，保温时间更长一些。

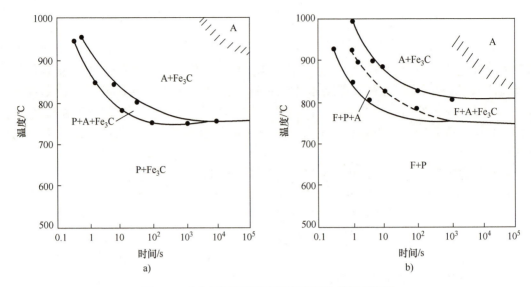

图 7-8 过共析钢和亚共析钢的奥氏体等温形成图
a) 过共析钢的奥氏体等温形成图　b) 亚共析钢的奥氏体等温形成图

（5）原始组织　原始组织中渗碳体为片状时，奥氏体形成速度快，因为它的相界面较大。渗碳体间距越小，相界面越大，同时奥氏体晶粒中碳原子浓度梯度也大，所以长大速度更快。

7.1.5　连续加热时奥氏体的形成

生产实际中奥氏体往往是在连续加热过程中形成的。这是因为在实际生产条件下，加热速度比较快，奥氏体形成过程开始后，由于工件能够吸收的热量超过转变所需的热量，所以温度仍继续升高。连续加热过程中奥氏体的形成过程可以看成是许多个等温过程的叠加。因此，连续加热过程中奥氏体的形成过程与奥氏体等温形成过程基本一样，也经过形核、长大、剩余渗碳体溶解、奥氏体成分均匀化四个阶段，但与等温形成过程相比，连续加热时奥氏体的转变有以下几个特点。

1）奥氏体形成不是在一个恒定的温度下，而是在一个温度范围内完成的。

2）加热速度越快，奥氏体形成温度越高、形成温度范围越宽，用的时间越短。

3）连续加热时，随着加热速度的提高，A_{c1} 提高，但当加热速度达到一定程度后，转变温度不再增高。

4）快速加热，形核率增大，长大速度加快，转变时间较短，奥氏体晶粒来不及长大，若立即淬火可以获得超细晶粒。

5）加热速度增大，转变移向高温，则与铁素体平衡的奥氏体的碳含量及与 Fe_3C 平衡的奥氏体的碳含量相差更远，而且奥氏体本身的碳元素不均匀。此外，碳化物来不及溶解，碳元素来不及充分扩散，所以连续加热时奥氏体成分不均匀。成分不均匀的奥氏体，冷却后组织也不均匀，性能也不均匀。为了减轻这种现象，原始组织要求有细而均匀的碳化物以利于奥氏体的形成。实际生产中多采用连续加热、等温加热相结合方式，即迅速加热到某温度，并在此温度保温。

6）原始组织对连续加热时奥氏体的形成有较大影响。原始组织分散度越小，越不均匀，奥氏体形成温度升高。

7.1.6 奥氏体晶粒长大及其控制

钢在加热后形成的奥氏体组织，特别是奥氏体晶粒大小对冷却转变后钢的组织和性能有着重要的影响。一般来说，奥氏体晶粒越细小，钢热处理后的强度越高，塑性越好，冲击韧性越高。因此，获得细小的晶粒在热处理过程中非常重要。

1. 奥氏体晶粒度

为了衡量奥氏体晶粒尺寸的大小，一般采用奥氏体晶粒度来表征。实际生产中通常使用显微晶粒度级别数 G 来表示金属材料的平均晶粒度（GB/T 6394—2017）。显微晶粒度级别数 G 常用与标准系列评级图进行比较的方法确定。它与晶粒尺寸的关系为

$$N_{100} = 2^{G-1} \tag{7-1}$$

式中 N_{100}——在 100 倍下每平方英寸（645.16 mm²）面积内观察到的晶粒个数。显微晶粒度级别数 G 越大，单位面积内晶粒数越多，则晶粒尺寸越小。$G<5$ 级为粗晶粒，$G \geqslant 5$ 级为细晶粒。晶粒度级别还可以定为半级，例如 0.5 级、3.5 级、8.5 级等。

在测定钢的奥氏体晶粒度之前，为了准确显示晶粒的特征，需对奥氏体晶粒度的形成和显示方法做出规定。通常采用标准试验方法，例如，对于含碳量为 0.35%~0.60% 的碳钢与合金钢，将试样加热到（860±10）℃，保温 1 h 后淬入冷水或盐水中，然后测定奥氏体晶粒度。

2. 影响奥氏体晶粒大小的因素

由于奥氏体晶粒大小对钢件热处理后的组织和性能影响极大，因此必须了解影响奥氏体晶粒长大的因素，以寻求控制奥氏体晶粒大小的方法。奥氏体晶粒形成以后，其大小主要取决于升温或保温过程中奥氏体晶粒长大过程，这个过程可视为晶界的迁移过程，其实质就是原子在晶界附近的扩散过程。因此，凡是影响晶界原子扩散的因素都会影响奥氏体晶粒长大。

（1）加热温度和保温时间影响 由于奥氏体晶粒长大与原子扩散有密切关系，因此加热温度越高，保温时间越长，则奥氏体晶粒越粗大。加热温度对奥氏体晶粒长大起主要作用，因此生产上必须严加控制，防止加热温度过高，以避免奥氏体晶粒粗化。通常要根据钢的临界点、工件尺寸及装炉量确定加热规程。

（2）加热速度的影响 加热温度相同时，加热速度越快，过热度越大，奥氏体的实际形成温度越高，形核率的增加速度大于长大速度，使奥氏体晶粒细小。生产上常采用快速加热短时保温工艺来获得超细化晶粒。

（3）钢的化学成分的影响 在一定的含碳量范围内，随着奥氏体中碳的含量的增加，碳在奥氏体中扩散速度及铁的自扩散速度增大，晶粒长大倾向增加。用铝脱氧或在钢中加入适量的 Ti、V、Zr、Nb 等强碳化物形成元素时，能形成高熔点的弥散碳化物和氮化物，可以得到细小的奥氏体晶粒。Mn、P、C、N 等元素溶入奥氏体后削弱了铁原子的结合力，加速了铁原子的扩散，因而促进了奥氏体晶粒的长大。

3. 奥氏体晶粒度控制措施

奥氏体晶粒度的影响因素很多，如加热温度、保温时间、加热速度、钢的化学成分、钢的原始组织等。

要严格控制加热温度和保温时间，当加热温度确定后，加热速度越快，奥氏体晶粒越细小。因此，采用高温、快速、短时间的加热工艺是生产中常用的热处理加热方法。

另外，要合理选材，例如采用加入一定量合金元素的钢，因为合金元素能不同程度地阻止奥氏体晶粒长大；采用原始组织较细的钢，因为原始晶粒越细，热处理加热后的奥氏体晶粒越细小。

7.2 钢在冷却时的转变

7.2.1 过冷奥氏体转变

钢加热到高温获得奥氏体，必然要进行冷却，以获得所需要的性能。热处理的技术关键在于冷却工艺，冷却方式与冷却条件不同，钢的组织不同，导致性能不同。反过来说，亦可根据性能需要选择冷却方式。

生产中，奥氏体的冷却方式（图7-9）有两种：一种是等温冷却（等温转变），即在 A_1 以下某温度，保温直至转变完成；另一种是连续冷却（连续转变），即以某种速度连续冷却到室温。

由于等温温度（或冷却速度）不同，其转变类型及性能有明显差别，表7-2 为Fe-0.8%C（T8，共析钢）奥氏体化后经不同工艺处理后的硬度。

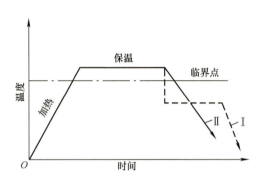

图7-9 奥氏体的冷却方式

Ⅰ—等温冷却 Ⅱ—连续冷却

表7-2 Fe-0.8%C（T8，共析钢）奥氏体化后经不同工艺处理后的硬度

工艺	硬度 HRC	工艺	硬度 HRC
700 ℃等温冷却	15	连续炉冷（10 ℃/min）	12
500 ℃等温冷却	42	空气冷（10 ℃/s）	26
220 ℃等温冷却	64	油冷（150 ℃/s）	41
（M_s = 230 ℃）		水冷（600 ℃/s）	64

通常，等温温度越低（冷却速度越大），强度、硬度升高，相对应塑性、韧性下降，意味着发生了不同类型相变。大致可以分为珠光体转变、贝氏体转变和马氏体转变。对共析钢而言，珠光体转变温度在 A_1~550 ℃之间，贝氏体转变温度在550 ℃~230 ℃之间，马氏体转变温度在230 ℃以下。

铸造、锻压、焊接时，钢也经历从奥氏体状态冷却到室温的过程，即也要发生固态相变，因此也遵循此相变规律，发生相应的珠光体、贝氏体或马氏体转变。

研究奥氏体在冷却时的组织转变，也要分为两种冷却方式来进行。在等温冷却条件下研究奥氏体的转变过程，绘出等温冷却转变曲线图；在连续冷却条件下研究奥氏体的转变过程，绘出连续冷却转变曲线图。它们都是选择和制订热处理工艺的重要依据。

1. 过冷奥氏体等温转变曲线

（1）等温转变曲线的建立　奥氏体在临界温度以上时是一种稳定的相，能够长期存在而不发生组织转变。如果从高温缓慢冷却下来，它将在 727 ℃ 以下转变为珠光体。这就意味着在 727 ℃ 以下，奥氏体是不稳定的相，必将转变成其他的组织。但如果冷却速度较快，使之来不及转变，奥氏体也可以在低于 727 ℃ 的温度下暂时存在，经过一段时间后才转变为新的组织，这种处于临界温度之下暂时存在的奥氏体，称为过冷奥氏体。

以共析钢为例，将奥氏体化后的试样迅速冷却到临界点之下某一温度进行保温，使奥氏体在等温条件下发生相变。过冷奥氏体在等温转变过程中，必将引起金属内部的一系列变化，如相变潜热的释放，比体积、磁性及组织结构的改变等。可以通过热分析、膨胀分析、磁性分析和金相分析等方法，测出在不同温度下过冷奥氏体发生相变的开始时刻和终了时刻，并把它们标在温度-时间坐标系上，然后将所有转变开始点和转变终了点分别连接起来，便得到该钢种的过冷奥氏体等温转变曲线。图 7-10 是共析钢的等温转变曲线测定的示意图，由于曲线的形状很像英文字母"C"，故称为 C 曲线。过冷奥氏体在不同温度下等温转变经历的时间相差很大，故等温转变曲线的横坐标采用对数坐标，用来表示时间。等温转变曲线描述了转变量与温度、时间的关系，亦称为 TTT 图。

（2）等温转变曲线相区分析与等温转变产物　图 7-11 所示为共析钢的等温转变曲线，其中，A_1 线是奥氏体向珠光体转变的临界温度线，左边的曲线为过冷奥氏体转变开始线，右边的曲线为过冷奥氏体转变终了线。M_s 线和 M_f 线分别是过冷奥氏体向马氏体转变的开始线和终了线。马氏体转变不是等温转变，只有在连续冷却条件下才可能获得马氏体。

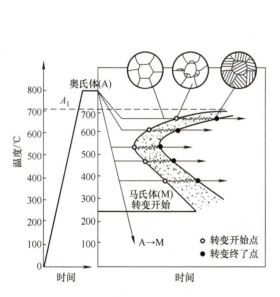
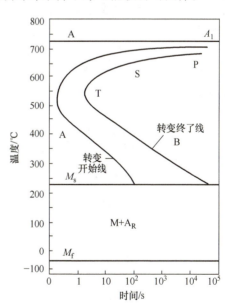

图 7-10　共析钢的等温转变曲线测定示意图　　　图 7-11　共析钢的等温转变曲线

A_1 线以上是奥氏体稳定区；A_1 线以下、M_s 线以上、过冷奥氏体转变开始线以左是过冷奥氏体区；过冷奥氏体转变开始线和终了线之间是过冷奥氏体和转变产物的共存区；过冷奥氏体转变终了线以右是转变产物区；M_s 线以下、M_f 线以上是马氏体与残余奥氏体（A_R

又称残留奥氏体）的共存区；M_f 线以下是马氏体稳定区。

过冷奥氏体在各个温度等温转变时，都要经过一段孕育期，用从纵坐标到转变开始线之间的距离来表示。孕育期的长短反映了过冷奥氏体稳定性的不同，在不同的等温温度下，孕育期的长短是不同的。在 A_1 线以下，随着过冷度的增大，孕育期逐渐变短。对共析钢来说，大约在 550 ℃时，孕育期最短，说明在这个温度下等温，奥氏体最不稳定，最易发生珠光体转变，此处被称为等温转变曲线的鼻尖。在 550 ℃以下，随着等温温度的降低，孕育期又逐渐增大，即过冷奥氏体的稳定性又逐渐增强，等温转变速度变慢。

共析钢的过冷奥氏体在三个不同的温度区间，可以发生三种不同的转变。在 A_1 线至等温转变曲线鼻尖区间的高温转变，其转变产物是珠光体（P），故又称为珠光体转变（包括珠光体 P、索氏体 S 和屈氏体 T）。在等温转变曲线鼻尖至 M_s 线区间的中温转变，其转变产物是贝氏体（B），故又称为贝氏体转变（包括上贝氏体 $B_上$ 和下贝氏体 $B_下$）。在 M_s 线以下的转变，称为低温转变，其转变产物是马氏体（M），故又称为马氏体转变。

通过等温转变曲线，可知在不同的冷却条件下会获得不同的组织，后文会讨论各种组织的转变特点及不同组织对钢材性能的影响。

（3）影响过冷奥氏体等温转变的因素　等温转变曲线的形状是多种多样的，这是由于不同元素对过冷奥氏体的三种冷却转变温度范围及转变速度具有不同影响的结果。

1）碳的影响。随着奥氏体中溶碳量的提高，奥氏体的稳定性增加，使等温转变曲线右移，奥氏体的转变孕育期增长、转变速度减慢。奥氏体的含碳量不等于钢的含碳量，过共析钢在 A_1 线至 A_{cm} 线对应温度之间加热时，钢的含碳量增加，奥氏体的含碳量不一定增加，而是表现为未溶渗碳体量增加。这种未溶渗碳体能作为冷却转变的晶核，促使奥氏体分解，使等温转变曲线左移。所以在一般热处理条件下，共析钢的过冷奥氏体最稳定。

对于亚共析钢和过共析钢，它们的等温转变曲线上部，各有一条先共析相的开始析出线，如图 7-12 所示。过冷奥氏体冷却至 A_{r3} 线（或 A_{rcm} 线）时将析出先共析铁素体（或二次渗碳体）。

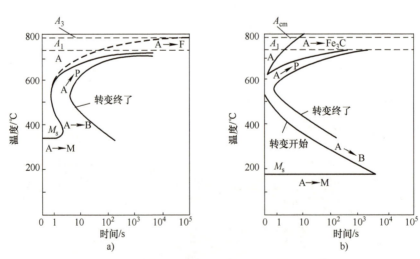

图 7-12　亚共析钢和过共析钢的等温转变曲线
a）亚共析钢　b）过共析钢

2）合金元素的影响。除 Co 以外，几乎所有溶入奥氏体中的合金元素，都能增加过冷奥氏体的稳定性，使等温转变曲线右移。当奥氏体中溶有较多碳化物形成元素（如 Cr、W、V、Ti 等）时，不仅会使等温转变曲线右移，而且会使等温转变曲线形状发生变化，甚至曲线从鼻尖处（约为 550 ℃）断开，形成上、下两条等温转变曲线，如图 7-13 所示。图 7-13b 中，上部曲线为珠光体转变区，下部曲线为贝氏体转变区，在二者之间出现一个奥氏体稳定地带。若合金元素未溶入奥氏体中，而以碳化物的形式存在，将使过冷奥氏体的稳定性降低。

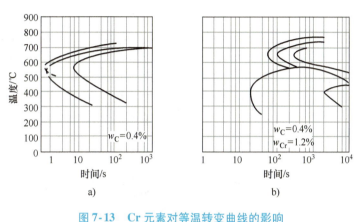

图 7-13　Cr 元素对等温转变曲线的影响
a）不含 Cr 的碳钢　b）$w_{Cr}=1.2\%$ 的钢

3）温度和时间的影响。提高奥氏体化温度或延长保温时间，能够促使奥氏体均匀化和促使奥氏体晶粒长大，使晶界面积减小，不利于奥氏体分解，使过冷奥氏体的稳定性增加，C 曲线右移。

2. 过冷奥氏体连续冷却转变曲线

（1）连续冷却转变曲线的建立　等温转变图反映的是过冷奥氏体的等温转变规律，可以直接用来指导等温热处理工艺的制订。但是，实际热处理常常是在连续冷却条件下进行的，如淬火、正火和退火等。连续冷却时，过冷奥氏体是在一个温度范围内进行转变的，几种转变往往重叠，得到的是不均匀的混合组织。过冷奥氏体连续冷却转变曲线——CCT 曲线，是分析连续冷却过程中奥氏体的转变过程以及转变产物的组织和性能的依据。

通常，综合应用膨胀法、金相法和热分析法来测定过冷奥氏体连续冷却转变曲线。但是，由于连续冷却转变过程比较复杂以及测试上的困难，到目前为止仍有许多钢的连续冷却转变曲线有待进一步精确测定。

（2）过冷奥氏体连续冷却转变分析　许多钢种的等温转变曲线及部分钢种的连续冷却转变曲线可在有关的手册中查出。通过比较可知，两种曲线在进行定量分析时有所差别，但在进行定性分析时由等温转变曲线得出的规律，基本上适用于连续冷却转变。下面以共析钢的等温转变曲线定性地分析在连续冷却条件下的组织转变情况。

等温转变曲线的坐标轴是温度和时间，而冷却速度表达的也是温度随时间的变化关系（即单位时间内温度下降的程度），所以任意一种冷却速度均可以在图中表示出来，如图 7-14 所示。

当以较慢的冷却速度 v_1 连续冷却时，相当于热处理时的随炉冷却（约 10 ℃/min，即退火处理），冷却速度曲线与等温转变曲线的转变开始线及终了线相交于上部，可以判断转变产物为珠光体（P）。冷却速度 v_2 相当于在空气中冷却（约 10 ℃/s，即正火处理），v_2 线与等温转变曲线相交于稍低的温度，从图中可判断出转变产物是索氏体。冷却速度 v_3 相当于在油中冷却（约 150 ℃/s，即油中淬火处理），v_3 线与转变开始线相交，但并未与转变终了线相交，可以判断有一部分奥氏体来不及转变就被过冷到 M_s 线以下并转变为马氏体。由此可见，以 v_3 速度冷却后可得到屈氏体和马氏体的混合组织（虽然 v_3 也穿过贝氏体区，但在共析钢连续冷却转变曲线中没有贝氏体区，所以共析钢在连续冷却时不会得到贝氏体）。冷却速度 v_4 相当于在水中冷却（约 600 ℃/s，即水中淬火处理），v_4 线不与等温转变曲线相交，表明在此冷却速度下，过冷奥氏体来不及发生分解，便被过冷到 M_s 线之下，转变为马氏体。v_K 线恰好与等温转变曲线的转变开始线相切，是奥氏体不发生分解而全部过冷到 M_s 以下向马氏体转变的最小冷却速度，称为临界冷却速度。显然，只要冷却速度大于 v_K 就能直接得到马氏体组织，保证钢的组织中没有珠光体。影响临界冷却速度的主要因素是钢的化学成分。碳钢的 v_K 大，合金钢的 v_K 小，这一特性对钢的热处理具有非常重要的意义。

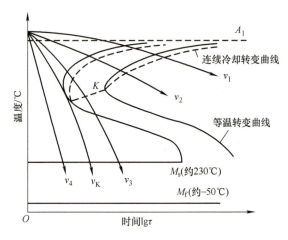

图 7-14 共析钢连续冷却转变曲线与等温转变曲线

7.2.2 珠光体转变

珠光体转变是铁碳合金的一种共析转变，发生在过冷奥氏体转变的高温区，故又称高温转变，属于扩散型相变。钢铁材料在退火、正火时，都要求发生珠光体转变。在淬火或等温淬火时，则力求避免发生珠光体转变。

铁碳合金经奥氏体化后，如冷却速度较慢，具有共析成分的奥氏体将在略低于 A_1 的温度下通过共析转变分解为铁素体与渗碳体的双相组织。如冷却速度较快，奥氏体可以被过冷到 A_1 以下宽达 200 ℃ 左右的高温区内发生珠光体转变，其产物为珠光体。

1. 珠光体的组织形态

珠光体是由铁素体和渗碳体组成的双相组织。按渗碳体的形态分类，珠光体可分为片状珠光体和粒状珠光体。

（1）片状珠光体 渗碳体为片状的珠光体，称为片状珠光体。片状珠光体由相间的铁素体和渗碳体片组成，如图 7-15 所示。若干大致平行的铁素体与渗碳体片组成一个珠光体领域，或称珠光体团。在一个奥氏体晶粒内，可以形成几个珠光体团，如图7-16b所示。

相邻两渗碳体（或铁素体）的平均距离称为珠光体片间距（图7-16a），用 s_0 表示。片间距是用来衡量片状珠光体组织粗细程度的一个主要指标。片间距的大小主要取决于转变时的过冷度，过冷度越大，即转变温度越低，珠光体的片间距越小。这是因为转变温度越低，碳的扩散速度越慢，碳原子难以实现较大距离的迁移，故只能形成片间距较小的珠光体。在珠光体形成时，由于新的铁素体与渗碳体界面的形成将使界面能增加，这部分界面能是由奥氏体与珠光体的自由能差提供的，过冷度越大，所能提供的自由能越大，能够增加的界面能也越多，故片间距有可能越小。

图7-15 共析钢中的片状珠光体

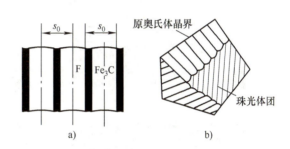

图7-16 片状珠光体的片间距和珠光体团示意图
a）珠光体片间距 b）珠光体团

按照片间距的大小，生产实践中将片状珠光体分为珠光体（P）、索氏体（S）和屈氏体（T）。在光学显微镜下能明显分辨出层组织的片状珠光体称为珠光体。若珠光体的形成温度较高，如在 A_1 ~650 ℃范围内，则片间距较大，一般为150~450 nm。若形成温度较低，如在600~650 ℃范围内，则珠光体的片间距一般为80~150 nm，光学显微镜难以分辨出片层形态，这种细片状珠光体被称为索氏体。若形成温度更低，如在550~600 ℃范围内，则片间距为30~80 nm，被称为屈氏体。只有在电子显微镜下，才能分辨出屈氏体组织中渗碳体与铁素体的片层形态。不同片间距的珠光体类型组织形貌如图7-17所示。

（2）粒状珠光体 在铁素体基体中分布着颗粒状渗碳体的组织称为粒状珠光体或球状珠光体，如图7-18所示。粒状珠光体一般是通过球化退火等特定的热处理获得的。对于高碳钢中的粒状珠光体，常按渗碳体颗粒的大小将其分为粗粒状珠光体、粒状珠光体、细粒状珠光体和点状珠光体。渗碳体颗粒大小、形状及分布均与所用的热处理工艺有关，渗碳体的多少则取决于钢的含碳量。

2. 珠光体的力学性能

珠光体转变的产物与钢的化学成分及热处理工艺有关。共析钢珠光体转变产物为珠光体，亚共析钢珠光体转变产物为先共析铁素体和珠光体，过共析钢珠光体转变产物为先共析渗碳体和珠光体。同样化学成分的钢，由于热处理工艺不同，转变产物既可以是片状珠光体，也可以是粒状珠光体。同样是片状珠光体，珠光体团的大小、珠光体片间距以及珠光体

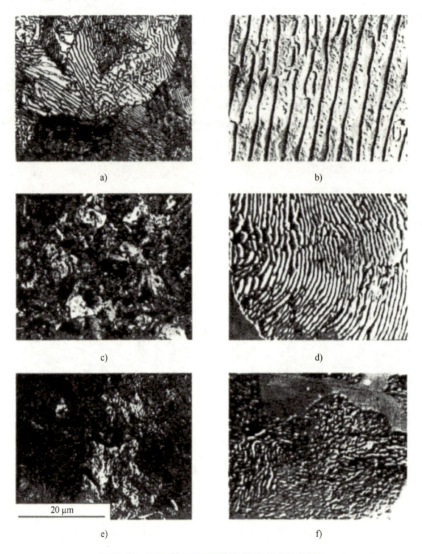

图 7-17　不同片间距的珠光体类型组织形貌
a) 珠光体光镜形貌　b) 珠光体电镜形貌　c) 索氏体光镜形貌
d) 索氏体电镜形貌　e) 屈氏体光镜形貌　f) 屈氏体电镜形貌

的成分也不相同。同一成分的非共析钢由于热处理工艺不同,转变产物中先共析相所占的体积分数就不相同,珠光体中渗碳体的量也不相同。既然珠光体转变的产物不同,则其力学性能也必然不同。

通常,珠光体的强度、硬度高于铁素体,而低于贝氏体、渗碳体和马氏体,塑性和韧性则高于贝氏体、渗碳体和马氏体,见表 7-3。因此,一般珠光体组织适合切削加工或冷成形加工。

图 7-18　共析钢中的粒状珠光体(经球化退火处理)

表7-3 0.84C、0.29Mn 钢经不同温度等温处理后的组织和硬度

等温温度/℃	组织	硬度 HBW	等温温度/℃	组织	硬度 HBW
680~720	珠光体	170~250	400~550	上贝氏体	400~460
600~680	索氏体	250~320	240~400	下贝氏体	460~560
550~600	屈氏体	320~400	室温~240	马氏体	580~650（由58~62HRC换算而得）

（1）片状珠光体的力学性能　片状珠光体的硬度一般在160~280 HBW之间，抗拉强度在784~882 MPa之间，伸长率在20%~25%之间。片状珠光体的力学性能与珠光体片间距、珠光体团的直径以及珠光体中铁素体片的亚晶粒尺寸等有关。随着珠光体团直径以及片间距的减小，珠光体的强度、硬度以及塑性均升高。

珠光体片间距主要取决于珠光体的形成温度，珠光体片间距随形成温度降低而变小。珠光体团直径不仅与珠光体形成温度有关，还与奥氏体晶粒大小有关，珠光体团直径随形成温度的降低以及奥氏体晶粒的细化而变小。故可以认为共析成分片状珠光体的性能主要取决于奥氏体化温度以及珠光体形成温度。由于在实际情况下，奥氏体化温度不可能太高，奥氏体晶粒不可能太大，故珠光体团的直径变化也不会很大。而珠光体转变温度则有可能在较大范围内调整，故片间距可以有较大的变动。因此，从生产角度来看，片间距对珠光体力学性能的影响就更具有生产实际意义。

（2）粒状珠光体的力学性能　经球化退火或调质处理，可以得到粒状珠光体。在成分相同的情况下，与片状珠光体相比，粒状珠光体的强度、硬度稍低，但塑性较好。如Fe-1.0%C合金（T10钢）的片状珠光体硬度为255~321 HBW，粒状珠光体硬度不大于197 HBW。粒状珠光体的疲劳强度也比片状珠光体高。另外粒状珠光体的可切削性、冷挤压时的成形性好，加热淬火时的变形、开裂倾向小。所以，粒状珠光体常常是高碳工具钢在切削加工和淬火前要求预先得到的组织形态。碳钢和合金钢的冷挤压成形加工也要求具有粒状珠光体组织。GCr15 轴承钢在淬火前也要求具有细粒状珠光体组织，以保证轴承的疲劳强度。

粒状珠光体的硬度、强度比片状珠光体稍低，是因为粒状珠光体中铁素体与渗碳体的界面比片状珠光体的少。粒状珠光体塑性较好是因为铁素体为连续分布，渗碳体呈颗粒状分散在铁素体基底上，对位错运动的阻碍较小。

粒状珠光体的性能还取决于碳化物颗粒的大小、形态与分布。一般来说，碳化物颗粒越细、形态越接近等轴、分布越均匀，韧性越好。

3. 珠光体的转变机制

珠光体转变是由奥氏体分解为成分相差悬殊、晶格截然不同的铁素体和渗碳体两相混合组织的过程。转变时必须进行碳的重新分配与铁的晶格改组，这两个过程只有通过C原子和Fe原子的扩散才能完成，所以，珠光体转变是一种扩散型相变。

珠光体转变是以形核与晶核长大方式进行的。首先在奥氏体晶界处形成一个小的片状Fe_3C晶核，因为Fe_3C的含碳量高于奥氏体的含碳量，它在形成和长大中，必然要从周围奥氏体中吸收C原子，从而造成周围奥氏体局部贫碳。而铁素体含碳量低于奥氏体的含碳量，这将促使铁素体晶核在Fe_3C两侧形成，即形成珠光体晶核，并逐渐向奥氏体晶粒内部长大。

铁素体片长大时又向周围奥氏体供给 C 原子，造成周围的奥氏体富碳，又促使渗碳体在其两侧形核与长大。如此不断地形核、长大，直到转变全部结束，如图 7-19 所示。

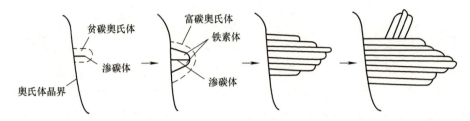

图 7-19　片状珠光体形成过程示意图

需要说明，在一般情况下，过冷奥氏体按照上面介绍的机制分解成渗碳体呈片状的珠光体类组织，但片状组织在 A_1 线附近的温度范围内保温足够长的时间（8～24 h），片状的渗碳体将球化，这时转变产物为粒状珠光体。粒状珠光体的形成是由于在特定的热处理工艺（如球化退火）条件下，奥氏体化温度低，加热、保温时间短，所以加热转变不能充分进行，得到的组织为奥氏体和许多未溶的残留碳化物，或许多微小的碳的富集区。这时残留碳化物已经不是片状，而是断开的、趋于球状的颗粒状碳化物。当慢速冷却至 A_{c1} 以下附近等温时，未溶解的残留粒状渗碳体便是现成的渗碳体核。此外，在富碳区也将形成渗碳体核。这样的核与在奥氏体晶界形成的核不同，可以向四周长大，长成粒状渗碳体。而在粒状渗碳体四周则出现低碳奥氏体，通过形核、长大转变为铁素体，最终形成颗粒状渗碳体分布在铁素体基体中，即形成粒状珠光体。如果加热前的原始组织为片状珠光体，则在加热过程中片状渗碳体也有可能自发地发生破裂和球化。

上面讨论的是珠光体的等温转变机制。连续冷却时发生的珠光体转变与等温中发生的基本相同，只是连续冷却时，珠光体是在不断降温的过程中形成的，故片间距不断减小。而等温转变所得片状珠光体的片间距基本一样，粒状珠光体中的碳化物的直径也大致相同。

7.2.3　马氏体转变

过冷奥氏体冷至 M_s 线以下便发生马氏体转变（共析钢的 M_s 线对应温度约为 230 ℃）。由于转变温度低，Fe 原子和 C 原子都不能扩散，奥氏体向马氏体转变时只发生 $\gamma\text{-Fe} \rightarrow \alpha\text{-Fe}$ 的晶格改组，所以这种转变属于非扩散型相变。马氏体的含碳量就是转变前奥氏体的含碳量。由 $Fe\text{-}Fe_3C$ 相图可知，$\alpha\text{-Fe}$ 最大溶碳能力只有 0.0218%（在 727 ℃ 时），因此，马氏体实质上是 C 在 $\alpha\text{-Fe}$ 中的过饱和固溶体。马氏体转变时，体积会发生膨胀，钢的含碳量越高，马氏体中过饱和的 C 也越多，奥氏体转变为马氏体时的体积膨胀也越大，这就是高碳钢淬火时容易变形和开裂的原因之一。

1. 钢中马氏体的晶体结构

马氏体是 C 在 $\alpha\text{-Fe}$ 中的过饱和间隙式固溶体，具有体心立方点阵（含碳量极低的钢）或体心正方（淬火亚稳相）点阵。随含碳量升高，马氏体点阵常数 c 增大，a 减小，正方度 c/a 增大，如图 7-20 所示。C 原子处于 Fe 原子组成的扁八面体间隙中心，如图 7-21 所示，此间隙在短轴方向的半径为 0.019 nm，碳原子半径为 0.077 nm，室温下 C 在 $\alpha\text{-Fe}$ 中的溶解度为 0.006%，但钢中马氏体的含碳量远远高于此数。C 原子溶入 $\alpha\text{-Fe}$ 后使体心立方变成体心正方,并造成 α-Fe 非对称畸变。

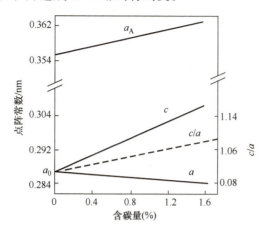

图 7-20 奥氏体和马氏体的点阵常数与含碳量的关系

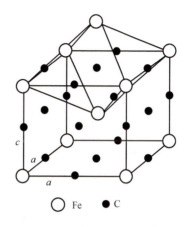

图 7-21 C 原子在马氏体点阵中的可能位置

2. 马氏体相变特点

马氏体的转变过程也是一个形核、长大的过程,但它有许多不同于珠光体的特点,了解这些特点和转变规律对指导生产实践具有重要意义。马氏体转变除了具有非扩散性外,主要还有以下几个特点。

(1) 切变共格性和表面浮凸现象 马氏体转变时,在预先磨光的试样表面上可以出现倾动,形成表面浮凸,这表明马氏体转变是通过奥氏体均匀切变进行的。奥氏体中已转变为马氏体的部分发生宏观切变而使点阵改组,且带动靠近界面的、还未转变的奥氏体也随之发生弹塑性变形。如图 7-22 所示,若相变前在试样磨面上刻一直线划痕 STR,则相变后产生浮凸时该直线变成折线 $S'T'TR$。在显微镜光线照射下,浮凸两边呈现明显的山阴和山阳。由此可见,马氏体的转变是以切变方式进行的,同时马氏体和奥氏体之间界面上的原子是共有的,既属于马氏体,又属于奥氏体,而且整个相界面是互相牵制的。这种界面称为切变共格界面,它是以母相的切变来维持共格关系的,也称为第二类共格界面。在具有共格界面的新旧两相中,原子位置有对应关系,新相长大时,原子只做有规则的迁动而不改变界面的共格状态。

(2) 降温形成 马氏体转变是在 M_s 线至 M_f 线对应温度范围内不断降温的过程中进行的,冷却中断,转变也随即停止,只有继续降温,马氏体转变才能继续进行。需要指出,一些材料的马氏体也可在等温条件下形成或爆发式形成大量马氏体。

(3) 高速形核和长大 当奥氏体过冷至 M_s 线温度以下时,不需要孕育期,马氏体晶核瞬间形成,并迅速长大。例如高碳(片状)马氏体的长大速度为 $(1 \sim 1.5) \times 10^5$ cm/s。每个马氏体片形成的时间很短,通常情况下看不到马氏体片的长大过程。在不断降温过程中,马氏体数量的增加是靠一批批新的马氏体片不断产生,而不是靠已形成的马氏体片的长大,如图 7-23 所示。

(4) 马氏体转变的不完全性 除低碳钢外,许多钢种在常温条件下的马氏体转变往往不能进行彻底,总有一部分未转变的奥氏体残留下来,这部分奥氏体称为残余奥氏体,用符号 A_R 表示。

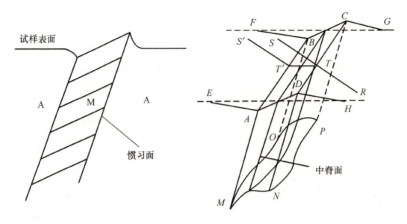

图 7-22 马氏体转变时引起的表面倾动

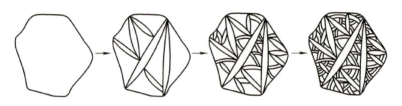

图 7-23 片状马氏体的形成过程示意图

残余奥氏体的数量主要取决于钢的 M_s 线和 M_f 线的位置，而 M_s 线和 M_f 线主要由奥氏体的成分决定，基本上不受冷却速度及其他因素的影响。凡是使 M_s 线和 M_f 线位置降低的合金元素都会使残余奥氏体数量增多。图 7-24 为奥氏体含碳量对马氏体转变温度的影响。图 7-25 为奥氏体含碳量对残余奥氏体量的影响。

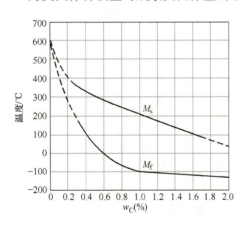

图 7-24 奥氏体含碳量对马氏体转变温度的影响

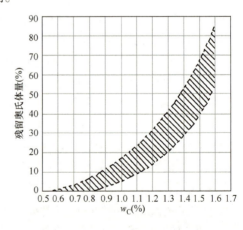

图 7-25 奥氏体含碳量对残余奥氏体量的影响

如图 7-24 所示，钢中含碳量越大，M_s 线和 M_f 线的位置就越低，C 的质量分数超过 0.6% 的钢，其 M_f 线对应温度就低于 0 ℃。因此，一般高碳钢淬火后，组织中都有一些残余奥氏体。钢中含碳量越大，残余奥氏体也越多。

残余奥氏体不仅会降低淬火钢的硬度和耐磨性，而且在工件的长期使用过程中，由于残余奥氏体会继续转变为马氏体，使工件发生微量胀大，从而将降低工件的尺寸精度。生产中对一些高精度的工件（如精密量具、精密丝杠、精密轴承等），为了保证它们在使用期间的精度，可将淬火工件冷却到室温后，随即放到 0 ℃以下的冷却介质（如干冰）中冷却，以最大限度地消除残余奥氏体，达到增加硬度、耐磨性与稳定尺寸的目的，这种处理方法称为冷处理。

（5）马氏体转变的可逆性　在某些非铁合金（如 Cu- Al）中，奥氏体冷却转变为马氏体，重新加热，已形成的马氏体逆转变为奥氏体，称为马氏体的可逆转变。马氏体逆转变为奥氏体的转变称为逆转变，逆转变的开始温度为 A_s，转变结束温度为 A_f。钢中马氏体是亚稳相，极不稳定，反向加热时马氏体分解，一般得不到逆转变奥氏体。此外，钢中奥氏体、马氏体保持一定的晶体学位向关系，马氏体的析出具有惯习面。

综上所述，马氏体转变区别于其他转变的最基本的特点有两个：一是转变以切变共格方式进行；二是转变无扩散性。其他特点均可由这两个基本特点派生出来。

3. 钢中马氏体的主要形态

马氏体的组织形态取决于钢的成分和热处理条件。目前，已经发现的钢中马氏体的组织形态有板条马氏体、蝶状马氏体、片状马氏体、薄片状马氏体等。工业用钢淬火后主要为板条马氏体、片状马氏体两种。

（1）板条马氏体　如图 7-26 所示，板条马氏体由成群平行板条组成，单个板条空间形态为细长扁平柱状。尺寸大致相同、平行排列的板条构成一个板条束（也叫作板条群），一个晶粒内可形成 3~5 个板条束。在一个板条束内又包含几个基本平行、有大角度晶界的板条块。含碳量低的钢，板条块、板条束容易分辨。含碳量高的钢，板条块、板条束不易分辨。每个板条之间有薄薄的（15~17 nm）的残余奥氏体薄膜。

板条马氏体亚结构为高密度位错，大量位错缠结成位错胞。位错密度为 $10^{11} \sim 10^{12}\ \mathrm{cm}^{-2}$（珠光体中铁素体为 $10^7 \sim 10^8\ \mathrm{cm}^{-2}$）。因此，板条马氏体也叫作位错马氏体。

板条马氏体一般常见于低中碳（合金）钢、不锈钢中，因此也称为低碳马氏体。

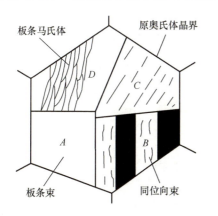

图 7-26　板条马氏体的组织形态

（2）片状马氏体　片状马氏体空间形态呈凸透镜片形状，亦称透镜片状马氏体。与试样磨面相截，在显微镜下呈针状或竹叶状，又称针状马氏体或竹叶状马氏体。片状马氏体的亚结构为孪晶，也称为孪晶马氏体。大多数马氏体针有中脊。

相变时，先形成第一个马氏体针贯穿奥氏体晶粒，其后大小不一，如图7-27a所示。因此，奥氏体晶粒粗大，形成的马氏体针也粗大，依据马氏体针的大小可判断加热温度。图7-27b所示为粗大的片状马氏体形态，这是一种过热组织。在正常加热温度下，片状马氏体组织很细小，在光学显微镜下看不清其形态，所以称为隐晶马氏体。

片状马氏体常见于淬火高碳钢和中碳钢、Fe-Ni-C钢，又称为高碳马氏体。

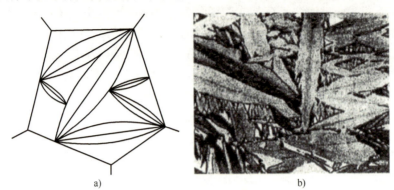

图7-27 片状马氏体的组织形态
a) 片状马氏体示意图 b) 粗大的片状马氏体形态

钢中奥氏体含碳量越高，淬火组织中片状马氏体就越多，板条马氏体就越少。试验表明，奥氏体中C的质量分数大于1%时，淬火后得到的全部是片状马氏体。奥氏体中C的质量分数小于0.2%时，淬火后得到的是板条状马氏体。当奥氏体中C的质量分数介于两者之间时，则得到两种马氏体的混合组织。

4. 马氏体的力学性能

马氏体的力学性能取决于马氏体中的含碳量。如图7-28所示，随着马氏体中含碳量的增加，其强度和硬度也随之提高，尤其是含碳量较低时更为明显，但C的质量分数超过0.6%以后，改变就趋于平缓。

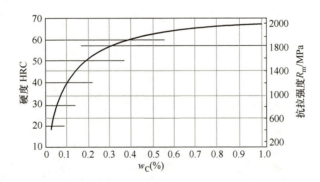

图7-28 马氏体的强度和硬度与含碳量的关系

马氏体强度、硬度提高的主要原因有两个，一是C原子的固溶强化作用；二是相变后，在马氏体晶体中存在着大量的微细孪晶和位错结构，它们提高了塑性变形抗力，从而产生了相变强化。一般高碳片状马氏体内部的微细结构以孪晶为主，并且由于含碳量大、晶格畸变严重、淬火内应力大等原因，其塑性和韧性都很差（甚至出现显微裂纹），而以位错微细结构为主的低碳板条状马氏体具有较好的塑性和韧性。

片状马氏体的性能特点是硬度高而脆性大,而板条状马氏体不仅具有较高的强度和硬度,而且还具有较好的塑性和韧性,即具有高的强韧性。所以,低碳马氏体组织在结构零件中得到越来越多的应用,并且使用范围逐步扩大。

7.2.4 贝氏体转变

钢中贝氏体是过冷奥氏体在中温区转变的产物。其转变温度位于珠光体转变温度和马氏体转变温度之间,因此称为中温转变。这种转变的动力学特征和产物的组织形态,兼有扩散型相变和非扩散型相变的特征,称为半扩散型相变。

一般将具有一定过饱和度的 F 相和 Fe_3C 组成的非层状组织称为贝氏体,用符号 B 表示。

1. 贝氏体的组织形态

贝氏体按金相组织形态的不同可区分为上贝氏体、下贝氏体、无碳化物贝氏体、粒状贝氏体、反常贝氏体以及柱状贝氏体等。这里主要介绍上贝氏体、下贝氏体和粒状贝氏体。

(1) 上贝氏体 上贝氏体是过饱和的平行条状 F 相和夹于 F 相间的断续条状 Fe_3C 的混合物。形状如羽毛,又称羽毛状贝氏体,如图 7-29 所示。以共析钢为例,上贝氏体的形成温度为 350~550 ℃,处于贝氏体转变区间上部,所以称为上贝氏体。

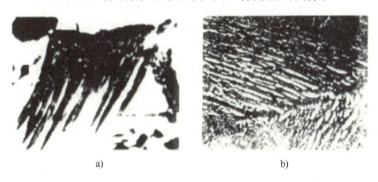

a)   b)

图 7-29 上贝氏体形态

a) 光学显微照片 (500 倍) b) 电子显微照片 (5000 倍)

通过光镜观察,上贝氏体形成时沿奥氏体晶界一侧或两侧向晶内长大,成排形核、长大,呈羽毛状。但要指出,上贝氏体的羽毛状是在特定条件下制取的,即在此温度区间等温较短时间,形成一部分上贝氏体,淬火时未转变为奥氏体而形成马氏体。侵蚀时,单相马氏体耐腐蚀,呈亮白色,上贝氏体是两相混合物不耐腐蚀,呈灰白色,整体呈羽毛状。若过冷奥氏体全部转变为上贝氏体,大量上贝氏体聚集在一起,则不易辨别羽毛状。

通过电镜观察,可以发现大致平行的铁素体条 (6°~18°位向差),板条间为不连续的条状渗碳体。上贝氏体中的碳化物均为渗碳体型碳化物。碳化物的形态取决于奥氏体的含碳量,含碳量低时,碳化物沿条间呈不连续的粒状或链珠状分布,随钢的含碳量的增加,上贝氏体板条变薄,渗碳体量增多并由粒状、链状过渡到短杆状,甚至可分布在铁素体板条内。

形成温度对上贝氏体组织形态影响显著,随形成温度的降低,铁素体板条变薄、变小,渗碳体也更细小和密集。

(2) 下贝氏体 下贝氏体为过饱和的片状 F 相和其内部沉淀的 Fe_3C 的混合物。对于共析钢来说，下贝氏体的转变温度区间为 350 ℃ ~ M_s，位于贝氏体转变区间下部，故称为下贝氏体。

通过光镜观察，含碳量较低时，下贝氏体中的铁素体呈短条状；含碳量较高时，下贝氏体中的铁素体呈细小针状或片状，相互之间不平行，有一定夹角，散乱分布，如图 7-30 所示。如上贝氏体一样，短时间保温水淬后可清晰显示出形态，若全部转变为下贝氏体时，无数下贝氏体聚集一起，不易辨别其形态。

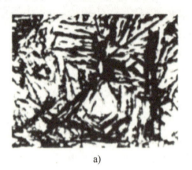
a)

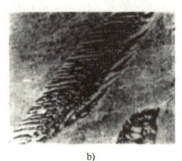
b)

图 7-30 下贝氏体形态

a）光学显微照片（500 倍） b）电子显微照片（12000 倍）

通过电镜观察，在铁素体片内部析出碳化物粒子，碳化物本身为极细片状或颗粒状，平行且成行排列，排列方向与铁素体长轴呈 55°~60°角。

因为转变温度低，原子扩散能力弱，碳不能扩散到铁素体片外面，只能在铁素体片内部沉淀析出。由于碳化物极为细小，光镜无法观察到，故只能观察到与回火马氏体相似的细小黑针状组织，只有电镜才能观察到碳化物粒子形态及分布。

下贝氏体中的铁素体过饱和度比上贝氏体中的铁素体高，位错密度也高于上贝氏体中的铁素体。且随温度下降，位错密度增高。

(3) 粒状贝氏体 低中碳合金钢以一定速度冷却或在一定温度范围等温（如正火、热轧空冷、焊接热影响区）时，可产生粒状贝氏体（图 7-31）。粒状贝氏体的形成温度范围稍高于上贝氏体的形成温度。

粒状贝氏体的组织形态为铁素体基体和富碳奥氏体。其中，富碳奥氏体区为岛状颗粒，形状不规则，边界清晰，可散乱分布或近似平行分布。其转变过程为，在一定冷却或等温条件下奥氏体分解为 F 和富碳岛状奥氏体，富碳岛状奥氏体的含碳量比钢的平均含碳量高 3~4 倍，铁素体基体含碳量接近平衡态，位错密度比平衡态高一个数量级。富碳岛状奥氏体在继续冷却过程中，由于冷却速度不同及奥氏体稳定性不同，岛状奥氏体可进一步分解为珠光体或贝氏体，未发生分解保留下来，成为残余奥氏体，或发生马氏体转变，转变为孪晶

图 7-31 粒状贝氏体形态

马氏体和残余奥氏体（因含碳量高），因此习惯称其为（M-A）区或（M-A）小岛。

2. 贝氏体的形成过程

过冷奥氏体冷却到贝氏体转变温度区，在贝氏体转变开始前，过冷奥氏体内部 C 原子产生不均匀分布，出现许多局部贫碳区和富碳区。在贫碳区产生 F 相晶核，当其尺寸大于贝氏体转变温度下的临界晶核尺寸时，F 相晶核不断长大。由于过冷奥氏体所处的温度较低，Fe 原子很难自扩散，只能按切变共格方式长大。C 原子从 F 相长大的前沿向两侧奥氏体中扩散，而且 F 相内过饱和 C 原子不断脱溶。高温时 C 原子穿过 F 相界扩散到奥氏体中或在相界面沉淀成碳化物，低温时 C 原子在 F 相内部一定晶面上聚集并沉淀成碳化物，或同时在 F 相界面和 F 相内部沉淀成碳化物。因此，贝氏体的形成取决于形成温度和过冷奥氏体含碳量。

（1）上贝氏体的形成过程　相变时，先在过冷奥氏体晶界处或晶界附近的贫碳区生成贝氏体 F 相晶核（图 7-32a），并且成排地向晶粒内长大。已经长大的条状 F 相前沿的 C 原子不断向两侧扩散，而且 F 相多余的 C 原子也将通过扩散向两侧的界面移动。由于 C 原子在 F 相中的扩散速度大于在奥氏体中的扩散速度，在较低温度下，C 原子在晶界处发生富集（图 7-32b），当富集的 C 浓度相当高时，在条状 F 相间形成 Fe_3C，进而转变为典型的上贝氏体（图 7-32c 和图 7-32d）。

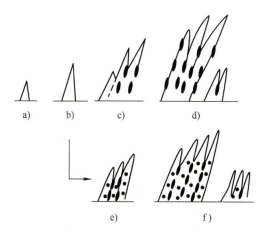

图 7-32　上贝氏体的形成过程

当上贝氏体的形成温度较低或钢的含碳量较高时，上贝氏体形成时于条状 F 相间沉淀碳化物的同时，在条状 F 相内也沉淀出少量的多向分布的 Fe_3C 小颗粒（图 7-32e 和图 7-32f）。

（2）下贝氏体的形成过程　在中高碳钢中，贝氏体转变温度比较低时，在奥氏体晶界或晶粒内部某些贫碳区形成 F 相晶核（图 7-33a），并按切变共格方式长大成片状或透镜状（图 7-33b）。由于转变温度较低，C 原子扩散困难，较难迁移至晶界，和 F 相共格长大的同时，C 原子只能在 F 相的某些亚晶界或晶面上沉淀为细片状碳化物（图 7-33c）。与马氏体转变相似，当一片 F 相长大时，会促使其他方向的片状 F 相形成（图 7-33d），从而形成典型的下贝氏体。

如果钢的含碳量相当高，而且下贝氏体的转变温度又不过低时，形成的下贝氏体不仅在片状 F 相中形成碳化物，而且在 F 相边界上也有少量碳化物形成（图 7-33e 和图 7-33f）。

（3）粒状贝氏体的形成过程　一般认为某些低合金钢中出现的粒状贝氏体是由无碳化物贝氏体演变而来的。当无碳化物贝氏体的条状铁素体长大到彼此汇合时，剩下的岛状富碳奥氏体便被铁素体包围，沿铁素体条间呈条状断续分布。因为钢的含碳量低，岛状奥氏体中的含碳量不至于过高而析出碳化物，这样就形成了粒状贝氏体。如果延长等温时间或进一步降低温度，则岛状富碳奥氏体将有可能分解为珠光体或转变为马氏体，也有可能保留到室温。

3. 贝氏体的力学性能

贝氏体的力学性能取决于贝氏体的形态、尺寸大小和分布，以及贝氏体与其他组织的相对含量等。由于铁素体和渗碳体是贝氏体中最主要的组成相，且铁素体又是基本相，因此铁素体的强度是贝氏体强度的基础。

下贝氏体与上贝氏体相比较，下贝氏体不仅具有较高的硬度和耐磨性，而且强度、韧性和塑性均高于上贝氏体。图7-34所示为共析钢的力学性能与等温转变温度的关系。在350～550℃范围内，上贝氏体硬度越低，其冲击韧性也越低，而下贝氏体则相反。所以工业生产中，常采用等温淬火来获得下贝氏体，以防止产生上贝氏体。

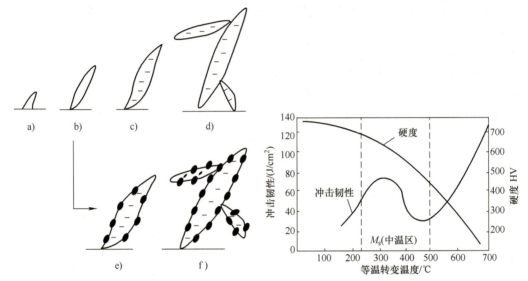

图7-33 下贝氏体的形成过程　　图7-34 共析钢的力学性能与等温转变温度的关系

7.2.5 钢的回火转变

工业生产中淬火工件不能直接使用，淬火后必须回火。何为回火？回火是指淬火钢加热到临界点（A_{c1}）以下某温度，保温一段时间，然后冷却到室温的工艺方法。

淬火钢的回火目的，可以从三方面分析：

1）稳定组织。钢淬火后获得马氏体，马氏体是碳在 α-Fe 中的过饱和组织，极不稳定且易于分解，可通过回火使马氏体分解。中高碳钢淬火后组织中还有未转变的残余奥氏体，奥氏体是高温相，室温下不稳定，可通过回火使残余奥氏体发生转变。

2）消除应力。过冷奥氏体转变为马氏体，比体积增大，产生组织应力。高温加热件在冷却介质（水、油）中快速冷却也产生热应力，特别是片状马氏体。片状马氏体有大量显微裂纹，淬火件在淬火过程中及直接使用时极易变形、开裂。因此，必须通过回火消除应力，避免变形、开裂。

3）调整性能。钢淬火后获得马氏体，特别是片状马氏体，其强度、硬度高，但塑性、韧性差，可通过回火降低硬度，提高塑性、韧性，满足不同工况条件下工件的性能需要。同种钢通过淬火、回火调整，可具有多种性能，满足不同工件的需要。

1. 回火组织转变

淬火组织中不稳定的马氏体、奥氏体（有时还有一些未溶的碳化物）经不同温度（低温→高温）回火，逐渐转变为平衡状态的 F 相和 Fe_3C，但在不同温度区间其转变方式不同，可分成五个阶段进行分析。

（1）碳原子偏聚（25～100 ℃）　淬火后的马氏体是过饱和固溶体，极不稳定，M_s 较高的钢在淬火冷却过程中及在室温停留时，碳原子即可从马氏体的八面体间隙位置向缺陷处扩散，在位错孪晶界面处偏聚，形成富碳区。金相组织观察不到这种偏聚，但通过电阻、硬度变化可以间接证实这种晶内碳原子偏聚区的存在。

（2）马氏体分解（100～250 ℃）　随着回火温度升高，马氏体内的富碳区析出碳化物，由单相变成两相。此时马氏体含碳量在不断下降，正方度不断减少。下面就片状马氏体、板条马氏体分别叙述。

1）片状马氏体的分解。随着回火温度的升高和回火时间的延长，在碳原子偏聚区（富碳区）析出碳化物，此时碳化物不同于 Fe_3C，为 ε-碳化物（$Fe_{2\sim3}C$），具有密排六方结构。ε-碳化物细小，光镜观察不到，可通过电镜观察。与碳化物析出相对应，此时基体马氏体中的含碳量下降，正方度 c/a 减少，回火温度越高，分解越充分，马氏体的含碳量越低，c/a 接近于 1。

由于回火温度不同，碳原子的扩散能力不同，马氏体的分解方式也有所不同。在 20～150 ℃时是二相式分解，马氏体内富碳区析出 ε-碳化物，但在 20～150 ℃温度区间，由于温度低，碳原子的扩散能力低，只能在 ε-碳化物周围吸收到碳原子，因此 ε-碳化物周围马氏体的含碳量下降，形成贫碳区。而远处马氏体的含碳量未变，此时，马氏体片内部有两种浓度和两种正方度，所以称此阶段为二相式分解（双相分解），如图 7-35 所示。

温度大于 150 ℃时是连续式分解。回火温度升高，碳原子的扩散能力增强，可进行长距离扩散。马氏体内含碳量连续且均匀地下降，不再存在两种不同含碳量的 α 相，因此，将其称为连续式分解，又称单相分解。所谓 α 相，指马氏体未分解时为单相，当分解析出碳化物后变成两相，其基体称为 α 相，与未分解的马氏体相区别。

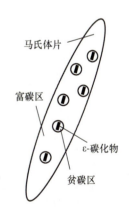

图 7-35　马氏体的二相式分解示意图

马氏体分解是个逐渐且连续变化的过程，主要在 100～250 ℃区间内进行，但碳钢直到 350 ℃左右才充分分解，α 相内碳原子浓度接近于平衡态，c/a 接近于 1。

2）板条马氏体的分解。板条马氏体在淬火过程中已经自回火析出碳化物（M_s 点较高），因此在 150 ℃以下回火时，继续偏聚，不析出 ε-碳化物（含碳量低，不足以形成碳化物）。当温度超过 200 ℃时，才通过连续分解析出碳化物。

综上所述，随着回火温度的提高，马氏体中的过饱和碳将不断以碳化物的形式析出，使马氏体中的含碳量不断下降。原始含碳量不同的马氏体，随着碳的不断析出，含碳量将趋于一致，即向平衡状态过渡。经过低温（<250 ℃）分解的马氏体称为回火马氏体。

（3）残余奥氏体转变（200～300 ℃）　回火过程的残余奥氏体转变主要发生在中高碳（合金）钢中残余奥氏体较多情况下。残余奥氏体转变在 100 ℃甚至更低温度就开始发生，只是 200 ℃后比较明显。残余奥氏体是高温相，室温下为不稳定组织，有转变的倾向。当回火加热时，过饱和马氏体开始逐渐分解，马氏体的 c/a 减小，比体积减小，从而减小了马氏体对局部残余奥氏体的多向压应力,使残余奥氏体有转变的可能。而随回火温度升高,碳原子扩散能力增强,使残余奥氏体转变可以进行。

残余奥氏体转变过程与过冷奥氏体冷却时的转变过程基本一样,按照回火温度逐次分析如下。

1)20 ℃ ~ M_s。在此温度区间内加热回火,残余奥氏体转变为马氏体,但形成的马氏体又发生分解。对于共析钢,其 M_s 为 230 ℃。

2)200 ~ 300 ℃。该温度区间相当于贝氏体转变区间,残余奥氏体通常转变为下贝氏体,随之再发生分解,形成回火组织。

3)高于 300 ℃。如果回火温度升高则可发生残余奥氏体向珠光体转变的过程。碳钢的残余奥氏体在 300 ℃ 左右时,转变基本完成。合金钢的残余奥氏体转变温度可能会提高到 400 ℃ 或 500 ~ 600 ℃。

(4)碳化物转变(250 ~ 400 ℃) 马氏体分解时析出 ε-碳化物(100 ~ 250 ℃),随回火温度升高碳化物本身也发生转变(ε-碳化物转变为 Fe_3C)。低碳(合金)钢含碳量小于 0.2% 时,淬火后获得板条马氏体,在 200 ℃ 以上回火时,从富碳区(碳原子偏聚区)直接析出 Fe_3C。而中等含碳量(大于 0.2% 且低于 0.6%)的钢淬火后的马氏体,在回火时,首先析出 ε-碳化物与马氏体基体保持共格关系,随回火温度升高,ε-碳化物转变为 Fe_3C。含碳量大于 0.6% 的高碳钢,马氏体分解时析出亚稳定的 ε-$Fe_{2~3}C$,随回火温度升高,250 ℃ 以上 ε-$Fe_{2~3}C$ 转化为较稳定的 χ-Fe_5C_2。当回火温度升至 300 ℃ 以上时,χ-Fe_5C_2 又开始转变为 Fe_3C,到 450 ℃ 以上时,全部转变为 Fe_3C。

不同结构的碳化物相互转化时,可能有两种方式。一种是原位转变,在 ε-碳化物上发生成分及点阵的变化而转化为 Fe_3C。另一种是离位转变,即原 ε-碳化物溶解在基体中,Fe_3C 从基体中重新独立形核、长大。

(5)α 相回复再结晶(400 ~ 700 ℃) 将回火开始后,从马氏体析出碳化物到形成平衡态铁素体之间的基体都称为 α 相。不同于马氏体,也不同于平衡态铁素体,α 相是一个泛称。

对于板条马氏体来说,随回火温度升高,板条内位错逐渐减少,400 ℃ 左右时板条内位错重新排列,构成亚晶粒,外形仍为板条(回复阶段),超过 600 ℃ 时再结晶成等轴状。

对于片状马氏体来说,回火温度为 250 ~ 400 ℃ 时孪晶消失,出现位错,400 ℃ 时发生回复,600 ℃ 时再结晶成等轴状。

有必要指出,回火组织变化的五个阶段是人为划分的,便于讨论分析问题。实际上回火过程各种组织转变是连续进行的,不是突变过程而是渐变过程。各种转变不是截然分开的,而是无严格界限、相互交叉重叠。一般淬火钢在 300 ℃ 以下回火时,淬火马氏体分解为回火马氏体。回火温度为 400 ℃ 左右时,在碳钢和低合金钢中将得到板条状或片状铁素体和细粒状的碳化物的混合物,称为回火屈氏体。如果在 500 ℃ 以上回火时,粒状碳化物进一步聚集,铁素体发生回复,马氏体板条或针逐步消失,得到的组织为等轴铁素体和大颗粒碳化物的混合物,称为回火索氏体。

2. 合金元素对回火转变的影响

合金钢是在碳钢基础上加入合金元素构成,淬火组织在回火过程的组织转变规律基本相同,但由于合金元素对不同组织转变的影响,使得合金钢回火转变过程更为复杂。其中,高合金钢的回火转变有其特殊性。

（1）马氏体分解　合金元素中碳化物形成元素和碳有较强的亲和力。因此，在马氏体分解的转变过程中，碳化物形成元素会阻碍碳的扩散，阻碍碳原子从马氏体中析出，减缓碳化物的聚集长大，即降低马氏体分解速度。与碳钢相比，在同样回火温度下，马氏体的含碳量下降缓慢，或者说马氏体分解被推迟到更高温度。

如果某碳钢与某合金钢淬火后的硬度相同，但在同样回火温度下回火后，合金钢具有较高的回火稳定性。如W18Cr4V钢在560 ℃下回火，仍属于低温回火。

（2）残余奥氏体转变　由于合金钢中加入合金元素的种类和数量不同，合金元素对残余奥氏体转变的影响各不相同。与前文所述碳钢的残余奥氏体转变过程基本一样，合金钢回火过程中残余奥氏体可以转变为马氏体或下贝氏体。对于合金钢，存在残余奥氏体转变被推迟到更高温度区间进行的情况，转变为贝氏体或珠光体。对于某些高碳高合金钢，由于含碳量高、合金元素多、淬火后残余奥氏体多且稳定，因此残余奥氏体在回火保温时不发生转变，只是析出合金碳化物。但由于合金碳化物带走了碳及合金元素，使残余奥氏体合金化程度和稳定性降低。因此，在回火冷却过程中，部分残余奥氏体将转变为马氏体。

这种回火保温时未转变的残余奥氏体，在空冷时转变为马氏体的现象称为二次淬火。二次淬火获得的马氏体是新生马氏体，未经过回火，所以必须再回火。而再回火时又可能存在部分残余奥氏体，又发生二次淬火，因此又需再回火。比如，W18Cr4V钢在1280 ℃淬火后，需在560 ℃下回火1 h，重复3~4次。

（3）碳化物转变　碳钢回火时马氏体分解析出的碳化物主要为ε-碳化物、χ-Fe_5C_2和Fe_3C，而合金钢马氏体中析出的碳化物除ε-碳化物、合金渗碳体（Fe，Me）$_3$C外，还可能包括特殊碳化物（$Cr_{23}C_7$、Cr_7C_3、VC、TiC等）。

合金钢在回火时，随回火温度升高，回火时间延长，合金元素将重新分布，非碳化物形成元素（Si、Al等）逐渐扩散到α相中，碳化物形成元素（Cr、W、Mo、V、Ti）将富集到合金渗碳体内。随碳化物内合金元素含量增多，合金渗碳体有可能转化为特殊碳化物，如Fe_3C→合金渗碳体（FeCr）$_3$C→特殊碳化物（CrFe）$_7C_3$。

合金渗碳体转化为特殊碳化物通常以原位转变、离位转变两种方式进行。若以离位转变方式进行，在合金渗碳体溶解、特殊碳化物析出的初期，特殊碳化物高度弥散且与基体α相共格，可引起硬度升高（析出强化）。合金钢淬火后随回火温度升高，硬度逐渐下降，但在特殊碳化物弥散析出时，硬度反而升高，这种现象称为二次硬化。回火温度再升高，特殊碳化物聚集长大，硬度又逐渐降低。如图7-36所示，回火温度对低碳钼钢马氏体硬度的影响说明了这一现象。需要注意，高碳高合金钢在回火时会发生二次淬火和二次硬化现象，二者均可使回火硬度升高，但本质不同。

（4）α相回复再结晶　合金钢回火时，合金元素自身扩散慢，碳化物形成元素又阻碍碳原子的扩散，回火时又可能析出特殊碳化物，碳化物难以聚集长大。受多种因素影响，α相回复再结晶温度及整个回火过程被推迟到更高温度。前面已提到W18Cr4V钢在560 ℃时回火相当于碳钢的低温回火（150~250 ℃）过程。

3. 回火过程力学性能的变化

淬火钢回火的主要目的是提高韧性和塑性，获得韧性、塑性与强度、硬度间的良好配合，以满足不同工件对性能的要求。随着回火温度和时间的变化，力学性能将发生变化，这

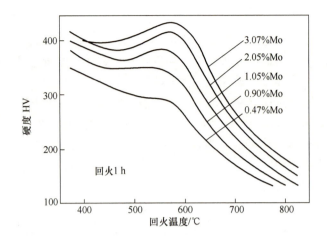

图 7-36　回火温度对低碳钼钢马氏体硬度的影响

种变化与以上讨论的显微组织变化存在密切的联系。

(1) 回火过程力学性能变化的总趋势　随着回火温度升高，硬度下降，塑性、韧性提高。因此，可以说淬火是个强化过程，回火是个软化过程。回火是牺牲强度、硬度换取塑性、韧性的过程。

回火过程之所以引起硬度、强度下降，原因有三。其一，马氏体内含碳量逐渐下降，即固溶强化作用减弱。其二，碳化物颗粒逐渐聚集长大、粗化，即析出强化作用减弱。其三，α 相回复再结晶，即位错强化作用减弱。

(2) 硬度变化　碳钢在 200 ℃ 以下回火时，由于马氏体分解，固溶强化作用减弱，引起硬度下降，而 ε-碳化物弥散析出，弥散强化作用可引起硬度升高。因此，此阶段回火过程中硬度变化不大。高碳钢中的 ε-碳化物析出数量多，还可使硬度略有上升。在 200～300 ℃ 回火时，马氏体分解引起硬度下降，但此时残余奥氏体转变为马氏体或下贝氏体，有一定强化作用，又可使硬度升高，综合作用的结果是该阶段硬度下降减缓。

回火温度超过 300 ℃ 后，由于马氏体充分分解，Fe_3C 长大粗化，α 相回复再结晶等原因，使硬度明显降低。

对于合金钢来说，上述转变过程被推迟到较高温度，因此硬度下降较碳钢缓慢。经相同温度回火后合金钢回火硬度高于碳钢，对于某些高碳高合金钢，在一定温度回火时，由于二次淬火、二次硬化作用，硬度显著升高。如 W18Cr4V 钢淬火后，硬度为 62～65 HRC，若在 300 ℃ 时回火，硬度可降到 58 HRC，但在 560 ℃ 下回火 1 h，重复 3 次后，硬度可达到 63～66 HRC。

(3) 塑性、韧性变化　随回火温度升高，钢内热应力、组织应力逐渐减小，马氏体的过饱和度、正方度 c/a 逐渐降低，片状马氏体显微裂纹被焊合减少，这些因素均使塑性、韧性提高。

结合上述回火过程中钢的力学性能变化，工业生产中可根据不同需要进行相应回火。比如，低碳钢淬火后获板条马氏体，板条马氏体具有良好的强度和韧性，因此，一般仅进行低温回火，消除工件内应力。中高碳钢低温回火后，其硬度高且耐磨性好，但塑性、韧性较低，多用于高碳钢制备的工具、模具等耐磨件；中温回火后具有较高弹性，多用于弹簧零件；高温回火后强度、硬度虽降低，但塑性、韧性好，即具有良好综合力学性能，多用于中碳钢制备的机械结构零件，如轴、销等。

（4）回火脆性 回火时随回火温度升高，钢的强度、硬度下降，韧性提高，但在某些温度范围内回火，韧性反而降低，此现象称为回火脆性。

1）第一类回火脆性（不可逆回火脆性）。回火温度范围是 250~400 ℃时，回火过程可出现第一类回火脆性。第一类回火脆性特点如下：

① 几乎所有钢在此温度范围内回火均出现回火脆性，但合金元素不同，温度范围也有些差别。如 GCr15 钢 200~240 ℃，CrWMn 钢 250~300 ℃，Cr12MoV 钢 290~330 ℃。

② 在此温度范围内回火产生的回火脆性，可在高温回火中消除。若在此温度范围内重新加热回火，也不产生回火脆性，即第一类回火脆性是不可逆的。

③ 在此温度范围回火，回火后快冷或慢冷均产生回火脆性。

采用下面的措施，可以防止第一类回火脆性产生。

① 提高钢的冶金质量，降低杂质元素含量。

② 采用等温淬火工艺代替淬火回火工艺。

③ 不在此温度范围内回火。可使钢在 150~250 ℃内进行低温回火，或在 350~500 ℃内进行中温回火。

2）第二类回火脆性（可逆回火脆性）。发生第二类回火脆性的温度范围为 450~650 ℃。其具有如下特点：

① 回火加热保温后慢冷（炉冷、空冷），出现回火脆性，回火后快冷（水冷、油冷），不出现回火脆性或显著减少。

② 回火时进行了长时间保温的，回火后快冷也出现回火脆性。

③ 已有回火脆性的工件，在此温度范围内加热后快冷，不出现回火脆性。而没有回火脆性的工件，在此温度范围内加热后慢冷，又将出现回火脆性，因此，也称其为可逆回火脆性。

防止第二类回火脆性的办法如下：

① 提高冶金质量，减少杂质。

② 加入 Mo、W 合金元素（或者选用含 Mo、W 的合金钢）。

③ 回火后快冷，但大件不适宜，只有中小型简单件可达到快冷效果，同时，生产中回火快冷后，需要去应力回火。

④ 可采用等温淬火、亚温淬火代替常规淬火。

4. 回火时内应力变化

工件淬火后必然产生内应力，其包括热应力、组织应力。热应力是由于淬火时高温快速冷却造成的热胀冷缩，是因工件内外温度不一致而形成的应力。组织应力则是由于 A 向 M 转变，马氏体比体积大造成的体积膨胀以及相变不同步性（工件表面和心部、厚截面和薄截面处相变的时间不同）造成的组织应力。

工件内应力可根据内应力存在范围分成三类：第一类内应力为宏观区域性内应力；第二类内应力为几个晶粒内的微观区域内应力；第三类内应力是由于溶质原子或共格关系引起晶格弹性畸变产生的内应力。

随回火温度升高，原子活动能力增强，晶体缺陷及内应力逐渐下降消失。第一类内应力在150 ℃回火时仅减少25%～30%，在300 ℃时仍有5%，在550～600 ℃回火时基本消除。第二类内应力在150 ℃回火时下降很少，在200～300 ℃回火时下降缓慢，在400～500 ℃回火时基本消除。第三类内应力在300 ℃马氏体分解完毕时也随之消失。

最后要指出，回火时硬度下降较快，一般半小时左右，硬度即可达到需要的硬度值，但内应力需随时间延长逐渐降低，要有足够的时间才能消除。因此，一般回火至少需要保温1 h，保温时间不可太短。回火不单是为了达到硬度要求，还有稳定组织、消除应力的目的。

7.3 钢的退火与正火

钢的热处理工艺就是通过加热、保温和冷却的方法改变钢的组织结构，以获得工件所要求性能的一种热加工技术。钢在加热和冷却过程中的组织转变规律为制订正确的热处理工艺提供了理论依据，为使钢获得特定的性能，其热处理工艺参数的确定必须使具体工件满足钢的组织转变规律。

根据加热、冷却方式及获得的组织和性能的不同，钢的热处理工艺可分为普通热处理（退火、正火、淬火和回火）、表面热处理（表面淬火和化学热处理）及形变热处理等。

按照热处理工艺在零件整个生产过程中位置和作用的不同，热处理工艺又分为预备热处理和最终热处理。本节主要介绍退火与正火。

退火和正火是生产上应用很广泛的预备热处理工艺。在机器零件加工过程中，退火和正火是一种先行工艺，具有承上启下的作用。大部分机器零件及工模具的毛坯经退火或正火后，不仅可以消除铸件、锻件及焊接件的内应力及成分和组织不均匀性，而且也能改善和调整钢的力学性能和工艺性能，为下道工序做好组织性能准备。对于一些受力不大、性能要求不高的机器零件来说，退火和正火亦可作为最终热处理。对于铸件，退火和正火通常就是最终热处理。

7.3.1 退火

退火是将钢加热至适当温度（临界点A_{c1}以上或以下），保温以后缓慢冷却（一般为随炉冷却），以获得接近平衡组织的热处理工艺。其主要目的是均匀钢的化学成分及组织，细化晶粒，调节硬度，消除内应力和加工硬化，改善钢的成形及切削加工性能，并为淬火做好组织准备。

退火工艺种类很多，按加热温度可分为在临界温度（A_{c1}或A_{c3}）以上或以下的退火。加热到临界温度以上的退火称为相变重结晶退火，包括完全退火、扩散退火、不完全退火和球化退火。临界温度以下的退火包括再结晶退火及去应力退火。部分退火方法的加热温度范围和工艺曲线如图7-37所示。按照冷却方式，退火可分为等温退火和连续退火。

1. 完全退火

完全退火又称重结晶退火，主要用于亚共析钢。是把钢加热至A_{c3}以上20～30 ℃，保温一定时间后缓慢冷却（随炉冷却或埋入石灰和砂中冷却），以获得接近平衡组织的热处理工艺。亚共析钢经完全退火后得到的组织是F和P。

完全退火的目的如下：

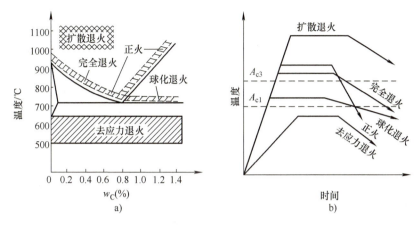

图 7-37 部分退火方法的加热温度范围和工艺曲线
a）加热温度范围 b）工艺曲线

1）通过重结晶，均匀和细化热加工造成的粗大、不均匀的组织，以提高性能。
2）使中碳以上的碳钢和合金钢得到接近平衡状态的组织，以降低硬度，改善切削加工性能。
3）冷却速度缓慢，可消除内应力。

过共析钢不宜采用完全退火，因为加热到 A_{ccm} 以上慢冷时，二次渗碳体会以网状形式沿奥氏体晶界析出，使钢的韧性大大下降，并可能在后续的热处理中引起裂纹。

2. 等温退火

等温退火是将钢件或毛坯加热到高于 A_{c3}（或 A_{c1}）的温度进行保温，再以较快的速度冷却到珠光体转变区的某一温度后等温保持，奥氏体发生等温转变，然后缓慢冷却的热处理工艺。

等温退火的目的与完全退火相同，但转变较易控制，能获得均匀的组织。对于奥氏体较稳定的合金钢，可缩短其退火时间。

3. 球化退火

球化退火是使钢中碳化物球化的热处理工艺。球化退火主要用于过共析钢、共析钢（如工具钢、滚珠轴承钢等），目的是使二次渗碳体及珠光体中的渗碳体球化（球化退火前需先进行正火使网状二次渗碳体溶解破碎），以降低硬度，改善切削加工性能，并为淬火做组织准备。

球化退火一般采用随炉加热，加热温度略高于 A_{c1}，以便保留较多的未溶碳化物粒子，保证奥氏体中碳原子浓度的不均匀性，促进球状碳化物的形成。若加热温度过高，二次渗碳体易在慢冷时以网状的形式析出。球化退火需要较长的保温时间来保证二次渗碳体的自发球化。保温后随炉冷却，在冷却经过 A_{r1} 温度范围时，应足够缓慢，使奥氏体进行共析转变时，能够以未溶渗碳体粒子为核心形成粒状渗碳体。

4. 扩散退火

为减少钢锭、铸件或锻坯的化学成分和组织不均匀性，将其加热到略低于固相线的温度，长时间保温并进行缓慢冷却的热处理工艺，称为扩散退火或均匀化退火。

扩散退火的加热温度一般选定在钢的熔点以下 100～200 ℃，保温时间一般为 10～15 h。加热温度提高时，扩散时间可以缩短。扩散退火后钢的晶粒很粗大，一般需要再进行完全退火或正火处理。

5. 去应力退火

为消除铸造、锻造、焊接、机加工、冷变形等冷热加工在工件中造成的残余应力而进行的低温退火，称为去应力退火。去应力退火是将钢件加热至低于 A_{c1} 的某一温度（一般为 500~650 ℃）保温，然后随炉冷却，这种处理方法可以消除 50%~80% 的内应力，而且不引起组织变化。

7.3.2 正火

钢材或钢件加热到 A_{c3}（亚共析钢）、A_{c1}（共析钢）或 A_{ccm}（过共析钢）以上 30~50 ℃，保温适当时间后，在自由流动的空气中均匀冷却的热处理称为正火。亚共析钢正火后的组织为 F 和 S，共析钢正火后的组织为 S，过共析钢正火后的组织为 S 和 Fe_3C_{II}。

正火既可以作为预先热处理，也可作为最终热处理。

截面较大的合金结构钢件，在淬火或调质处理（淬火加高温回火）前进行正火，可以消除魏氏组织和带状组织，并获得细小而均匀的组织。可减少过共析钢中的二次渗碳体，并避免形成连续网状的二次渗碳体，为球化退火做组织准备。低碳钢或低碳合金钢退火后硬度太低，不便于切削加工。正火可提高其硬度，改善其切削加工性能。

正火可以细化晶粒，使组织均匀化，减少亚共析钢中铁素体含量，使珠光体含量增多并细化晶粒，从而提高钢的强度、硬度和韧性。对于普通结构钢零件，力学性能要求不高时，可把正火作为最终热处理。

7.4 钢的淬火

钢的淬火与回火是热处理工艺中最重要、也是用途最广泛的工序。淬火可以显著提高钢的强度和硬度。为了消除淬火钢的残余内应力，得到不同强度、硬度和韧性配合的性能，需要配以不同温度的回火。所以淬火和回火又是不可分割的、紧密衔接在一起的两种热处理工艺。淬火、回火作为各种机器零件及工模具的最终热处理是赋予钢件最终性能的关键性工序，也是钢件热处理强化的重要手段之一。

将钢加热到相变温度以上，保温一定时间，然后快速冷却以获得马氏体组织的热处理工艺称为淬火。淬火是钢最重要的强化方法之一。

7.4.1 淬火工艺

1. 淬火温度的选定

在一般情况下，亚共析钢的淬火加热温度为 A_{c3} 以上 30~50 ℃，共析钢和过共析钢的淬火加热温度为 A_{c1} 以上 30~50 ℃，如图 7-38 所示。

亚共析钢加热到 A_{c3} 以下时，淬火组织中会保留铁素体，使钢的硬度降低。过共析钢加热到 A_{c1} 以上时，组织中会保留少量二次渗碳体，有利于提高钢的硬度和耐磨性，此时奥氏体中的含碳量不高，可降低马氏体的回火脆性。此外，还可减少淬火后残余奥氏体的含量。若淬火温度太高，会形成粗大的马氏体，使力学性能恶化，同时，增大淬火应力，使变形和开裂倾向增大。

2. 加热时间的确定

加热时间包括升温和保温两个阶段。通常把装炉后炉温达到淬火温度的过程作为升温阶段，并以到达淬火温度的时刻为保温的开始，保温阶段是指均匀钢件内外温度并完成奥氏体化所需的时间。保温时间根据钢件直径或厚度决定，一般为 15 min/mm。

3. 淬火冷却介质

常用的冷却介质是水和油。水在 200～300 ℃ 和 550～650 ℃ 范围内的冷却能力较强，但容易造成工件的变形和开裂，这是它的最大缺点。提高水温会降低 550～650 ℃ 范围内的冷却能力，但对 200～300 ℃ 范围内的冷却

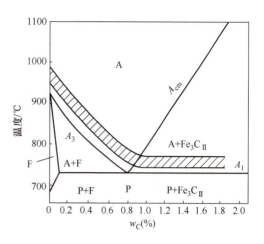

图 7-38 钢的淬火温度

能力几乎没有影响。这既不利于淬硬，也不能避免变形，所以淬火用水的温度通常控制在 30 ℃ 以下。水在生产上主要用于形状简单、截面较大的碳钢工件的淬火。

淬火用油为各种矿物油（如机油、变压器油等）。它的优点是在 200～300 ℃ 范围内冷却能力弱，有利于减少工件的变形。它的缺点是在 550～650 ℃ 范围内的冷却能力也弱，不利于钢的淬硬，所以油一般作为合金钢的淬火介质。

为了减少工件淬火时的变形，可用碱浴和盐浴作为淬火介质。热处理常用碱浴和盐浴的成分、熔点及使用温度见表 7-4。这些介质主要用于分级淬火和等温淬火。其特点是沸点高、冷却能力介于水和油之间，常用于处理形状复杂、尺寸较小、变形要求严格的工具等。

表 7-4 热处理常用碱浴和盐浴的成分、熔点及使用温度

冷却介质	成分（质量分数）	熔点/℃	使用温度/℃
碱浴	w_{KOH}（80%）+ w_{NaOH}（20%），外加 w_{H_2O}（6%）	130	140～250
硝盐	w_{KNO_3}（55%）+ w_{NaNO_2}（45%）	137	150～500
硝盐	w_{KNO_3}（55%）+ w_{NaNO_3}（45%）	218	230～550
中性盐	w_{KCl}（30%）+ w_{NaCl}（20%）+ w_{BaCl_2}（50%）	560	580～800

4. 淬火方法

常用的淬火方法有单液淬火、双液淬火、分级淬火和等温淬火等，如图 7-39 所示。

（1）单液淬火 工件在一种介质（水或油）中冷却。操作简单，易于实现机械化，应用广泛。但在水中淬火应力大，工件容易变形、开裂；在油中淬火，冷却速度小，淬透直径小，大件不易淬透。

（2）双液淬火 工件先在具有较强冷却能力的介质中冷却到 300 ℃ 左右，再在一种冷却能力较弱的介质中冷却，如先水淬后油淬，可有效减少热应力和相变应力，减小工件变形、开裂的倾向。常用于形状复杂、截面不均匀的工件淬火。缺点是难以掌握双液转换的时刻，转换过早易淬不硬，转换过迟易淬裂。

（3）分级淬火 工件迅速放入低温盐浴或碱浴炉（盐浴或碱浴的温度略高于或略低于

M_s 点）保温 2~5 min，然后取出空冷进行马氏体转变，这种冷却方式叫作分级淬火。可大大减小淬火应力，防止变形、开裂。分级温度略高于 M_s 点的分级淬火适合小件的处理（如刀具）。分级温度略低于 M_s 点的分级淬火适合大件的处理，在 M_s 点以下分级的效果更好。例如，高碳钢模具在 160 ℃ 的碱浴中分级淬火，既能淬硬，变形又小。

（4）等温淬火　工件迅速放入盐浴（盐浴温度在贝氏体区的下部，稍高于 M_s 点）中，等温停留较长时间，直到贝氏体转变结束，取出空冷获得下贝氏体组织。等温淬火常用于中碳以上的钢，目的是获得下贝氏体组织，以提高强度、硬度、韧性和耐磨性。低碳钢一般不采用等温淬火。

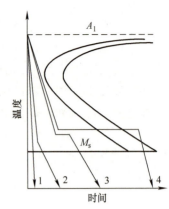

图 7-39　不同淬火方法示意图
1—单液淬火　2—双液淬火
3—分级淬火　4—等温淬火

7.4.2　钢的淬透性与淬硬性

对钢进行淬火希望获得马氏体组织，但一定尺寸和化学成分的钢件在某种介质中淬火能否得到全部马氏体则取决于钢的淬透性。淬透性是钢的重要工艺性能，也是选材和制订热处理工艺的重要依据之一。

1. 淬透性的基本概念

对钢进行淬火时形成马氏体的能力叫作钢的淬透性。不同成分的钢淬火时形成马氏体的能力不同，容易形成马氏体的钢淬透性高（好），反之则低（差）。

淬透性的大小用钢在一定的条件下淬火获得的淬透层的深度表示。一定尺寸的工件在某介质中淬火，其淬透层的深度与工件截面各点的冷却速度有关。如果工件截面中心的冷却速度高于钢的临界淬火速度，工件就会淬透。然而工件淬火时表面冷却速度最大，心部冷却速度最小，由表面至心部冷却速度逐渐降低（图 7-40a）。只有冷却速度大于临界淬火速度的工件外层部分才能得到马氏体（图 7-40b 中阴影部分），这就是工件的淬透层；而冷却速度小于临界淬火速度的心部只能获得非马氏体组织，这就是工件的未淬透区。

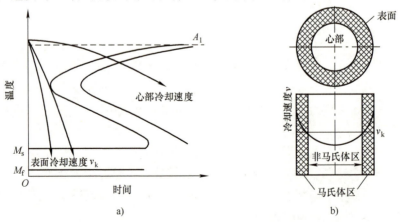

图 7-40　工件截面不同冷却速度与未淬透区示意图

2. 淬透性的测定方法

测定淬透性的方法有临界直径法（GB/T 1299—2014）和末端淬火试验法（GB/T 225—2006）。用这两种方法表示钢的淬透性，必须保证在相同试样尺寸和相同淬火冷却介质条件下进行比较，以消除试样截面尺寸和淬火冷却介质的冷却能力对淬透层深度的影响。

将标准试样（φ25 mm×100 mm）加热奥氏体化后，迅速放入末端淬火试验机的冷却孔中，喷水冷却。规定喷水管内径为 12.5 mm，水柱自由高度为（65±10）mm，水温为（20±5）℃。图 7-41a 为末端淬火法示意图。显然，喷水端冷却速度最大，距末端沿轴向距离增大，冷却速度逐渐减小，其组织及硬度亦逐渐变化。在试样测面沿长度方向磨一深度为 0.4~0.5 mm 的窄条平面，然后从末端开始，每隔一定距离测量一个硬度值，即可测得试样沿长度方向上的硬度变化，所得曲线称为淬透性曲线（图 7-41b）。

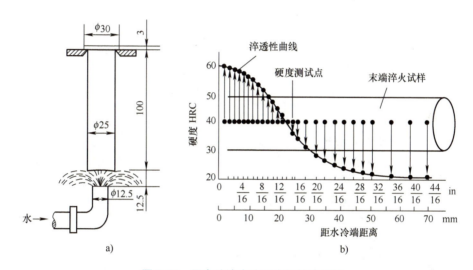

图 7-41 用末端淬火法测定钢的淬透性
a）末端淬火法示意图　b）淬透性曲线

实验测出的各种钢的淬透性曲线均收集在有关手册中。同一牌号的钢，由于化学成分和晶粒度的差异，淬透性曲线实际上为有一定波动范围的淬透性带。

根据 GB/T 225—2006 规定，钢的淬透性值用 J××-d 表示。其中，J 表示末端淬火的淬透性，d 表示距水冷端距离，×× 为该处的洛氏硬度（HRC），或为该处的维氏硬度（HV30）。例如，淬透性值为 J35-15 表示距水冷端 15 mm 处试样的硬度为 35 HRC，JHV450-10 表示距水冷端 10 mm 处的硬度为 450HV30。

在实际生产中，往往要测定淬火工件的淬透层深度，淬透层深度是从试样表面至半马氏体区（马氏体和非马氏体组织各占一半）的距离。在同样淬火条件下，淬透层深度越大，钢的淬透性越好。

半马氏体组织比较容易由显微形貌或硬度的变化来确定。含非马氏体组织体积分数不大时，硬度变化不大，非马氏体组织体积分数增至 50% 时，钢硬度陡然下降，曲线上出现明显转折点，如图 7-42 所示。另外在淬火试样的断口上，也可看到以半马氏体为界，发生由脆性断裂过渡为韧性断裂的变化，并且其酸蚀断面呈现明显的明暗界线。半马氏体组织和马氏体一样，硬度主要与含碳量有关，而与合金元素含量的关系不大，如图 7-43b 所示。

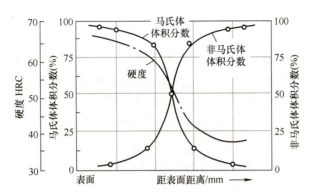

图7-42 淬火试样断面上马氏体体积分数和硬度的变化

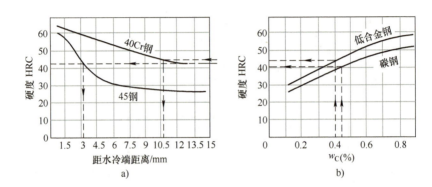

图7-43 利用淬透性曲线比较钢的淬透性

a) 45钢和40Cr钢的淬透性曲线 b) 半马氏体硬度与含碳量的关系曲线

需要指出，钢的淬透性与实际工件的淬透层深度并不相同。淬透性是钢在规定条件下的一种工艺性能，而淬透层深度是指实际工件在具体条件下淬火得到的表面马氏体到半马氏体处的距离，它与钢的淬透性、工件的截面尺寸和淬火冷却介质的冷却能力等有关。淬透性好、工件截面小、淬火介质的冷却能力强，则淬透层深度大。

钢淬火后硬度会大幅度提高，能够达到的最高硬度叫作钢的淬硬性，它主要取决于马氏体的含碳量。含碳量小于0.6%的钢淬火后硬度可用式（7-2）估算，即

$$\text{洛氏硬度(HRC)} = 60\sqrt{C} + 16 \tag{7-2}$$

式中 C——钢的含碳量去掉百分号的数字。如40钢水淬后的硬度约为54 HRC。

3. 影响淬透性的因素

钢的淬透性由其临界冷却速度决定。临界冷却速度越小，奥氏体越稳定，则钢的淬透性越好。因此，凡是影响奥氏体稳定性的因素，均影响钢的淬透性。

（1）含碳量 碳钢的含碳量影响其临界冷却速度。亚共析钢随含碳量减少，临界冷却速度增大，淬透性降低。过共析钢随含碳量增加，临界冷却速度增大，淬透性降低。在碳钢中，共析钢的临界冷却速度最小，其淬透性最好。

（2）合金元素 除钴以外，其余合金元素溶于奥氏体后，会降低临界冷却速度，使C曲线右移，提高钢的淬透性，因此合金钢往往比碳钢的淬透性要好。

（3）奥氏体化温度 提高奥氏体化温度，将使奥氏体晶粒长大、成分均匀化，可减少

珠光体的形核率，降低钢的临界冷却速度，增加其淬透性。

（4）钢中未溶第二相　钢中未溶入奥氏体中的碳化物、氮化物及其他非金属夹杂物，可成为奥氏体分解的非自发核心，使临界冷却速度增大，降低淬透性。

4. 淬透性曲线的应用

利用淬透性曲线，可比较不同钢种的淬透性。淬透性是钢材选用的重要依据之一。利用半马氏体硬度曲线和淬透性曲线，找出钢的半马氏体区所对应的距水冷端距离。该距离越大，则淬透性越好。如图 7-43a 所示 40Cr 钢的淬透性比 45 钢要好。

淬透性不同的钢材经调质处理后，沿截面的组织和力学性能差别很大，如图 7-44 所示。40CrNiMo 钢整个截面都是回火索氏体，力学性能均匀、强度高、韧性好。而 40Cr 钢、40 钢的心部都为片状索氏体和铁素体，表层为回火索氏体，心部强度和韧性差。截面积较大、形状复杂以及受力较苛刻的螺栓、拉杆、锻模、锤杆等工件，要求截面力学性能均匀，应选用淬透性好的钢；而承受弯曲或扭转载荷的轴类零件，外层受力较大，心部受力较小，可选用淬透性较低的钢。

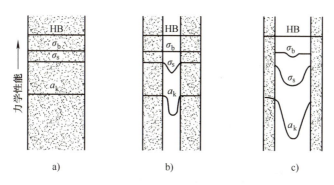

图 7-44　淬透性不同的钢调质处理后力学性能的比较
a）40CrNiMo 钢全淬透　b）40Cr 钢淬透较大厚度　c）40 钢淬透较小厚度

7.5　钢的回火

钢件淬火后，为了消除内应力并获得所要求的组织和性能，将其加热到 A_{c1} 以下某一温度，保温一定时间，然后以适当方式冷却到室温的热处理工艺叫作回火。

淬火钢一般不直接使用，必须进行回火。其目的如下：

1）淬火后得到的是性能很脆的马氏体组织，并存在内应力，容易产生变形和开裂。

2）淬火马氏体和残余奥氏体都是不稳定组织，在工作中会发生分解，导致零件尺寸的变化，这对精密零件来说是不允许的。

3）为了获得要求的强度、硬度、塑性和韧性，满足零件的使用要求。

对于一般碳钢和低合金钢，根据工件的组织和性能要求分类，回火可分为低温回火、中温回火和高温回火等。

7.5.1　低温回火

低温回火的回火温度为 150~250℃。在低温回火时，从淬火马氏体内部会析出 ε-碳化物薄片，马氏体的过饱和度减小。部分残余奥氏体转变为下贝氏体，但量不多。大部分残余奥氏体保留下来。所以低温回火后组织为回火马氏体和残余奥氏体。下贝氏体量少，可忽略。其中回火马氏体（回火 M）由极细的 ε-碳化物和低过饱和度的 α 固溶体组成。在显微镜下，高碳回火马氏体为黑针状，低碳回火马氏体为暗板条状，中碳回火马氏体为两者的混合物。图 7-45 是 T12 钢淬火和低温回火后的组织，包括高碳回火马氏体、粒状渗碳体、残余奥氏体。

低温回火的目的是降低淬火应力，提高工件韧性，保证淬火后的高硬度（一般为 58 ~ 64 HRC）和高耐磨性。其主要用于处理各种高碳钢工具、模具、滚动轴承以及渗碳和表面淬火的零件。

7.5.2 中温回火

中温回火的回火温度为 350 ~ 500 ℃。回火得到的铁素体基体与大量弥散分布的细粒状渗碳体的混合组织，叫作回火屈氏体（回火 T）。铁素体仍保留马氏体的形态，渗碳体比回火马氏体中的碳化物粗。

回火屈氏体具有高的弹性极限和屈服强度，同时也具有一定的韧性，硬度一般为 35 ~ 45 HRC。中温回火主要用于处理各类弹簧。

7.5.3 高温回火

高温回火的回火温度为 500 ~ 650 ℃。回火得到的粒状渗碳体和铁素体基体的混合组织，称为回火索氏体（图 7-46）。

图 7-45　T12 钢淬火和低温回火后的组织

图 7-46　回火索氏体

回火索氏体（回火 S）综合力学性能最好，即强度、塑性和韧性都比较好，硬度一般为 25 ~ 35 HRC。通常把淬火和高温回火称为调质处理，它广泛用于各种重要的机器结构件，如连杆、轴、齿轮等受交变载荷的零件，也可作为某些精密工具如量具、模具等的预先热处理。

钢调质处理后的力学性能和正火后的力学性能相比，不仅强度高，而且塑性和韧性也较好，这和它们得到的组织形态有关，见表 7-5。正火得到的是索氏体和铁素体，索氏体中的渗碳体为片状。调质得到的是回火索氏体，其渗碳体为细粒状。均匀分布的细粒状渗碳体起到了强化作用，因此回火索氏体的综合力学性能好。

表 7-5　45 钢（ϕ20 ~ ϕ40 mm）调质和正火后力学性能的比较

工艺状态	力学性能				组织
	抗拉强度 R_m/ MPa	伸长率 A（%）	吸收能量 K_{V2}/J	硬度 HBW	
调质	750 ~ 850	20 ~ 25	60 ~ 100	210 ~ 250	回火索氏体
正火	700 ~ 800	15 ~ 20	40 ~ 65	160 ~ 220	索氏体和铁素体

淬火钢回火过程中马氏体含碳量、残余奥氏体体积分数、内应力随回火温度的提高而降低，碳化物粒子尺寸随回火温度的提高而增大。随着回火温度的升高，碳钢的硬度、强度降低，塑性提高。但回火温度过高，塑性会有所下降（图 7-47、图 7-48）。

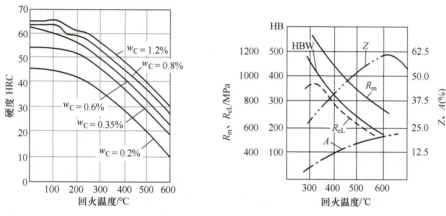

图 7-47　钢的硬度随回火温度的变化　　图 7-48　40 钢力学性能与回火温度的关系

图 7-49 所示为淬火钢回火过程中马氏体含碳量、残余奥氏体体积分数、内应力和碳化物粒子尺寸随回火温度的变化。

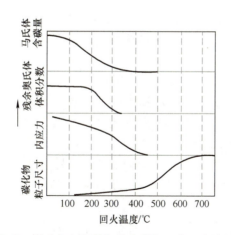

图 7-49　淬火钢组织及相关参数与回火温度的关系

7.6　钢的表面热处理

对于一些承受弯曲、扭转、冲击、摩擦等动载荷的零件（如齿轮、曲轴、凸轮轴等），性能上就要求表面层具有高的强度、硬度、耐磨性和疲劳极限，而心部应具有足够的韧性。

为了满足这一要求，可以进行多种表面强化处理，热处理工艺中有表面淬火处理和表面化学热处理两种方法。

表面淬火处理是对表面层进行淬火处理，目的是使表面层组织为回火马氏体而心部保持原来组织。表面化学热处理是改变表面层的化学成分（渗碳等）再进行热处理和改变表面层组织（氮化形成化合物）的方法，使表面强化。

7.6.1 表面淬火

表面淬火处理广泛应用于中碳钢、中碳合金或调质钢、球墨铸铁制造的机械零件。低碳钢表面淬火后强化效果不显著，很少应用。高碳钢表面淬火后，虽然表面硬度提高，但心部韧性仍较差，因此应用也不多。表面淬火还经常应用于交变载荷下的工具、量具等零件。

表面淬火是一种不改变钢件表层化学成分和心部组织，只改变表面层组织的局部淬火方法。表面淬火的目的是使零件表层在一定深度范围内获得高硬度和高耐磨性的回火马氏体，而心部仍为淬火前的原始组织，保持足够的强度和韧性。表面淬火工艺简单、生产率高、强化效果显著，热处理后变形小，生产中容易实现自动化，应用范围较广。

由于表面淬火时，钢件的表面层加热速度较快，过热度大，奥氏体晶粒可细化。但加热时间较短，使得奥氏体成分不均匀，淬火后的马氏体成分也不均匀，因此表面淬火前进行预备热处理（调质或正火）有利于碳化物或铁素体分布均匀且细小，同时奥氏体成分也易均匀化。对于性能要求较高的重要零件要选用调质处理，一般要求的可正火处理。

根据加热方法的不同，表面淬火可分为感应加热表面淬火（感应淬火）、火焰加热表面淬火（火焰淬火）、接触电阻加热表面淬火、激光淬火、电子束表面淬火、高频脉冲加热表面淬火等。生产中最常用的是感应加热表面淬火和火焰加热表面淬火。

1. 感应加热表面淬火

感应加热表面淬火是以交变磁场作为加热介质，利用电磁感应现象，由工件在交变磁场中产生的感应电流（涡流）使工件表层迅速被加热到淬火温度，随后立即进行快速冷却的一种淬火方法。

（1）感应加热表面淬火的基本原理 如图 7-50 所示，将工件放入由空心铜管制成的感应器内，感应器通入一定频率的交流电产生交变磁场，工件内就会产生同频率的感应电流，感应电流在工件内形成回路，即涡流。涡流在被加热工件内沿截面的分布是不均匀的，由表层至心部呈指数规律衰减。因此，表层电流密度较大，而心部几乎没有电流通过，这种现象称为趋肤效应。由于趋肤效应使工件表层被迅速（几秒内）加热到淬火温度，随即喷水冷却，合金钢则需浸油冷却。

感应加热的深度取决于交流电的频率，交流电频率越高，感应加热深度越浅，即淬硬层越浅，而交流频率太低，消耗的功率较大，因此在生产中必须根据钢件的表面淬硬层深度要求来选择合适的感应加热设备。

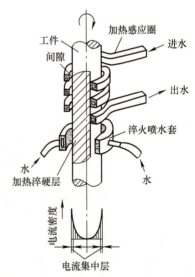

图 7-50 感应加热表面淬火

目前，感应加热设备按输出电流频率的大小不同，可分为高频、中频、低频和超音频四

种，见表7-6，最佳感应交流频率 $f(\text{Hz})$ 公式为

$$f = \frac{6 \times 10^4}{\delta^2} \tag{7-3}$$

式中　δ——淬硬层深度（mm）。

实践表明，钢的轴类工件淬硬层深度一般为其半径的1/10，小直径的（10~20 mm）的钢类工件淬硬层深度一般为其半径的1/5。

为了保证工件表面淬火后的表面硬度和心部的强韧性，一般选用中碳非合金钢和中碳合金钢。其表面淬火前的原始组织应为调质态或正火态。表面淬火后，进行低温回火以降低残余应力和回火脆性，保证表面的高硬度和高耐磨性。

一般来说，增加淬硬层深度可提高工件的耐磨性，但工件的塑性、韧性会降低。因此确定淬硬层深度，除了耐磨性要考虑外，还应考虑工件的综合力学性能。

表 7-6　感应加热设备及应用范围

感应加热设备	频率范围/kHz	应用范围
高频感应加热设备	100~500	应用较广，淬硬层深度为0.5~2 mm，适用于中小模数（$m<5$）齿轮及中小轴类等工件的表面淬火
中频感应加热设备	1~10	淬硬层深度为2~10 mm，适用于大模数齿轮、较大尺寸轴类、钢轨表面及轴承套圈等工件的表面淬火
低频感应加热设备	0.05	淬硬层深度为10~15 mm，适用于大直径零件、大型轧辊等工件的表面淬火
超音频感应加热设备	20~40	兼有高频和中频加热的优点，淬硬层沿轮廓均匀分布，淬硬层深度为2.5~3.5 mm，适用于中小模数齿轮、花键表面、凸轮轴和曲轴等工件的表面淬火

（2）感应加热表面淬火的特点　与普通淬火相比，感应加热表面淬火具有如下特点。

1）加热速度快、时间短，仅数秒就完成，使表层获得细小的奥氏体，淬火后表层得到非常细小的隐晶马氏体，因此表面硬度比普通淬火提高2~3 HRC，故其耐磨性也比普通淬火高。

2）由于马氏体转变产生体积膨胀，使工件表面产生很大的残余压应力，因此，感应加热淬火能显著提高其疲劳强度并降低缺口敏感性。

3）由于加热时间极短，无保温时间，工件一般不会产生氧化、脱碳等缺陷，表面质量好，同时由于心部未被加热，淬火变形小。

4）劳动条件好，生产率高，易实现机械化与自动化，适于大批量生产。

5）感应加热表面淬火后需进行低温回火或自回火。

上述特点使感应加热表面淬火技术在生产中获得了广泛的应用，但由于设备比较昂贵，维修保养技术要求高，工件形状复杂的感应器制造困难，因而不适于单件小批生产。

2. 火焰加热表面淬火

如图7-51所示，火焰加热表面淬火是利用乙炔-氧或煤气-氧等混合气体燃烧的火焰将工件表面加热到淬火温度，并随即喷水快

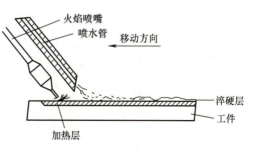

图 7-51　火焰加热表面淬火

速冷却，从而获得表面硬化层的表面淬火方法。乙炔-氧的火焰温度可达 3100 ℃，煤气-氧的火焰温度可达 2000 ℃。

火焰加热表面淬火的淬硬层深度一般为 2~6 mm，过大的淬硬层深度会引起钢件表层严重过热，从而产生淬火裂纹。淬火后的工件需立即回火，以消除内应力防止开裂，回火温度一般为 180~200 ℃，回火保温时间为 1~2 h。

根据火焰喷嘴与工件的相对运动情况，火焰加热表面淬火可固定工件或旋转工件进行加热处理，也可采用固定工件让火焰喷嘴一起移动等方法进行加热。与感应加热表面淬火相比，火焰加热表面淬火具有操作简单、工艺灵活、无需特殊设备、成本低等优点。但其加热温度和淬硬层深度不易控制，淬火质量不稳定，容易使工件表面产生过热，因此，适于单件、小批量生产、大型零件的表面淬火和需要局部淬火的零件。

7.6.2 化学热处理

化学热处理是将工件置于某种介质中进行加热和保温，使介质中析出的某些元素的活性原子渗入工件表层，从而改变工件表层的化学成分和组织以获得所需性能的一种热处理工艺，也称为表面合金化。

与表面淬火等其他表面改性技术相比，化学热处理不仅使表层的组织发生变化，而且表层的化学成分也会发生变化，因而能更有效地提高表层的性能，并能获得许多新的性能。同时，它能使渗层分布与钢件轮廓形状相似，性能不受原始成分的限制。因此，在许多情况下，可以用廉价的非合金钢或低合金钢进行适当的化学热处理，代替昂贵的高合金钢。化学热处理是目前发展最快的一种热处理工艺，且得到越来越广泛的应用。一般根据所渗入元素的不同对化学热处理分类，如渗碳、渗氮（氮化）、碳氮共渗、渗金属等，常用化学热处理方法及其使用范围见表 7-7。

表 7-7 常用化学热处理方法及其使用范围

名称	渗入元素	使用范围
渗碳	C	提高材料的表面硬度、耐磨性、疲劳强度。用于低碳钢工件，渗碳层较深，一般为 1 mm 左右
渗氮	N	提高材料的表面硬度、耐磨性、耐蚀性、疲劳强度。用于中碳钢耐磨结构工件，不锈钢、模具钢、铸铁等也广泛采用渗氮，渗氮层为 0.3 mm 左右。渗氮层有较高的热稳定性
碳氮共渗	C、N	提高工具的表面硬度、耐磨性、疲劳强度。高温碳氮共渗以渗碳为主，低温碳氮共渗以渗氮为主
渗硫	S	提高工件耐磨性和抗咬合磨损能力
硫氮共渗	S、N	兼有渗硫和渗氮的性能。适用范围及钢种与渗氮相同
硫氮碳共渗	S、N、C	兼有渗硫和碳氮共渗的性能。适用范围及钢种与碳氮共渗相同
渗硼	B	提高工件的表面硬度、耐磨性及红硬性
碳氮硼共渗	C、N、B	高硬度、高耐磨性及一定的耐蚀性。适用于各种非合金钢、合金钢及铸铁
渗铝	Al	提高工件高温抗氧化能力和耐含硫介质腐蚀能力
渗铬	Cr	提高工件高温抗氧化能力、耐蚀能力及耐磨性
渗硅	Si	提高工件的表面硬度、耐蚀和氧化的能力
渗锌	Zn	提高工件耐大气腐蚀能力
铬铝共渗	Cr、Al	工件具有比单独渗 Cr 或渗 Al 更好的耐热性能

化学热处理种类很多，任何化学热处理过程都经过分解、吸收以及扩散三个基本过程。渗剂在一定温度下通过化学反应分解出渗入元素的活性原子，活性原子由钢的表面进入铁的晶格中，即被工件表面吸收。继而由工件表面向内部进行扩散迁移，形成一定深度的扩散层。在这三个基本过程中，扩散是最慢的一个过程，整个化学热处理速度受扩散速度控制。

1. 钢的渗碳

渗碳是将工件（一般是低碳非合金钢和合金钢）置于渗碳的活性介质中加热和保温足够长的时间，使得碳原子渗入工件表层，并形成一定浓度梯度的高碳层的化学热处理工艺。

渗碳处理的目的就是使低碳钢或低碳合金钢工件的表层有高的含碳量，心部仍是低碳钢的化学成分，这样通过淬火、低温回火之后，就可使工件表层获得高硬度和高耐磨性，而心部仍保持强而韧的性能特点。这样，工件就能承受服役条件下的复杂应力。

与高频表面淬火件相比，渗碳件的表面硬度较高，因而具有更高的耐磨性。同时，渗碳件的心部也具有比高频表面淬火件高的强度和塑性。因此，渗碳件有更高的弯曲疲劳强度，且能承受更高的挤压应力。工件服役过程中表层不崩裂、不压陷、不点蚀，而心部则保持良好的强韧性。因此，渗碳是应用最广泛的一种化学热处理工艺，各种机器设备上许多重载荷、耐磨损的零件，如汽车、拖拉机的传动齿轮，内燃机的活塞销、轴类等，都要进行渗碳处理。

渗碳用钢一般选用含碳量为 0.1%~0.25% 的低碳非合金钢和低碳合金钢，如 15 钢、20 钢、20Cr 钢、20CrMnTi 钢、20SiMnVB 钢、18Cr2Ni4WA 钢、20CrMnMoVBA 钢等。

（1）渗碳方法　根据渗碳剂状态的不同，渗碳方法分为固体渗碳、液体渗碳和气体渗碳三种。其中气体渗碳由于生产率高，渗碳过程容易控制，在生产中广泛应用。

1）气体渗碳。如图 7-52 所示，工件放入密封的专用井式渗碳炉或贯通式渗碳炉内，通入渗碳剂，加热到 900~950 ℃，使过程在高温的渗碳气氛中进行。

目前，气体渗碳法有滴注式和通气式两种工艺。滴注式渗碳法就是滴入有机液体如煤油、乙醇、丙酮或甲醇等渗碳剂；通气式渗碳法就是通入煤气、丙烷、丁烷及天然气等渗碳剂。

在高温下渗碳剂裂解形成渗碳气氛，并产生活性碳原子，活性碳原子被工件表面吸收，溶入奥氏体中，并向内部扩散迁移形成一定深度的渗碳层，从而达到渗碳的目的。

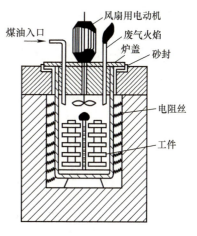

图 7-52　井式气体渗碳示意图

渗碳层的厚度取决于在一定渗碳温度下的保温时间。保温时间越长，渗碳层越深。如表 7-8 所示，生产中一般按每小时 0.100~0.150 mm 估算或用试棒实测而定。

表 7-8　在 920 ℃下渗碳时渗碳层深度与时间的关系

渗碳时间/h	3	4	5	6
渗碳层深度/mm	0.4~0.6	0.6~0.8	0.8~1.2	1.0~1.4

气体渗碳具有生产率高、渗层质量好、便于直接淬火、劳动条件好、易实现机械化与自

动化等优点，但需专用设备，设备投资大，不宜单件小批生产。

2）固体渗碳。固体渗碳（图 7-53）就是将工件埋入四周填满固体渗碳剂（木炭、焦炭和碳酸盐）的渗碳箱中，加盖并用耐火泥封住，加热到 900 ℃左右，保温一定时间后出炉。该方法操作简单，但劳动条件太差且渗碳质量不易控制，故已基本淘汰。

3）液体渗碳。液体渗碳就是把零件浸入液体渗碳剂中加热渗碳，20 世纪 50 年代的液体渗碳剂采用 NaCN、KCN 等，这些渗碳剂有毒，虽然改进的液体渗碳剂——盐浴 [$NaCl + KCl + Na_2CO_3 + (NH_3)_2CO_3 + $ 木炭粉] 无毒，但盐浴中仍产生有毒物质污染环境，且渗碳质量不稳定，故液体渗碳方法也已被淘汰。

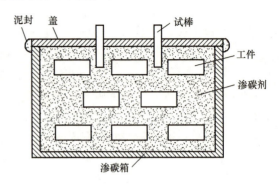

图 7-53　固体渗碳示意图

（2）渗碳后的组织　低碳钢经渗碳后，表层的含碳量为 0.9%左右，从表面到心部含碳量逐渐减少，心部则为原来低碳钢的含碳量。因此，低碳钢渗碳后缓冷至室温，由表层至心部的组织依次为过共析组织、共析组织、亚共析组织。

目前，一般低碳钢的渗碳层深度是指从表面到 $w_C = 0.4\%$ 处的深度，合金钢的渗碳层深度则指从表面一直到基体原始组织为止的深度。工件经过渗碳热处理（淬火和低温回火）后的最终组织：表面为针状回火马氏体及二次渗碳体，还有少量的残余奥氏体，表面硬度可达 58～62 HRC；心部组织由钢的淬透性决定，碳钢心部组织一般为珠光体和铁素体，合金钢一般为低碳马氏体和铁素体。

（3）渗碳后的热处理　工件渗碳后必须进行淬火和低温回火，才能有效地发挥渗碳层的作用，中高合金钢渗碳淬火后还要求进行冷处理。

（4）渗碳件的淬火工艺　渗碳件的淬火工艺有多种，如图 7-54 所示。

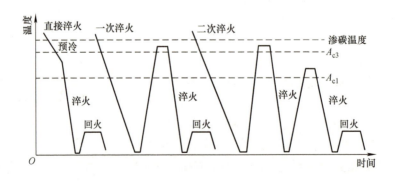

图 7-54　渗碳件的淬火工艺

1）直接淬火。工件渗碳后出炉预冷到 800～850 ℃进行淬火，然后及时进行回火，一般采用低温回火，温度通常为 160～220 ℃，时间为 2～4 h。这种方法最简便，生产率高，但由于渗碳后奥氏体晶粒长大，淬火后马氏体较粗大，残余奥氏体也较多，因此只用于组织、性能、变形要求不高和承载较低的工件,以及组织不易变粗大的细晶粒钢。

2)一次淬火。渗碳件出炉缓冷(或空冷)后,再重新加热淬火并低温回火。目的是为了细化心部组织和消除表层网状渗碳体。

3)二次淬火。渗碳件出炉缓冷(或空冷)后,进行二次淬火,二次淬火的加热温度为A_{c1}以上30~50 ℃。这样可以细化表层组织,获得较细的马氏体和均匀分布的粒状二次渗碳体组织,然后低温回火。由于二次淬火工艺复杂,零件变形大,故只用于表面要求高耐磨性、心部要求高韧性的工件。

2. 钢的渗氮

渗氮是将工件放入渗氮介质中,在一定温度(480~580 ℃)下,保温一定时间,使活性氮原子渗入工件表层的一种化学热处理工艺。

渗氮主要通过氮与钢中的合金元素作用形成弥散的氮化物,起到了强化的作用。因此渗氮工艺主要应用于耐磨性要求高、疲劳强度好和热处理变形小的精密零件,如精密机床的主轴、丝杠、镗杆、精密齿轮以及阀门等零件。渗氮可以使钢获得优异的性能、极高的表面硬度(1000~1200 HV)和很高的耐磨性,并可保持到相当高的温度(600~650 ℃)而不明显下降,以及高的抗咬合性、很高的疲劳强度、低的缺口敏感性、相当好的耐蚀性,且热处理变形极小等。但其最大的缺点是工艺时间太长,要得到0.3~0.5 mm的渗氮层,需要30~50 h,甚至长达100 h,且渗氮层脆性大。所以,渗氮零件不能承受较大的接触应力和较大的冲击载荷。

根据渗氮介质的状态,渗氮方法可分为气体渗氮、离子渗氮等。

(1)气体渗氮 气体渗氮是将工件放入通有氨气流的井式渗氮炉内,在500~570 ℃使氨气分解出活性氮原子,反应式为$2NH_3 = 3H_2 + 2[N]$。活性氮原子被工件表面吸收,并向内部扩散迁移形成一定深度的渗氮层。

根据渗氮的目的,有抗磨渗氮和抗蚀渗氮。抗磨渗氮又称"硬渗氮"或"强化渗氮",其渗氮温度不宜过高,一般为500~570 ℃,且采用专门的渗氮钢,应用最多的是38CrMoAlA钢。抗蚀渗氮是使工件表面形成厚度为0.015~0.06 mm的ε相致密层,以提高工件对自来水、湿空气、过热蒸气以及碱性溶液的耐蚀性,但不耐酸液腐蚀。为加速渗氮过程,也为使ε相致密,渗氮温度可提高到590 ℃以上,最高可达720 ℃。抗蚀渗氮可应用于低合金钢、碳钢以及铸铁件等,代替镀镍、镀锌等处理。

(2)离子渗氮 离子渗氮是利用稀薄气体的辉光放电现象进行渗氮的,在电场的作用下,被电离的氮离子以极高的速度轰击工件表面,使工件表面温度升高到所需的渗氮温度(450~650 ℃)。一方面氮离子在阴极上夺取电子后还原成氮原子渗入工件表面,并逐渐扩散形成渗氮层;另一方面,工件表面的铁离子与氮离子形成FeN、Fe_2N、Fe_3N等化合物形成渗氮层。

离子渗氮比气体渗氮优越,首先离子渗氮速度快,生产周期仅为气体渗氮的1/4~1/2;其次,离子渗氮层质量高,对材料的适应性强,故适用于各种齿轮、活塞销、气门、曲轴等工件,尤其对渗氮层要求较薄的工件。

3. 钢的碳氮共渗

碳氮共渗是将碳原子和氮原子同时渗入工件表层的一种化学热处理工艺。目前碳氮共渗的方法主要是气体碳氮共渗。按处理温度分为高温(900~950 ℃)碳氮共渗、中温(780~

880 ℃）碳氮共渗和低温（500~600 ℃）氮碳共渗。高温碳氮共渗以渗碳为主，低温碳氮共渗以氮化为主，而渗碳次之，又称软氮化。

（1）气体碳氮共渗　气体碳氮共渗以渗碳为主，其工艺与渗碳相似，常用渗剂为煤油和氨气的混合气体，加热温度为 820~860 ℃。与渗碳相比，气体碳氮共渗加热温度低，零件变形小，生产周期短，共渗层具有较高的硬度、耐磨性和疲劳强度。但由于共渗层薄，在生产中主要用于要求变形小、耐磨及抗疲劳的薄件和小件，如自行车、缝纫机及仪表零件，以及汽车、机床变速齿轮和轴类。

（2）气体氮碳共渗（软氮化）　气体氮碳共渗以渗氮为主，目的是提高钢的耐磨性和抗咬合性。所用渗剂为尿素、氨气和渗碳气体的混合气体，共渗温度为 520~570 ℃，由于活性碳原子和氮原子同时存在，使渗入速度大为提高，一般仅 1~3 h 就能达到 0.01~0.02 mm 的渗层深度。与一般渗氮相比，共渗层硬度较低（400~700 HV），脆性小，适用于任何钢种及铸铁件。但由于共渗层薄，对在重载条件下工作的工件不适用，常用于高速刃具、各种模具及球墨铸铁曲轴等工件。

7.7　其他热处理工艺简介

如前所述，热处理是通过加热、保温和冷却来实施的。热处理发展的主要趋势是不断地改革加热和冷却技术。随着工业及科学技术的发展，热处理工艺在不断改进，发展了新型热处理工艺，如真空热处理、可控气氛热处理、形变热处理、激光热处理和电子束表面淬火等。

1. 真空热处理

真空热处理是指在低于一个大气压的环境中进行加热的热处理工艺。它包括真空淬火、真空退火、真空回火、真空渗碳等。工件在真空加热时，不会产生氧化、脱碳现象，工件的表面质量和疲劳强度将得到提高。目前真空热处理主要用于工模具和精密工件的热处理。

2. 可控气氛热处理

可控气氛热处理是指在炉气成分可控制在预定范围内的热处理炉中进行的热处理。其目的是防止工件加热时的氧化、脱碳，有效地进行渗碳、碳氮共渗等化学热处理。

3. 形变热处理

形变热处理是指将塑性变形和热处理结合，获得形变强化和相变强化综合效果的热处理工艺。与普通热处理相比，不但提高了工件的强度，而且提高了塑性、韧性和疲劳强度。形变热处理的方法很多，主要包括高温形变热处理、低温形变热处理、等温形变热处理等。

4. 激光热处理

激光热处理是指以高能量激光作为能源，以极快速度加热工件并自冷强化的热处理工艺。其特点是加热区域小，加热速度快，晶粒细小，工件变形小等。目前激光热处理主要适用于精密工件和关键工件的局部表面淬火。

5. 电子束表面淬火

电子束表面淬火是指利用电子枪发射成束电子，使工件表面极速加热并自冷强化的热处理工艺。其能量利用率大大高于激光热处理。

本 章 小 结

热处理是采用适当的方式对金属材料或工件进行加热、保温和冷却,以获得预期的组织和性能的工艺。热处理能显著提高材料的力学性能,满足工件的使用要求并延长其使用寿命,还可以改善材料的加工性能,提高加工质量和劳动生产率。加热时 Fe-Fe_3C 相图,共析钢奥氏体形成示意图,共析钢等温转变曲线和连续转变曲线,钢冷却发生的珠光体转变、马氏体转变、贝氏体转变以及回火转变是本章重点内容。在此基础上,掌握普通热处理(退火、正火、淬火和回火)的工艺规范,熟悉经相应热处理后的材料组织与性能特点,了解钢的表面热处理及其他新型热处理工艺方法。

复 习 思 考 题

7-1 比较下列名词:
1) 奥氏体、过冷奥氏体及残余奥氏体。
2) 珠光体、屈氏体与索氏体。
3) 马氏体与回火马氏体,索氏体与回火索氏体,屈氏体与回火屈氏体。
4) 淬透性与淬硬性。
5) 完全退火与球化退火。

7-2 什么是钢的热处理?热处理在机械制造业中有何意义?它有哪些类型?

7-3 指出 A_1、A_3、A_{cm}、A_{c3}、A_{c1}、A_{ccm}、A_{r1}、A_{r3}、A_{rcm} 各临界点的意义。

7-4 共析钢的奥氏体化过程分为哪几个阶段?

7-5 过冷奥氏体在不同温度等温转变时分别获得哪些产物?它们的性能如何?

7-6 退火热处理的目的是什么?退火热处理有哪几类?

7-7 什么是正火?正火的应用范围有哪几个方面?

7-8 何谓临界冷却速度?它与钢的淬透性有何关系?

7-9 什么是淬火?淬火的目的是什么?淬火方法有几种?

7-10 什么是回火?回火的目的是什么?回火组织与退火、正火的组织在性能上有何区别?

7-11 何谓表面热处理?常用的表面热处理方法有哪些?

7-12 新型热处理工艺方法有哪些?各自特点是什么?

第 8 章

钢 铁 材 料

【本章学习要点】 本章介绍钢铁材料相关知识，主要内容包括钢铁冶炼、钢的分类与牌号、各种类型的钢铁材料。其中，钢铁材料包括工程结构钢、机械制造结构钢、工具钢、不锈钢、耐热钢和铸铁等。要求了解炼铁、炼钢、钢材成形和钢材产品，了解钢的分类与牌号，熟悉各种类型钢铁材料的成分、性能特点与主要应用。

钢铁材料是工程应用中最重要的金属材料。**钢铁材料是以铁碳合金为基础的材料，主要包括钢（合金钢、非合金钢）和铸铁。** 钢铁材料中的非合金钢（碳钢）与低合金钢，便于冶炼、容易加工、价格低廉，通过调整成分和工艺可以改善性能，能满足很多生产上的需求，至今仍是应用最广泛的钢铁材料。但由于其力学性能通常较低，淬透性差，以及不能满足一些特殊的物理、化学性能要求如耐蚀性等，在多数重要场合和某些特殊场合只能采用合金钢。铸铁是以铁、碳和硅为主要成分，并有共晶转变的工业铸造合金的总称。与钢相比，铸铁熔点低，铸造性能好，原料成本低，生产设备要求低，生产流程短且技术难度小，材料利用率高，并因存在石墨相而具有良好的减振性和润滑性等独特优点，故而获得了广泛应用。但其也存在一些缺点，包括不能进行变形加工，焊接性能差，塑性、韧性等明显低于钢等。

8.1 钢铁冶炼

钢铁冶炼包括从开采铁矿石到使之变成供制造产品所使用的钢材和铸造生铁为止的过程，炼铁、炼钢、浇铸、轧钢均为其中的主要工艺环节。图 8-1 为钢铁生产工艺过程。

8.1.1 炼铁

炼铁的原料主要是铁矿石、焦炭和熔剂，主要设备为高炉，由炉体本身及其附属系统（主要有供料系统、加料装置、送风系统等）组成。高炉炼铁工艺示意图如图 8-2 所示。

高炉主要用于生产两类生铁，一类是炼钢生铁，约占生铁总产量的 80%~90%，它专供炼钢之用，其含碳量一般为 4.0%~4.4%，含硅量通常低于 1.5%，有利于缩短炼钢吹炼时

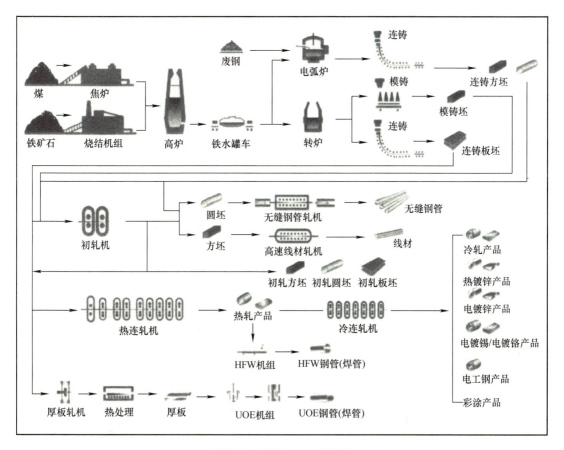

图 8-1 钢铁生产工艺过程

图 8-2 高炉炼铁工艺示意图

间。不同炼钢法对生铁中的其他元素的含量也有不同的要求。另一类是铸造生铁，约占生铁总产量的 10%~20%，它是供机械制造厂用于生产成形铸件的，与炼钢生铁相比，其成分的最大特点是含硅量较高，一般为 2.75%~3.25%，因为硅能促进生铁中碳的石墨化，使铁水有良好的填充性能，并有利于抗振减磨。

高炉中还可冶炼铁与含有其他元素的铁合金，如硅铁、锰铁等，用作炼钢时的脱氧剂和合金元素添加剂。

8.1.2 炼钢

炼钢的目的就是去除生铁中多余的碳和大量杂质元素，使其化学成分达到钢的标准。根据炼钢所用的设备不同，一般炼钢方法包括转炉炼钢、电弧炉炼钢和平炉炼钢，以及特种冶金方法。其中平炉炼钢法已被淘汰。

1. 转炉炼钢

转炉炼钢法是最早的大规模生产液态钢的方法，几经改进，仍然是现代炼钢最主要的手段（转炉钢占总钢产量的90%，甚至更高）。转炉炼钢以高炉冶炼出来的炼钢生铁作为主要原料。

转炉为梨形容器，因装料和出钢时需倾转炉体而得名，转炉炼钢过程如图8-3所示。冶炼时，将氧气（早期为空气）吹入直接由高炉或化铁炉提供的温度约为1250～1400℃的液态生铁中，使其中的碳、硅、锰、磷等元素迅速氧化，并靠这些元素氧化反应时放出的大量热来升高铁水的温度，熔化造渣材料，从而在熔渣和铁水间发生一系列物理、化学反应，把碳氧化到一定范围，并去除铁水中的杂质元素。吹炼完毕后即可脱氧出钢。

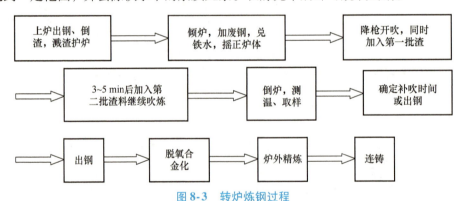

图8-3 转炉炼钢过程

目前，世界各国采用的转炉绝大多数是氧气转炉，其主要特点是生产率高、钢的质量好、可炼品种多、原料适应性强、成本低、投资少等。转炉炼钢模式也已由传统的单纯用转炉冶炼发展为铁水预处理、复吹转炉吹炼、炉外精炼、连铸这一新的工艺流程。氧气转炉已由原来的主导地位变为在新工艺流程中主要承担初炼任务（炉料熔化、脱磷、脱碳和主合金化），而脱气、脱氧、脱硫、去除夹杂物和进行成分微调等任务则放在炉外的钢包或者专用的容器中进行的精炼阶段完成。

2. 电弧炉炼钢

电弧炉是利用电极电弧产生的高温熔炼矿石和金属的电炉，通过石墨电极向电弧炼钢炉内输入电能，以电极端部和炉料之间发生的电弧为热源进行炼钢。电弧炉炼钢所用的金属炉料主要是废钢。

电弧炉炼钢炉温和热效率高，电弧区温度高达3000℃，可以快速熔化各种金属炉料，并使钢水温度迅速加热到1600℃以上，且温度易调整和控制，其热效率一般可达65%以上。炉内气氛既可为氧化性气氛，又可为还原性气氛，有利于除去钢中有害元素和非金属夹杂，有利于钢的合金化和钢的成分的控制，更适合冶炼特殊钢和高品质合金钢。但电弧炉炼钢电能消耗大，生产率低于转炉，炼钢的成本高于转炉。

3. 平炉炼钢

采用平炉，以煤气或重油为燃料，在燃烧火焰直接加热的状态下，将生铁和废钢等原料熔化并精炼成钢水的一种炼钢方法。平炉炼钢法的最大缺点是冶炼时间长（一般需要 6~8 h），燃料耗损大（热能的利用率只有 20%~25%）等。20 世纪 60 年代，平炉炼钢法失去其主力地位。至今，平炉炼钢法已经被淘汰。

4. 炉外精炼

为提高钢的纯净度、降低钢中有害气体和夹杂物含量，目前广泛采用炉外精炼技术，以实现一般炼钢炉内难以达到的精炼效果。

炉外精炼是将转炉或电弧炉中初炼过的钢水移到另一个容器中进行精炼的炼钢过程，又称为钢包冶金、二次炼钢等。目的是将初炼的钢水在真空、惰性气体或还原性气氛的容器中进行脱气、脱氧、脱硫、去除夹杂物和进行成分微调，甚至钢水温度微调等。将炼钢分为初炼和精炼两步进行，可大幅度提高冶金质量，并将大幅度降低钢中有害杂质，缩短冶炼时间，简化工艺过程并降低生产成本。

炉外精炼可以完成下列任务：

1）降低钢中的硫、氧、氢、氮和非金属夹杂物含量，改变夹杂物形态，提高钢的纯净度，改善钢的力学性能。

2）深脱碳，在特定条件下把含碳量降到极低，满足低碳和超低碳钢的要求。

3）微调合金成分，将成分控制在很窄的范围内，并使其分布均匀，降低合金消耗，提高合金元素收得率。

4）将钢水温度调整到浇铸所需要的范围内，降低包内钢水的温度梯度。

5. 特种冶金

特种冶金又称特种电冶金，是一类区别于转炉、电弧炉等通用冶炼方法的冶金方法，用于进一步提高钢或合金的冶金质量或熔炼在大气条件下不易熔炼的活泼金属与合金。其一般分为电渣冶金、真空电弧重熔、电子束熔炼、等离子熔炼等。

特种冶金的产品总量不大，不到钢总产量的 1%，但在高新技术和国防尖端领域占有极为重要的地位。它们是生产高质量特殊钢及高温合金、难熔合金、活泼金属、高纯金属及近终形铸件的手段。

8.1.3 浇铸

将钢水浇铸成固态的钢坯，称为浇铸。浇铸又分为模铸和连铸。

1. 模铸

模铸是将钢水注入钢锭模内，待凝固脱模后成为钢锭。由于模铸工艺的凝固过程慢，且难以控制，故模铸钢锭偏析严重。同时，模铸工艺为间歇生产，生产率低，随着连续浇铸技术的发展，其所占的比例已很小。但机械工业用大锻件还需用大的模铸锭（或经特殊处理，如电渣重熔等）来制造，电渣重熔等特种冶金用钢锭也仍需要模铸方法生产。

模铸时，随炼钢中脱氧方式不同，所得钢可分为镇静钢、半镇静钢和沸腾钢等，其钢坯也有很大区别。其中，沸腾钢为脱氧不完全的钢，未经脱氧或未充分脱氧，浇注时钢水中碳和氧会发生反应产生 CO 气体而发生沸腾现象，凝固后蜂窝气泡分布在钢锭中（图 8-4a 中 6 号、7 号、8 号钢锭），在轧制过程中这种气泡空腔会被黏合起来。这类钢的优点是钢的收得率高，生产成本低，表面质量和深冲性能好。缺点是钢的杂质多，成分偏析较大，所以性能不均匀。镇静钢在浇注前钢水进行了充分脱氧，浇注时钢水平静而不沸腾，但钢锭顶部可能会出现大的集中缩孔（图 8-4a 中 1 号钢锭）。半镇静钢的脱氧程度介于镇静钢和沸腾钢之间，在浇注过程中仍存在微弱沸腾现象。压盖沸腾钢或加盖钢则介于半镇静钢和沸腾钢之间。

如图 8-4b 所示，模铸的镇静钢钢锭纵剖后从边缘到中心的宏观组织是细小等轴晶带（又称激冷层）、柱状晶带、中心粗大等轴晶带（又称锭心带）。与沸腾钢和半镇静钢相比，镇静钢的收得率低，但组织致密，偏析小，质量更高。优质钢和合金钢一般都是镇静钢。

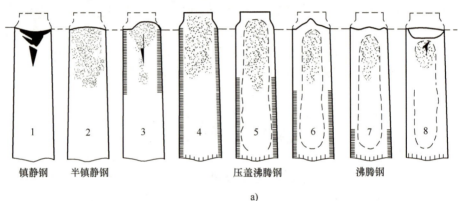

a)

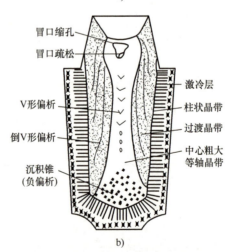

b)

图 8-4 不同类型的模铸钢坯示意图

2. 连铸

由钢包中浇出的钢水不断通过水冷结晶器，凝成硬壳后从结晶器下方出口连续拉出，经喷水冷却全部凝固成坯的铸造工艺过程，称为连续铸钢，简称连铸，如图 8-5a 所示。

和传统的模铸相比，连铸可简化生产工序，提高生产率，提高金属收得率，可直接热送轧制以降低能耗，生产过程可控，易于实现自动化。铸坯内部组织均匀、致密，树枝晶间距

第8章 钢铁材料

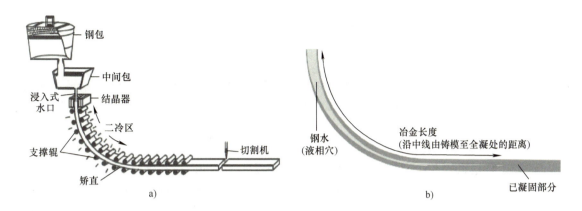

图 8-5 弧形连铸示意图

小，化学成分偏析小，连铸坯轧出的板材横向性能优于模铸，深冲性能也有所改善。

连铸坯主要分为板坯和方坯（大方坯、小方坯）。板坯的截面宽、高的比值较大，主要用来轧制板材。方坯的截面宽、高相等或差别不大，主要用来轧制型钢、线材。此外，薄带坯连铸则可直接铸出厚度仅为 1~3 mm 的薄带，其冷却速度高、晶粒细化、偏析减轻，形状尺寸和性能都接近最终产品，是现代连铸技术发展的一个新方向。连铸坯全部是镇静钢，沸腾钢不能用连铸方法生产。

钢水连铸的凝固过程与钢锭模铸的有所不同。在连铸过程中，钢水浇入结晶器后边传热、边凝固、边运行，其凝固过程包括钢水注入结晶器后受到激冷形成初生坯壳。坯壳边向下移动，边放出热量，边向中心凝固。由于拉速通常都比结晶速度快，因此其内部有一相当长的呈倒锥形的未凝区，称为液芯或液相穴。带液芯的铸坯进入二冷区再经喷水或喷雾冷却后才完全凝固，形成连铸坯，如图 8-5b 所示。结晶器内约有 20% 钢水凝固，带有液芯的坯壳从结晶器拉出来进入二冷区接受喷水冷却，喷雾水滴在铸坯表面带走大量热量，使表面温度降低，这样在铸坯表面和中心之间形成了大的温度梯度。垂直于铸坯表面的方向散热最快，使树枝晶平行生长而形成了柱状晶。同时在液芯内的固液交界面的树枝晶被液体的强制对流运动折断，打碎的树枝晶一部分可能重新熔化，加速了过热度的消失，另一部分晶体可能下落到液相穴底部，作为等轴晶的核心形成等轴晶。铸坯在二冷区的凝固直至柱状晶生长与沉积在液相穴底部的等轴晶相连接、钢水完全凝固为止。

类似于模铸钢坯从表层到心部的 3 个带，连铸坯典型的低倍组织（宏观组织）也是由 3 个带组成的。首先，是靠近表皮的细小等轴晶带（激冷区）。其次，是像树枝状的晶体组成的柱状晶带，它的方向是垂直于表面。最后，中心是粗大的等轴晶带。但是，由于连铸过程的自身特点，导致连铸坯的凝固及其内部组织结构及钢坯缺陷具有下列特点：

1) 在正常情况下，连铸坯凝固时，连铸机任一位置的凝固条件都不随时间变化，因此，除铸坯头尾两端外，铸坯沿长度方向的内部组织均匀一致（由表层到心部呈 3 区分布）。

2) 由于使用水冷结晶器和二冷区喷水或喷雾冷却，连铸坯的冷却强度比钢锭的大，铸坯凝固速度快，铸坯的激冷层较厚，晶粒更细小，而且可以得到特有的无侧枝的细柱状晶，内部组织致密。

3）连铸坯相对断面都较小，而液相穴很深（有的可达十几米），钢水如同在一个特大高宽比的钢锭模内凝固。因此内部未凝固钢水的强制循环区小，自然对流也弱，加之凝固速度快，使铸坯成分偏析小且比较均匀。但其中心部位具有最后凝固的结晶特点且冷却速度较小，易出现中心偏析。

4）由于连铸时钢水不断补充到液相中，故连铸坯中不会出现图 8-4 中 1 号钢锭中的集中缩孔，但在连铸坯靠近中心位置钢水最后凝固、体积收缩的区域，仍然可能出现缩孔与疏松。

5）连铸时钢水的凝固过程可以控制。可以通过对冷却和凝固条件的控制和调整，获得健全的和比较理想的连铸坯内部结构，从而改善和提高铸坯的内在质量。

6）连铸产生的特有应力状态导致连铸坯内部产生裂纹缺陷等。例如连铸方坯中的角部裂纹、边部裂纹（由细小等轴晶带与柱状晶带连接处沿柱状晶界向内扩展）、中间裂纹（在柱状晶区内产生并沿柱状晶扩展）、中心裂纹等。

8.1.4 轧钢与钢材品种

轧制是金属塑性变形加工（压力加工）方法中的一种。轧制也叫压延，它是指金属坯料通过转动轧辊间的缝隙，承受压缩变形，而在长度方向产生延伸的过程，如图 8-6 所示。

轧制的目的，一方面是为了得到所需要的形状，例如板带材、管材、各种型材以及线材等；另一方面是为了改善金属材料的内部质量，提高金属材料的力学性能。90% 左右的钢材是用轧制方法成形的，通过轧钢，可以将钢锭坯加工成为板、带、棒、线、管等不同形状的钢材。

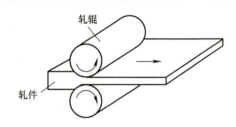

图 8-6 轧制加工示意图

由钢锭或钢坯轧制成一定规格和性能的钢材的一系列加工工序的组合，称为轧钢生产工艺过程。冶金行业的轧钢工艺，按轧钢产品的不同可分为初轧（将钢锭轧成钢坯）、粗轧（将钢坯轧成接近成品的毛坯）和精轧（将毛坯轧制成钢材成品）等；按机架数目的不同可分为单机架轧制和连轧（一根轧件在串列式轧机上同时在两个或两个以上的机架中进行的连续轧制）；按轧制温度不同可分为热轧与冷轧（常温下轧制为冷轧，在高于钢的再结晶温度的高温下进行的轧制则称为热轧）。液态金属连续通过水冷结晶器凝固后直接进入轧机进行塑性变形的工艺方法则称为连铸连轧。

热轧需要的轧制力较小，轧制成品几何尺寸不够精确，但可以破碎粗大的铸态组织，细化晶粒，焊合铸坯中的疏松等缺陷，有利于钢材性能的进一步改善。而冷轧需要的轧制力较大，通常是用热轧后经过酸洗和退火处理的钢卷作坯料，冷轧成品几何尺寸较精确，但仅适用于断面尺寸小的型材和厚度小的薄钢板带。冷轧钢材中存在冷轧导致的加工硬化（位错强化），强度高而塑性差，必要时需经过退火处理才能使用。

根据断面形状的不同，钢材一般分为型材、板材、管材和金属制品四大类。为使用方便，又可根据断面形状、尺寸、质量和加工方法等，进一步细分为更多钢材种类，见表 8-1。

对于特殊钢，必要时亦需要利用锻锤或水压机将钢锭锻压成钢坯或钢材。

表 8-1 按产品形状分类的钢材种类及说明

类别	种类	说明
型材（全长具有特定断面形状和尺寸的实心钢材）	重轨	每米质量大于 30 kg 的钢轨（包括起重机轨）
	轻轨	每米质量小于或等于 30 kg 的钢轨
	大型型钢	普通钢圆钢、方钢、扁钢、六角钢、八角钢、工字钢（含 H 型）、槽钢（U 型钢）、球扁钢、钢板桩、等边和不等边角钢及螺纹钢等。按尺寸大小分为大、中、小型型钢
	中型型钢	
	小型型钢	
	线材	直径为 5～10 mm 的圆钢和线材（亦可归属于小型型钢类）
	弯型钢	将钢材或钢带冷弯成形制成的型钢
	优质型材	优质钢圆钢、方钢、扁钢、六角钢等
	其他钢材	包括重轨配件、车轴坯、轮箍等
板材（宽与厚的比值很大的扁平钢）	薄钢板	厚度等于和小于 4 mm 的钢板
	厚钢板	厚度大于 4 mm 的钢板。分为中板（厚度大于 4 mm，小于 20 mm）、厚板（厚度大于 20 mm，小于 60 mm）、特厚板（厚度大于 60 mm）
	钢带（带钢）	厚度 0.2 mm 以下，长而窄并成卷供应的薄钢板
	电工硅钢薄板	也叫硅钢片或矽钢片
管材（全长为中空断面，且长度与周长的比值较大的钢材）	无缝钢管	用热轧、热轧-冷拔或挤压等方法生产的管壁无接缝的钢管
	焊接钢管（焊管）	将钢板或钢带卷曲成形，然后焊接制成的钢管
金属制品	金属制品	包括钢丝、钢丝绳、钢绞线等

8.2 钢的分类与牌号

由于钢材种类繁多，为了便于生产、保管、选用与研究，必须对钢材加以分类与编号。

8.2.1 钢的分类

按照不同的分类方法，如按用途、化学成分、冶金质量、微观组织的不同等，可将钢分为许多类。

1. 按用途分类

按钢材的用途可分为结构钢、工具钢、特殊性能钢三大类。

1）结构钢是指用于制造各种工程结构（船舶、桥梁、车辆、压力容器等）和各种机器零件（轴、齿轮等）的钢。其中，用于制造工程结构的钢称为工程结构钢，用于制造机器零件的钢称为机械制造结构钢。机械制造结构钢又包括渗碳钢、调质钢、弹簧钢、滚动轴承钢等。

2）工具钢是用来制造各种工具的钢。根据工具用途不同可分为刃具钢、模具钢与量具钢。

3）特殊性能钢是具有特殊物理、化学性能的钢。可分为不锈钢、耐热钢、耐磨钢、电工钢等。

2. 按化学成分分类

按钢材的化学成分可分为非合金钢和合金钢两大类。

1）非合金钢按含碳量又可分为低碳钢（$w_C < 0.25\%$）、中碳钢（$w_C = 0.25\% \sim 0.60\%$）和高碳钢（$w_C > 0.6\%$）。此外，$w_C < 0.0218\%$ 的铁碳合金称为工业纯铁，有时也归于钢类。

2）根据合金钢中含合金元素总量的多少，可以把其分为低合金钢（含合金元素总量小于 5%）、中合金钢（含合金元素总量在 5%～10%）和高合金钢（含合金元素总量在 10% 以上）。此外，根据钢中所含主要合金元素种类不同，也可分为锰钢、铬钢、铅镍钢、铬锰钴钢等。

3. 按冶金质量分类

主要是按钢材中有害杂质磷、硫的含量分类，可分为普通钢（$w_S \leq 0.055\%$，$w_P \leq 0.045\%$）、优质钢（$w_S \leq 0.035\%$，$w_P \leq 0.035\%$）、高级优质钢（$w_S \leq 0.030\%$，$w_P \leq 0.030\%$）和特级优质碳素钢（$w_S \leq 0.025\%$，$w_P \leq 0.025\%$）。

此外还可按冶炼时的脱氧程度，将钢分为沸腾钢（脱氧不完全）、镇静钢（脱氧比较完全）及半镇静钢。

4. 按微观组织分类

按平衡状态或退火状态的组织，可分为亚共析钢、共析钢、过共析钢和莱氏体钢。按钢正火态的组织，可分为珠光体钢、贝氏体钢、马氏体钢、奥氏体钢四种。

在对钢的产品命名时，往往把用途或成分、质量等几种分类方法结合起来，如碳素结构钢、优质碳素结构钢、合金结构钢、合金工具钢等。

8.2.2 钢的牌号

钢的牌号是按照牌号编制标准对钢进行的编号命名。原则上，牌号应当简明，通过牌号应能大致看出钢的成分和用途。世界各国钢的编号方法不一样，国家标准 GB/T 221—2008《钢铁产品牌号表示方法》规定了我国钢铁产品牌号的表示方法，明确钢铁产品牌号通常采用大写汉语拼音字母、化学元素符号和阿拉伯数字相结合的方法表示，但不同钢种的牌号表示方法也不尽相同。另外，GB/T 17616—2013《钢铁及合金牌号统一数字代号体系》也规定了一套数字代号体系，以解决牌号表示烦琐、难记的问题，提高牌号表示的实用性，以及与国际通用标准牌号的对照性。以下介绍 GB/T 221—2008 的规定。

1. 碳素结构钢和低合金结构钢

碳素结构钢和低合金结构钢的牌号通常由四部分组成。

第一部分：前缀符号 + 强度值（以 N/mm² 或 MPa 为单位），其中通用结构钢前缀符号为代表屈服强度的拼音的字母"Q"，专用结构钢的前缀符号有专门规定，如热轧光圆钢筋为"HPB"。

第二部分（必要时）：钢的质量等级，用英文字母 A、B、C、D、E、F……表示。

第三部分（必要时）：脱氧方式表示符号，即沸腾钢、半镇静钢、镇静钢、特殊镇静钢分别以"F"、"b"、"Z"、"TZ"表示。镇静钢、特殊镇静钢表示符号通常可以省略。

第四部分（必要时）：产品用途、特性和工艺方法表示符号，如锅炉或压力容器用钢为"R"，锅炉用钢（管）为"G"，桥梁用钢为"Q"。

举例说明，如碳素结构钢 Q235AF，是指最小屈服强度为 235 MPa 的 A 级沸腾钢；最小屈服强度为 355 MPa 的低合金高强度结构钢 D 级特殊镇静钢表示为 Q355D；HPB235 是屈服强度特征值为 235 MPa 的热轧光圆钢筋，等等。

2. 优质碳素结构钢和优质碳素弹簧钢

优质碳素结构钢和优质碳素弹簧钢牌号通常由五部分组成。

第一部分：以两位阿拉伯数字表示平均碳含量（以万分之几计）。

第二部分（必要时）：较高含锰量的优质碳素结构钢，加锰元素符号 Mn。

第三部分（必要时）：钢材冶金质量，即高级优质钢、特级优质钢分别以 A、E 表示，优质钢不用字母表示。

第四部分（必要时）：脱氧方式表示符号，与碳素结构钢和低合金结构钢相同，但镇静钢表示符号通常可以省略。

第五部分（必要时）：产品用途、特性或工艺方法表示符号。

例如，45 表示平均含碳量为 0.45% 的优质碳素结构钢，65Mn 表示平均含碳量为 0.65% 的较高含锰量的优质碳素弹簧钢。

3. 合金结构钢和合金弹簧钢

合金结构钢和合金弹簧钢牌号通常由四部分组成。

第一部分：以两位阿拉伯数字表示平均碳含量（以万分之几计）。

第二部分：合金元素含量，以化学元素符号及阿拉伯数字表示。具体表示方法为：平均含量小于 1.50% 时，牌号中仅标明元素，一般不标明含量；平均含量为 1.50%～2.49%、2.50%～3.49%、3.50%～4.49%、4.50%～5.49%……时，在合金元素后相应写成 2、3、4、5……另外，化学元素符号的排列顺序一般按含量值递减排列。如果两个或多个元素的含量相等时，则相应符号位置按英文字母的顺序排列。

第三部分：钢材冶金质量，与优质碳素结构钢和优质碳素弹簧钢相同。

第四部分（必要时）：产品用途、特性或工艺方法表示符号。

例如，平均含碳量为 0.20%，平均含锰量在 1.50%～2.49% 之间的合金结构钢表示为 20Mn2；25Cr2MoVA 表示平均含碳量为 0.25%、平均含铬量在 1.50%～2.49% 之间、平均含钼量和平均含钒量均小于 1.50% 的高级优质合金结构钢；60Si2Mn 表示平均含碳量为 0.60%、平均含硅量在 1.50%～2.49% 之间、平均含锰量小于 1.5% 的优质合金弹簧钢。

4. 工具钢

工具钢通常分为碳素工具钢、合金工具钢、高速工具钢三类。

（1）碳素工具钢　其牌号通常由四部分组成。

第一部分：碳素工具钢表示符号"T"。

第二部分：阿拉伯数字表示平均碳含量（以千分之几计）。

第三部分（必要时）：较高含锰量碳素工具钢，加锰元素符号 Mn。

第四部分（必要时）：钢材冶金质量表示符号。

例如，平均含碳量为 1.0% 的碳素工具钢，表示为 T10；平均含碳量为 0.8% 的较高含锰量高级优质碳素工具钢以 T8MnA 来表示。

（2）合金工具钢　其牌号通常由两部分组成。

第一部分：平均碳含量小于 1.00% 时，采用一位数字表示碳含量（以千分之几计）。平均碳含量不小于 1.00% 时，不标明含碳量数字。

第二部分：合金元素含量，以化学元素符号及阿拉伯数字表示，表示方法同合金结构钢第二部分。

例如，9SiCr 表示平均含碳量为 0.9%、平均含硅量和平均含铬量小于 1.5% 的合金工具钢。

低铬（平均铬含量小于 1%）合金工具钢，在铬含量（以千分之几计）前加数字"0"。如平均含铬量为 0.6% 的低铬工具钢的牌号为 Cr06。

（3）高速工具钢　其牌号表示方法与合金结构钢相同，但在牌号头部一般不标明表示碳含量的阿拉伯数字。如 W18Cr4V、W6Mo5Cr4V2 等。

为了区别牌号，在牌号头部可以加"C"，表示高碳高速工具钢。如 CW6Mo5Cr4V2。

5. 轴承钢

轴承钢分为高碳铬轴承钢、渗碳轴承钢、高碳铬不锈轴承钢和高温轴承钢等四大类。

（1）高碳铬轴承钢　其牌号通常由两部分组成。

第一部分：（滚珠）轴承钢表示符号"G"，但不标明碳含量。

第二部分：合金元素"Cr"符号及其含量（以千分之几计）。其他合金元素含量，以化学元素符号及阿拉伯数字表示，表示方法同合金结构钢第二部分。

例如，GCr15SiMn 表示平均含铬量为 1.5%、硅、锰含量小于 1.5% 的高碳铬轴承钢。

（2）渗碳轴承钢　在其牌号头部加符号"G"，采用合金结构钢的牌号表示方法。高级优质渗碳轴承钢，在牌号尾部加"A"，如 G20CrNiMoA。

（3）高碳铬不锈轴承钢和高温轴承钢　在其牌号头部加符号"G"，采用不锈钢和耐热钢的牌号表示方法。

6. 不锈钢和耐热钢

不锈钢和耐热钢牌号采用化学元素符号和表示各元素含量的阿拉伯数字表示。

（1）碳含量　用两位或三位阿拉伯数字表示碳含量最佳控制值（以万分之几或十万分之几计）。

1）只规定碳含量上限者，当碳含量上限不大于 0.10% 时，以其上限的 3/4 表示碳含量；当碳含量上限大于 0.10% 时，以其上限的 4/5 表示碳含量。如碳含量上限为 0.08%，碳含量以 06 表示；碳含量上限为 0.20%，碳含量以 16 表示；碳含量上限为 0.15%，碳含量以 12 表示。

对碳含量不大于 0.030% 的超低碳不锈钢，用三位阿拉伯数字表示碳含量最佳控制值（以十万分之几计）。如碳含量上限为 0.030% 时，其牌号中的碳含量以 022 表示；碳含量上限为 0.020% 时，其牌号中的碳含量以 015 表示。

2）对规定碳含量上、下限者，以平均碳含量×100 表示。如碳含量为 0.16%~0.25% 时，其牌号中的碳含量以 20 表示。

（2）合金元素含量　以化学元素符号及阿拉伯数字表示，表示方法同合金结构钢第二部分。钢中有意加入的铌、钛、锆、氮等合金元素，虽然含量很低，也应在牌号中标出。

例如，碳含量不大于 0.08%、铬含量为 18.00%~20.00%、镍含量为 8.00%~11.00% 的不锈钢，牌号为 06Cr19Ni10；碳含量不大于 0.030%、铬含量为 16.00%~19.00%、钛含量为 0.10%~1.00% 的不锈钢，牌号为 022Cr18Ti；碳含量为 0.16%~0.25%、铬含量为 12.00%~14.00% 的不锈钢，牌号为 20Cr13；碳含量为不大于 0.25%、铬含量为 24.00%~

26.00%、镍含量为19.00%~22.00%的耐热钢,牌号为20Cr25Ni20。

需要说明的是,上述不锈钢与耐热钢的牌号表示方法,是 GB/T 221—2008 与 GB/T 20878—2007 开始规定的牌号表示方法,与以前版本的标准不相同,不同点主要表现在含碳量的表示上。老牌号的含碳量一般用一位阿拉伯数字表示平均含碳量(以千分之几计),当平均含碳量不小于1.00%时,用两位阿拉伯数字表示;当含碳量上限不大于0.08%时,以"0"表示含碳量;当含碳量不大于0.03%时,以"00"表示含碳量。从上述规定可知,新旧牌号极易相互推知,为此本书尽量采用新牌号,若钢没有对应新牌号,则仍采用老牌号。

8.3　工程结构钢

工程结构钢是指用来制造工程结构件的一类钢种。它广泛应用于冶金、矿山、石油、化工、建筑、车辆、造船、军工等领域,如制造矿井架、石油井架、建筑钢结构、桥梁、船体、高压容器、输送管道等。在钢总产量中,工程结构钢占90%左右。

依据成分划分,工程结构钢可以分为碳素结构钢和低合金高强度钢两大类。前者属于非合金钢,后者属于合金钢。

根据工程结构件的一般服役条件,工程结构钢主要的性能要求为具有足够的强度和韧性、良好的焊接性、良好的成形工艺性以及一定的耐蚀性。

工程结构件服役时,主要是承受较大的载荷并能减小整个金属结构的质量,提高结构的安全可靠性,因此对于工程结构件,首先要求钢材具有尽可能高的屈服强度。工程结构件通常的使用温度范围为 $-50 \sim 100$ ℃,特别是在低温使用时,不仅要求工件具有足够高的强度,同时还要求工程结构钢具有较高的低温韧性。另外,某些特殊的工程结构钢还要求有较高的疲劳强度。

焊接是构成钢结构的常用方法,故要求工程结构钢具有良好的焊接性能,即焊接后焊缝性能不低于或略低于母材,焊缝热影响区的性能变化要小,不致产生裂纹。工程结构钢的另一个重要性能需求就是能用普通方法进行加工成形,要求其具有良好的冷热加工性和成形性等工艺性能。

工程结构件大多是在大气或海洋大气中服役,因而要求钢材具有耐大气腐蚀和耐海水腐蚀的能力。另外,根据使用情况还可以提出其他特殊性能要求。同时,这类钢用量大,还必须要考虑到其生产成本。

常用的工程结构钢是热轧态或正火态的低碳钢,其显微组织是铁素体和珠光体。为了能承受更大的载荷并减小结构的质量,要求钢材有较高的强度和良好的塑性。因此,可以通过加入合金元素提高强韧性。主要合金元素为 C、Si、Mn、V、Nb、Ti、Al 等。合金元素通过固溶强化、析出强化、细晶强化和增加珠光体含量等强化机制来提高钢的强度。其中,少量的微合金化元素 V、Nb、Ti、Al 等可明显提高钢的强度等级,形成了微合金钢。当合金元素逐渐增多、强度级别逐渐提高时,工程结构钢的组织逐渐变为贝氏体与马氏体,从而形成低碳贝氏体钢与低碳马氏体钢。

8.3.1 碳素结构钢

碳素结构钢中大部分用作结构件，少量用作机器零件。由于碳素钢易于冶炼，价格低廉，性能也基本满足一般结构件的要求，所以工程上用量很大。碳素结构钢通常轧制成板材、型材等，一般不需要进行热处理，在供应状态下直接使用。

1. 碳素结构钢的分类、成分及性能特点

国家标准 GB/T 700—2006 规定，碳素结构钢按屈服强度分为四级，即 Q195、Q215、Q235 和 Q275。这类钢的特点是碳含量低。除 Q195 不分等级外，其余三类均按 S、P 含量高低分成若干质量等级，A、B 相当于普通碳素钢，C、D 相当于优质碳素钢。此外，还规定了各种钢的脱氧方法。

碳素结构钢的力学性能主要取决于钢的含碳量，含碳量提高，珠光体数量增加，材料强度提高，塑性降低。含碳量从 0.12% 增加到 0.24% 时，屈服强度从 195 MPa 上升到 275 MPa，伸长率从 33% 下降到 22%。

碳素结构钢中的基本元素是 Fe、C、Mn、Si、S 和 P。

2. 常用碳素结构钢

1）Q195 钢。此类钢含碳量适中、含锰量低，强度不高，而塑性、韧性高，具有良好的焊接性能及其他工艺性能，广泛用于轻工机械、运输车辆、建筑等一般结构件，如自行车、农机配件、五金制品、输水和煤气用管、拉杆、支架及机械用一般结构件。

2）Q215 钢。此类钢含碳量适中、含锰量低，塑性好，具有良好的韧性、焊接性及其他工艺性能。用于厂房、桥梁等大型结构件，建筑框架、铁塔、井架及车船制造结构件，轻工、农业机械零件，以及五金工具、金属制品等。

3）Q235 钢。此类钢含碳量适中，是最通用的工程结构钢之一，具有一定的强度和塑性，焊接性良好。适用于受力不大而韧性要求很高的工程结构件，用于建造厂房、高压输电铁塔、桥梁、车辆等。

4）Q275 钢。此类钢含碳量适中，硅、锰的含量较高，具有较高的强度及硬度、较好的塑性及耐磨性，而韧性较低，具有一定的焊接性能和较好的机加工性能。可替代 30、35 优质碳素结构钢，制造承受中等应力的机械结构，如齿轮、销轴、链轮、螺栓、垫圈、农机型材、机架等。

8.3.2 低合金高强度结构钢

低合金高强度结构钢（HSLA 钢），是指在碳的质量分数低于 0.25% 的碳素结构钢的基础上，通过添加一种或多种少量合金元素（总的质量分数低于 3%），使钢的强度显著提高的一类工程结构用钢。这里的"低合金"和"高强度"是指相对于合金元素含量较高的合金钢和较低强度的碳素结构钢而言的。碳素结构钢的屈服强度可达到 275 MPa，而低合金高强度钢的屈服强度可达到 690 MPa。这种高强度是通过加入少量合金元素（主要是 Mn、Si 和微合金化元素 V、Nb、Ti、Al 等）而产生的固溶强化、细晶强化和沉淀强化的综合作用获得的。同时，利用细晶强化使钢的韧-脆转变温度降低，来抵消由于碳氮化物析出强化而导致的钢的韧-脆转变温度升高。

1. 低合金高强度结构钢的分类、成分及性能特点

根据国家标准 GB/T 1591—2018，低合金高强度结构钢按屈服强度分为 Q355、Q390、Q420、Q460、Q500、Q550、Q620、Q690 等 8 个级别，各牌号按质量分为 B、C、D、E、F 等级。上述 8 个级别的牌号除可按热机械轧制供货外，Q355、Q390、Q420、Q460 四个等级牌号还可按热轧、正火或正火轧制状态供货。

我国低合金高强度结构钢的基本特点是：以锰为主，铬、镍含量较低；微合金化元素有钒、铌、钛、钼、硼等；利用少量磷提高耐大气腐蚀性；加入微量稀土元素，以便脱硫、去气、消除有害杂质、改善夹杂物的形态与分布，提高钢的力学性能，对工艺性能也有好处。

由于合金元素的作用，低合金钢不仅具有较高的强度和韧性，而且工艺性能较好，如良好的焊接性能，有的低合金钢还具有耐蚀、耐低温等特性。同时，它们的生产成本也不高。

低合金高强度结构钢大多可直接使用，常用于铁路、桥梁、船舶、汽车、压力容器、焊接结构件和机械构件等，在南京长江大桥和国家体育场"鸟巢"建筑中的应用是非常典型的实例。

2. 常用低合金高强度结构钢

1）Q355 钢。代替了 GB/T 1591—2008 中的 Q345 钢，以及 GB/T 1591—1988 中的 12MnV、14MnNb、16Mn、16MnRE、18Nb 等钢。此类钢强度较高，具有良好的综合力学性能和焊接性能，主要用于建筑结构、桥梁、压力容器、化工容器、重型机械、车辆、锅炉等。

16Mn 钢是发展最早、使用最多、最有代表性的钢种，强度较高，同时具有良好的综合力学性能和焊接性，比使用碳钢可节约钢材 20%~30%。

2）Q390 钢。代替 GB/T 1591—1988 中的 15MnV、15MnTi、16MnNb 等钢。钢中加入 V、Nb、Ti 使晶粒细化，提高了强度。此类钢具有良好的力学性能、工艺性能和焊接性能。该牌号的 C、D、E 等级钢材亦具有良好的低温性能。此类钢适用于制造中高压锅炉、高压容器、车辆、起重机械设备、汽车、大型焊接结构等。

3）Q420 钢。代替 GB/T 1591—1988 中的 15MnVN、14MnVTiRE 等钢。此类钢强度高、焊接性能好，在正火或正火加回火状态具有较高的综合力学性能，用于大型桥梁、船舶、电站设备、锅炉、矿山机械、起重机械及其他大型工程和焊接结构件。

4）Q460 钢。此类钢强度高，在正火、正火加回火或淬火加回火的状态下有很高的综合力学性能。该牌号的 C、D、E 等级钢材可保证良好的韧性。此类钢适用于制造各种大型工程结构中的部件及要求强度高、载荷大的轻型结构中的部件。

5）Q500 钢。在该系列中的 14MnMoVBRE 钢，正火后可得到大量贝氏体组织，屈服强度显著提高。RE 不仅净化钢材，而且使钢材表面的氧化膜致密，因而使钢材具有一定的耐热性，可在 500 ℃以下使用，多用于石油、化工的中温高压容器。

在 18MnMoNb 钢中含有少量的铌，显著地细化了晶粒。钢的沉淀硬化作用使屈服强度提高，同时，Nb 和 Mo 都能提高钢的热强性。这种钢经过正火和回火或调质后，其强度高、综合力学性能和焊接性能好，适合于化工石油工业用的中温高压厚壁容器和锅炉等，可在 500 ℃以下工作。此钢还用于大锻件，如水轮机大轴。

6）Q690 钢。该系列的 14CrMnMoVB 钢在 14MnMoVBRE 钢的基础上加入了一定量的 Cr，因而强度进一步提高。它在正火后也能得到低碳下贝氏体组织，强度、韧性及焊接性都比较令人满意，多用于高温中压（400～560 ℃）容器。

8.3.3 微合金钢

微合金钢是20世纪70年代以来发展起来的一大类低合金高强度钢，其强化方式主要是细化晶粒和沉淀强化。为了充分发挥微合金化元素钒、铌、钛的作用，同时发展了与之配套的控制轧制和控制冷却生产工艺。

首先，微合金钢限定在低碳和超低碳的范围内，保证其良好的成形性和焊接性。其次，要获得更高的屈服强度，通常为加入质量分数小于0.1%的氮、铌、钒、钛，形成碳化物、氮化物或碳氮化物等硬质析出相，以发挥其析出强化和细晶强化的作用。微合金钢一般在热轧退火或正火状态下使用，且不需热处理。它广泛用于船舶、车辆、桥梁、高压容器、锅炉、油管、挖掘机械、拖拉机、汽车、起重机械、矿用机械以及钢结构件等。

微合金钢具有以下基本特点：

1）添加了V、Nb、Ti等强碳氮化物形成元素，且加入量很少（单独或复合加入的元素质量分数小于0.10%），钢的强化机制主要是晶粒细化和析出强化。

2）钢的微合金化和控轧、控冷技术相辅相成，是微合金化钢设计和生产的重要前提。

3）钢的屈服强度较碳素钢和碳锰钢提高2~3倍，故又称为微合金化低合金高强度钢。

4）根据特定用途可以添加其他合金元素，所添加元素或对力学性能有影响，或对耐蚀性、耐热性有利。

8.4 机械制造结构钢

机械制造结构钢用来制造各种机械零件，例如各种轴类、齿轮、高强度结构，广泛应用于汽车、拖拉机、各类机床、工程机械、飞机及火箭等装置上。这些零件承受了多种载荷，在-50~100 ℃之间工作。机械零件要求有良好的服役性能，如足够高的强度、塑性、韧性和疲劳强度等。机械制造结构钢为获得高强度，一般采用淬火得到马氏体组织，因而钢的淬透性有十分重要的意义。有淬火马氏体的钢可以获得高强度和高屈强比。通用机械制造结构钢包括渗碳钢、调质钢、弹簧钢、滚动轴承钢等。

8.4.1 渗碳钢

要求表面具有高疲劳强度和耐磨性的机械零件，需要进行表面化学热处理。适应这种需要的钢种主要是用于渗碳热处理的渗碳钢。渗碳钢主要用于制造齿轮、销杆及轴类等，这些零件承受弯曲、冲击、交变等多种负荷，而且相互之间的表面接触应力会产生较强的摩擦磨损，整体要求高强度，表面要求高硬度和耐磨性以及高接触疲劳强度。为达到这一性能需求，这些零件采用低碳合金钢表面渗碳、淬火的热处理工艺，零件表面渗碳层获得高碳马氏体，心部获得低碳马氏体，使整体有足够高的屈服强度和冲击韧性。

1. 渗碳钢的成分特点

渗碳钢的含碳量决定渗碳零件心部的强度和韧性。过高的含碳量将降低整个零件的韧性，故一般采用低碳钢，含碳量一般不超过0.25%。

渗碳合金结构钢的合金化主要保证钢有足够高的淬透性和强韧性。合金元素要保证整个零件有足够高的淬透性，常用的合金元素有锰、铬、钼、镍、钨、钒、钛、硼等。钒和钛阻止钢在高温渗碳过程中的奥氏体晶粒长大，获得细晶粒组织。

此外，还要考虑合金元素对渗碳工艺性能的影响。强碳化物形成元素钼、钨、铬能增大钢表面对碳原子的吸收能力，增加表面碳原子浓度，也增加渗碳层厚度。钛能阻碍碳在奥氏体内的扩散，从而减小渗碳层的厚度。非碳化物形成元素硅和镍则相反，能降低钢表面对碳原子的吸收能力，减小表面碳原子浓度和渗碳层厚度。钢中的碳化物形成元素含量过高，渗碳层内会形成较多块状碳化物，造成表面脆性。锰对渗碳钢来说，是一个合适的合金元素，既可以加速增厚渗碳层，又不过多地增加表面碳原子浓度。硅引起钢渗碳时奥氏体晶界氧化加剧，对零件的接触疲劳强度有较大负面影响，故应尽可能降低硅的含量。

2. 常用渗碳钢种类

渗碳钢按淬透性可分为低淬透性渗碳钢、中淬透性渗碳钢和高淬透性渗碳钢。

1）低淬透性渗碳钢。其主要用于不重要的齿轮、轴件、活塞销等。活塞销等小件采用碳素钢，如 15 钢和 20 钢。齿轮轴件等用低合金元素含量的 20MnV、20Cr、20Mn 等。20MnV 钢经 880 ℃油淬及 200 ℃回火后，其力学性能为 $R_{p0.2} \geq 637$ MPa、$R_m \geq 833$ MPa、$A \geq 10\%$、$Z \geq 50\%$。

2）中淬透性渗碳钢。其主要用于汽车、拖拉机主齿轮、后桥和轴等承受高速中载荷、抗冲击、耐磨的零件，主要钢种为 20CrMnTi、20MnVB 等。20CrMnTi 钢经 870 ℃油淬、200 ℃回火后，其力学性能为 $R_{p0.2} \geq 837$ MPa、$R_m \geq 980$ MPa、$A \geq 10\%$、$Z \geq 45\%$、$K_{U2} \geq 86$ J。

3）高淬透性渗碳钢。其主要用于承受重载荷的大型重要的齿轮、轴件和铁路机车轴承等，主要钢种为 20CrNi3、20CrNi2Mo、20Cr2Ni4、18Cr2Ni4W 等。18Cr2Ni4W 钢经 880 ℃油淬、180 ℃回火后，其力学性能为 $R_{p0.2} \geq 1000$ MPa、$R_m \geq 1170$ MPa、$A \geq 12\%$、$Z \geq 55\%$、$K_{U2} \geq 125$ J。

为获得综合性能更优越的钢种，发展了超低氧的渗碳钢，采用真空熔炼和真空自耗获得含氧量小于 10×10^{-6} 的钢种。低硅抗晶界氧化渗碳钢系列将含硅量降低到 0.15% 以下，将接触疲劳强度提高了一倍以上。超细晶粒渗碳钢用钒和铌来复合合金化，获得超细晶粒，奥氏体晶粒度达 12~13 级，提高了渗碳后零件的疲劳强度。

8.4.2 调质钢

结构钢经调质处理（即淬火和高温回火）后，有较高的强度、良好的塑性和韧性，即有良好的综合力学性能，适合这种热处理的结构钢称为调质钢。调质钢是机械制造结构钢中的主要钢种，常用于各种机械中的重要部件，例如机床主轴、汽车半轴、连杆等。

1. 调质钢的组织、成分与性能特点

调质钢淬火后得到的马氏体经高温（500~650 ℃）回火后，在 α 相基体上分布有极细小弥散的颗粒状碳化物。不同合金元素会造成回火稳定性的差别以及不同回火温度，可以得到回火屈氏体或回火索氏体，其主要区别是 α 相基体是否完全再结晶和碳化物颗粒聚集长大的程度。

不同化学成分的调质钢只要淬火得到马氏体，再回火到相同的抗拉强度，都可以得到相近的屈服强度、伸长率和断面收缩率。这说明，只要淬透性相当，不同的调质钢可以互换应用。但碳素调质钢经调质后达到与合金调质钢相同的抗拉强度和硬度时，屈服强度和伸长率与合金调质钢相近,断面收缩率却偏低,而且强度越高,断面收缩率偏低越明显。但由于碳素结构钢价格便宜,在满足淬透性的情况下仍被广泛应用。

不同的合金元素对合金调质钢的韧性有着不同的影响。在回火后快冷抑制第二类回火脆性的情况下,钢中加入质量分数在 1.0%~1.4% 之间的锰,钢的冲击韧性有所提高并能稍降低钢的韧-脆转化温度。钢中镍含量增加能使韧-脆转化温度不断下降。硅能降低调质钢的冲击韧性,升高韧-脆转化温度。钢中杂质元素磷对调质钢冲击韧性危害甚大,升高韧-脆转化温度,故调质钢中应尽量降低磷的含量。

调质钢按淬透性的高低分级,即根据它是否含合金元素或合金元素含量的高低分级。同一级别的钢在使用中可以互换。调质钢经调质处理后,其力学性能为 $R_{p0.2}$ = 800~1200 MPa、R_m = 1000~1400 MPa、$A \geqslant 10\%$、$Z \geqslant 45\%$、$K_{U2} \geqslant 75$ J。

2. 常用调质钢

1）碳素调质钢。如 45 钢,用来制造截面尺寸较小或不要求完全淬透的机械零件。由于淬透性低,淬火冷却介质为水或盐水。

2）低淬透性合金调质钢。如 40Cr、45Mn2、40MnB、35SiMn、40MnV 等,通常用于制造承受中等负荷的中等截面机械零件。其中 40Cr 是用量最大的低淬透性合金调质钢,淬火冷却介质为油,其油淬的临界直径为 30~40 mm,主要用于制造机床主轴、齿轮、花键轴等,以及汽车的后半轴、转向节等。

3）中淬透性合金调质钢。如 35CrMo、40MnMoB、40CrMnMo、40CrNi、42CrMo 等。由于有较高的淬透性,淬火冷却介质为油,其油淬的临界直径为 40~60 mm。这类钢用于制造截面较大及在高负荷下工作的结构件,例如 35CrMo 制造高负荷传动轴、大型电机轴、紧固件、汽轮发电机主轴、叶轮、曲轴等。

4）高淬透性合金调质钢。如 40CrNiMo、34CrNi3MoV 等。具有高淬透性,油淬的临界直径为 60~100 mm。经调质处理后获得高强度和高韧性,用于制造要求强度高、韧性好的、承受高负荷的大截面零件。其中 40CrNiMo 是最重要的钢种之一,广泛用于中型和重型机械、机车和重载货车的轴类、连杆、紧固件等。

8.4.3 弹簧钢

弹簧钢就是用以制造各种弹簧的钢。弹簧是机械上的重要部件,利用其弹性变形来吸收和释放外力。为保证承受重载荷时不发生塑性变形,弹簧钢要求具有高的屈服强度（弹性极限）。为防止在交变应力下发生疲劳和断裂,弹簧钢应有高的疲劳强度和足够的韧性、塑性。弹簧钢通常是高碳的优质碳素钢或合金钢。

1. 弹簧钢成分特点

碳素弹簧钢一般含碳量为 0.6%~0.9%,以保证得到高的弹性极限与疲劳极限。由于合金元素使 S 点左移,故合金弹簧钢的含碳量一般为 0.45%~0.7%。

在合金弹簧钢中,主加合金元素为锰、硅、铬等,主要目的是增加钢的淬透性,使钢在淬火与中温回火后,整个截面上获得均匀的回火屈氏体,同时又使屈氏体中铁素体强化,从而有效地提高钢的力学性能,尤其是硅的加入可使屈强比提高。主加元素还有提高回火稳定性的作用,使弹簧在较高温度回火后仍能得到高的弹性极限与韧性。

辅加元素是少量的铜、钨、钒,它们可减少硅锰弹簧钢易产生的脱碳与过热的倾向,同时也可进一步提高弹性极限、屈强比与耐热性。此外，钒还能提高冲击韧性。合金元素都可增加奥氏体稳定性，使大截面弹簧可在油中淬火，减少其变形与开裂倾向。

2. 常用弹簧钢

1）碳素弹簧钢。常用碳素弹簧钢有 65、70、85、65Mn 等。这类钢价格较合金弹簧钢便宜，热处理后具有一定强度，但淬透性差，当直径超出 12~15 mm 时，油淬不能淬透，使得弹性极限和屈强比降低，弹簧的寿命显著降低。但用水淬又易开裂与变形，故碳素弹簧钢只适宜做直径小于 10 mm 的不太重要的弹簧。这类弹簧能承受静载荷及有限次数的循环载荷，其中以 65Mn 在热成形弹簧中应用最广。

2）合金弹簧钢。60Si2Mn 钢是合金弹簧钢中最常用的钢号，它比碳素弹簧钢有更高的淬透性，油淬的临界直径为 20~30 mm；弹性极限高，屈服强度可达 1200 MPa，屈强比与疲劳极限也较高；工作温度一般在 230 ℃ 以下。其主要用于铁路机车、汽车、拖拉机上的钢板弹簧。

50CrVA 钢的力学性能与硅锰弹簧钢相近，但淬透性更高，油淬的临界直径为 30~50 mm。常用于大截面的、承受应力较高的或工作温度低于 300 ℃ 的弹簧。

8.4.4 滚动轴承钢

滚动轴承钢用来制造各种机械传动部分的滚动轴承套圈和滚动体，承受着多种交变应力的复合作用。由于滚动体和套圈之间接触面积很小，因而接触面的单位面积上承受的应力非常高。工作条件要求滚动轴承具有高硬度和耐磨性、高弹性极限和尺寸稳定性。轴承在高应力下长时间运转，套圈和滚动体表面产生接触疲劳，裂纹的形成和扩展导致接触疲劳剥落。对滚动轴承钢的基本要求是组织均匀和纯净度高。

1. 滚动轴承钢的成分特点

常用的滚动轴承钢是高碳铬轴承钢。其含碳量为 0.95%~1.15%，以保证钢具有高的硬度及耐磨性。铬为主要合金化元素，铬一方面可以提高淬透性，另一方面还可以形成合金渗碳体，使钢中的碳化物非常细小均匀，从而大大提高钢的耐磨性和接触疲劳强度。铬还可提高钢的耐蚀性，其含量一般控制在 1.65% 以下。制造大型轴承时，可进一步加入硅和锰，以进一步提高钢的淬透性。

由于轴承的接触疲劳性能对钢材的微小缺陷十分敏感，所以非金属夹杂物对钢的使用寿命有很大影响。它们的多少主要取决于冶炼质量及铸锭操作，因此在冶炼和浇注时必须严格控制其数量。

2. 常用滚动轴承钢

常用高碳铬轴承钢有 GCr15、GCr15SiMn 等，其中 GCr15 钢的用量占滚动轴承用钢总量的 90% 以上。大型和特大型重载轴承通常选用含钼和硅的非标准高淬透性钢 GCr15SiMo。

在不同工作条件专用的钢种还有渗碳轴承钢 G20CrNi2MoA、G20Cr2Ni4A 和 G20Cr2Mn2MoA 等，用于制造铁路车辆、汽车、轧钢机等高冲击载荷的大型或特大型轴承的套圈。不锈轴承钢 G9Cr18、G9Cr18Mo 等，用于制造化学工业和食品工业中要求耐蚀的轴承零件。高温轴承钢 GCr4Mo4V、GCr15Mo4V2 等用于工作温度在 200~430 ℃ 范围的轴承。

3. 高碳铬轴承钢的热处理工艺

高碳铬轴承钢 GCr15 的热处理对获得长寿命的滚动轴承有很重要的作用。因 GCr15 是过共析钢,因此应先通过球化退火得到淬火前合格的原始组织。

GCr15 油淬后获得隐晶马氏体基体,其上分布着细小碳化物颗粒,此外还有少量残余奥氏体。这种显微组织能使钢得到最高硬度、弯曲强度和一定的韧性。淬火后应立即回火,为保证精密轴承的尺寸稳定性,要消除残余奥氏体,一般淬火后应立即进行冷处理,然后低温回火。

8.4.5 其他通用机械制造结构钢

在机械制造工程中,一些特定用途的钢也常被用来加工机器零件,如低淬透性钢、易切削钢、冷镦钢、渗氮钢等,这里介绍一些通用的高强度机械制造结构钢。

1. 低碳马氏体结构钢

调质钢的显微组织是淬火和高温回火的回火索氏体,没有充分发挥碳在提高钢强度方面的潜力。而碳在低温回火马氏体中的固溶强化才是最有效的,同时还有 ε-碳化物与基体共格产生的沉淀强化和马氏体相变产生的相变冷作硬化都对钢的强度做出了贡献。钢中碳的质量分数低于 0.3% 时,淬火后得到的低碳马氏体的微观结构是位错型的板条马氏体。低碳马氏体钢的力学性能优于中碳调质钢,特别是低碳马氏体钢的冷脆倾向更小。

为了保证获得低碳马氏体组织,提高低碳钢的淬透性,必须保证足够的合金元素总量。一般采用低碳合金钢,如 15MnVB、10Mn2MoNb、20SiMnVBRE、20SiMnMoV 等。要求强度和韧性配合更高的、受力更复杂的零件采用中合金钢(如 18Cr2Ni4W),可以获得既有高强度,又有低缺口敏感性和高疲劳强度的综合性能。

2. 低合金超高强度结构钢

低合金超高强度结构钢是在合金调质钢的基础上发展起来的一种高强度、高韧性的合金钢,以满足要求更高比强度的航空、航天器结构的需求,减轻飞行器自重,获得高速度。这类钢主要是将调质钢的热处理工艺改变为淬火和低温回火或等温淬火得到中碳回火马氏体或贝氏体和马氏体组织。这类钢的抗拉强度在 1600 MPa 以上,冲击吸收能量在 8 J 以上,断裂韧性 K_{Ic} 在 70 MN·m$^{-3/2}$ 以上,主要用于飞机起落架、机翼主梁、火箭发动机外壳、火箭壳体等。

低合金超高强度结构钢的强度主要取决于马氏体中固溶碳的浓度,钢中碳的质量分数在 0.27%~0.45% 范围内。合金元素在这类结构钢中的作用主要是提高钢的淬透性、细化晶粒、改善韧性和提高回火马氏体的稳定性。为了有效提高钢的淬透性,采用多元少量合金元素。目前广泛应用的低合金超高强度结构钢是 30CrMnSiNiA、40CrNi2MoA、40CrNi2Si2MoVA、45CrNiMo1VA、35Si2Mn2MoVA 等。

3. 马氏体时效钢

低合金超高强度结构钢靠碳来强化,随着强度要求增加,钢的含碳量也需要增加,但当碳的质量分数高于 0.45% 时,钢的塑性、韧性和断裂韧性下降,出现钢的早期脆性破坏。为克服这些缺陷发展了无碳的马氏体时效钢作为超高强度结构钢使用。它在 Fe-Ni 合金无碳马氏体基础上加入强化元素形成金属间化合物,以产生沉淀强化,同时获得高强度和高韧性。通用的马氏体时效钢的化学成分为 w_{Ni} = 10%~19%、w_{Co} = 0~18%、w_{Mo} = 3.0%~14%、w_{Ti} = 0.2%~1.6%、w_{Al} = 0.1%~0.2%、w_C < 0.03%。实际应用的马氏体时效钢的标准牌号为 18Ni(200)、18Ni(250)、18Ni(300)、18Ni(350)等。

马氏体时效钢的热处理工艺在固溶温度为 820~840 ℃时得到奥氏体,保温时间按其截面厚度每 25 mm 保温 1 h 计算，大截面工件空冷时可获得全部马氏体组织。在 100~155 ℃ 之间发生马氏体转变，冷却到室温形成大部分马氏体及少量残余奥氏体，此时钢的硬度为 28~32 HRC。再经 480 ℃ 时效处理，保温 3~6 h 后空冷，在马氏体基体上析出大量弥散的金属间化合物，形成沉淀强化，硬度上升到 52 HRC。

4. 耐磨钢

耐磨钢是指具有高耐磨性的钢种，广义上也包括结构钢、工具钢、滚动轴承钢等。在各种耐磨材料中，高锰钢是具有特殊性能的耐磨钢。它在高压力和冲击负荷下能产生强烈的加工硬化，因而具有高耐磨性。高锰钢属于奥氏体钢，所以又具有优良的韧性。因此，高锰钢广泛用来制造在磨料磨损、高压力和冲击条件下工作的零件，如坦克和矿山拖拉机履带板、破碎机颚板、挖掘机铲齿以及铁路线和电车线道叉等耐磨件。

高锰钢碳的含量在 0.9%~1.0% 之间，锰的含量在 11.5%~14.5% 之间，钢号为 Mn13，由于这种钢机械加工性能差，通常都是铸造成形，钢号为 ZGMn13。为了某种特定的目的，钢中还可加入铬、镍、钼、钒、钛等元素。

高锰钢的铸态组织基本上由奥氏体和残余碳化物 $(Fe，Mn)_3C$ 组成。由于碳化物沿晶界析出会降低钢的强度和韧性，影响钢的耐磨性，因此，铸造零件必须进行热处理使高锰钢获得全部奥氏体组织。高锰钢消除碳化物并获得单一奥氏体组织的热处理为固溶处理，工程上常称作水韧处理，即将铸件加热到 1000~1100 ℃，并在高温下保温一段时间，使碳化物完全溶解于奥氏体中，然后水冷，使高温奥氏体固定到室温。高锰钢水韧处理后不能再加热至 350 ℃ 以上，否则会有针状碳化物析出，使钢的性能脆化。

高锰钢水韧处理后屈强比很低，塑性和韧性很好，硬度也不高。在使用过程中，高锰钢在很大压力、摩擦力和冲击力作用下会发生塑性变形，表面奥氏体产生很强烈的加工硬化，加工硬化的结果又促使奥氏体向马氏体转变以及 ε-碳化物沿滑移面形成，使钢的硬度高达 450~550 HBW，从而使高锰钢既具有高韧性又具有很高耐磨性。

8.5 工具钢

工具钢主要用来制造各种工具，加工各种材料。按其用途可分为三类，包括刃具钢、模具钢和量具钢。按照化学成分，分为碳素工具钢、低合金工具钢、高速钢。

8.5.1 刃具钢

刃具钢主要用于制作切削工具，如车刀、铣刀、刨刀、钻头、丝锥、板牙等。在切削过程中，刃具承受复杂应力并使刃部因摩擦而升温，可升温到 600 ℃ 甚至更高，同时刃部也发生磨耗。所以刃具要求高硬度和高耐磨性以及热硬性（红硬性）。热硬性是刀刃在高温下保持高硬度（大于 60 HRC）的能力。

制造刃具的刃具钢有碳素工具钢、低合金工具钢和高速钢。

1. 碳素工具钢

碳素工具钢是含碳量在 0.65%~1.35% 间的优质或高级优质碳素钢。高的含碳量可保证淬火后有足够高的硬度。由于碳素工具钢较脆，硅、锰元素稍有增加就会增大淬火时的开裂倾向，同时它的淬透性一般较差，硅、锰含量变动较大时，对淬透性也会产生较大的影响。

因此，碳素工具钢中含硅量和含锰量限制较严。只有 T8Mn、T8MnA 等为提高淬透性，含锰量才适当提高。碳素工具钢的硫、磷的含量也比优质碳素结构钢限制更严。

碳素工具钢淬火后硬度相近，但随着含碳量的增加，未溶渗碳体增多，钢的耐磨性增加、韧性降低。T7、T8 适于制造承受一定冲击而要求韧性较高的刃具（如木工工具）。T9、T10、T11 钢用于制作冲击较小而要求高硬度与耐磨的刃具，如小钻头、丝锥、车刀、手锯条等。T12、T13 钢硬度及耐磨性最高，但韧性最差，用于制造不承受冲击的刃具，如锉刀、精车刀、铲刮刀等。高级优质碳素工具钢 T7A～T13A 比相应的优质碳素工具钢的淬火开裂倾向小，适于制作形状较复杂的刃具。

碳素工具钢在锻压后进行球化退火，以改善切削加工性，并为后续淬火做组织准备。淬火冷却时，由于其淬透性较低，为了得到马氏体组织，一般都选用冷却能力较强的淬火冷却介质（水、盐水等）。

2. 低合金工具钢

低合金工具钢是在碳素工具钢基础上加入少量合金元素发展起来的，主要用于制作切削用量不大的、形状较复杂的刃具，也可兼作冷作模具与量具。低合金工具钢比碳素工具钢的淬透性好，适于制作截面较大的刃具，特别是修磨较困难的刃具（铣刀、钻头、铰刀等）。低合金工具钢有较小的淬火变形，适于制作形状较复杂的刃具；有较高的热硬性（达 300 ℃），适于制作切削用量稍大的刃具；有较高的强度与耐磨性，适于制作受力较大，耐磨性较好的刃具。

低合金工具钢的含碳量为 0.75%～1.5%，以保证钢淬火后具有高硬度（不低于 62 HRC），并可形成适当数量的合金碳化物，以增加耐磨性。

低合金工具钢中常加入的合金元素有铬、锰、硅、钼、钨、钒等，其总含量小于 5%。铬、锰、硅、钼的主要作用是提高淬透性，作为碳化物形成元素的铬、钼、钨、钒等在钢中形成合金渗碳体和特殊碳化物，从而提高钢的硬度和耐磨性。

低合金工具钢主要的钢种有 Cr2、9SiCr、CrMn、CrWMn、CrW5 等。Cr2 钢可用于制作切削工具，如铣刀、车刀等。9SiCr 钢用于制作板牙、丝锥、铰刀、钻头。CrWMn 钢用于制作拉刀、长丝锥、长铰刀、专用铣刀和板牙等。

低合金工具钢的热处理与碳素工具钢基本相同。预备热处理采用球化退火，机械加工后的最终热处理采用淬火、低温回火。由于合金钢导热性较低，所以形状复杂或截面较大的刃具在淬火加热时要进行一次预热（600～650 ℃）。淬火加热温度的选择，应使碳化物不完全溶解，以阻止奥氏体晶粒的粗化和保证钢具有较高的耐磨性。

3. 高速钢

高速钢属于高合金工具钢，由于含有大量碳化物形成元素钨、钼、铬、钒，会出现大量合金碳化物，属于亚共晶莱氏体钢。因为钢的合金度高，又含有大量特殊合金碳化物，经过特定热处理，可使钢在 600～650 ℃ 范围内的热硬度保持在 50 HRC 以上，使其能承受高速切削加工。

（1）高速钢成分特点 高速钢含碳量较高，为 0.7%～1.65%，并有大量（大于 10%）的钨、钼、铬、钒等碳化物形成元素。较高的含碳量可保证形成足够的合金碳化物，通过适当热处理，可以提高高速钢的硬度、耐磨性与热硬性。

钨是提高热硬性的主要元素，它在高速钢中形成很稳定的碳化物 Fe_4W_2C。淬火加热时碳化物部分溶于奥氏体，使淬火后形成含大量钨（及其他合金元素）的马氏体，具有很高的回火稳定性，并在 560 ℃ 左右析出弥散的特殊碳化物 W_2C，造成二次硬化，使高速钢具有高的热硬性。

钼在高速钢中的作用与钨相似，可用 1% 的钼取代 1.5% 的钨。铬在高速钢中含量约为 4%，它在加热时几乎全部溶入奥氏体，明显地提高钢的淬透性，使高速钢在空冷时也能形成马氏体。钒是强碳化物形成元素，淬火加热时，部分溶入奥氏体，并在淬火后存在于马氏体中，从而增加了马氏体的回火稳定性。回火时钒以 VC 形式析出，并呈弥散质点分布在马氏体基体上，产生二次硬化。

（2）常用高速钢种类　高速钢按用途可分为通用高速钢和特种用途高速钢两大类。通用高速钢的综合性能较好，广泛用于各种切削刀具，如车刀、铣刀、铰刀、拉刀、钻头、丝锥、锯条等。加工的材料硬度不超过 300 HBW。通用高速工具钢可分为钨系高速钢、钨钼系高速钢、钼系高速钢，其中 W6Mo5Cr4V2 钢是用量最高的高速钢。特种用途高速钢多用于制作难切削加工材料的刀具。一类是高钒高速钢，如 W6Mo5Cr4V3 等，钢的硬度较高，耐磨性好，适于制造要求特别耐磨的刀具（如车刀等）。另一类是用于制作切削难加工的材料（如高温合金、钛合金、超高强度钢和碳纤维复合材料等）的刀具，这类钢是超硬高速钢如 W9Mo3Cr4V3Co10、W2Mo9Cr4V2Co8、W12Mo3Cr4V3N 等。

（3）高速钢的热处理与热硬性　锻压后的高速钢需要经过退火热处理，以获得颗粒状碳化物并降低硬度，便于机械加工成各种切削工具。退火后 W18Cr4V 钢中总的碳化物体积分数约 30%，W6Mo5Cr4V2 钢中碳化物的体积分数约 28%。

高速钢通过高温淬火加热获得高合金度的奥氏体，使其在高温淬火及回火后获得高硬度和高热硬性，有利于高速切削。正常淬火温度下，未溶共晶碳化物阻碍奥氏体晶粒长大，使晶粒度保持在 9 级细晶粒。高速钢在正常淬火温度下有高的淬透性，一般采用油淬。淬火到室温获得体积分数为 70% 的马氏体、20% 左右的残余奥氏体、10% 未溶碳化物。由于奥氏体晶粒细小，转变生成的马氏体为隐晶马氏体。

高速钢淬火后需在 560 ℃ 时回火三次。在 450 ℃ 以上时，马氏体中析出弥散的 M_2C 型碳化物和 MC 型碳化物，产生二次硬化，并在 560 ℃ 时达到硬度峰值 63~65 HRC。同时，基体中仍保留质量分数为 0.25% 的碳和一定含量的钨、钼、铬。这种回火马氏体组织有很高的稳定性，在 600 ℃ 以上仍能保持高硬度。残余奥氏体回火到 500~600 ℃ 间要析出碳化物，导致残余奥氏体的合金度降低，冷却时部分残余奥氏体发生马氏体转变，残余奥氏体总体积分数从 20% 减少到 10%。但这还不够，还需进一步降低残余奥氏体量、降低新生马氏体造成的内应力。只有经过三次 560 ℃ 回火，才能基本消除残余奥氏体和新生马氏体造成的内应力。

8.5.2　模具钢

模具钢根据工作状况可分为热作模具钢、冷作模具钢和塑料模具钢。热作模具钢用于加工赤热金属或液态金属，使之成形，模具温度呈周期升降，并承受高压和摩擦。要求高温下的硬度、强度、热疲劳良好，以及良好的韧性。冷作模具钢用于制作冷加工模具，对金属进行冲压、冷墩、剪切、冷轧等，故要求高硬度、高耐磨性。塑料模具钢用于制作对塑料热模压成形的模具，一般用合金结构钢制作。

1. 冷作模具钢

冷作模具钢包括冷冲模（冲裁模、弯曲模、拉延模等）及冷挤压模等。它们都要使金属在模具中产生塑性变形，所以模具会受到很大压力、摩擦或冲击。冷作模具正常的失效一般是磨损过度，有时也可能因脆断、崩刃而提前报废。因此，冷作模具钢与刃具钢相似，主要是要求高硬度、高耐磨性及足够的强度与韧性。当然，也要求较高的淬透性与较低的淬火变形倾向。

尺寸小、形状简单、负荷轻的冷作模具，如小冲头、剪薄钢板的剪刀可选用 T10A 等碳素工具钢制造。尺寸较大、形状复杂、淬透性要求较高的冷作模具，一般选用 9SiCr、9Mn2V、CrWMn 等低合金工具钢或 GCr15 轴承钢。尺寸大、形状复杂、负荷重、变形要求高的冷作模具，须采用中合金或高合金模具钢，其中，高铬和中铬模具钢是典型钢种。

高铬模具钢是铬的含量在 12% 左右的高碳亚共晶莱氏体钢，其碳的含量在 1.4%~2.3% 之间。钢中的碳化物为高硬度的 Cr_7C_3，在钢中的体积分数达 16%~20%。这是一类高耐磨冷作模具钢，代表钢种有 Cr12、Cr12MoV、Cr12Mo1V1 等，它们是各类模具钢中热处理变形最小的一类钢种。由于加热时，奥氏体内溶入大量合金元素，钢有很高的淬透性，模具截面厚度在 400 mm 以下的可完全淬透，可以做大型复杂的并承受冲击的模具。常用的 Cr12MoV 和 Cr12Mo1V1 钢是在高碳 Cr12 钢的基础上适当降碳，增加钼和钒。这两种钢减少了共晶碳化物并细化了碳化物和奥氏体晶粒，增加了韧性。高铬模具钢的热处理工艺一般采用淬火后低温回火，也可采用高温回火以产生二次硬化。

中铬模具钢与高铬模具钢相比，碳的含量稍微降低，铬的含量为中等水平，退火后显微组织为过共析钢，碳化物的体积分数约 15%，以 Cr_7C_3 型为主。常用的中铬模具钢为 Cr5Mo1V、Cr4W2MoV 等。Cr4W2MoV 钢除含有 3.50%~4.00% 铬外，还有较高的钨、钼和钒，不但提高了钢的淬透性，而且细化了奥氏体晶粒。其优点是碳化物分布均匀，耐磨性好，淬透性高，热处理变形小，可以制作形状复杂、高精度的冷作模具，如冷冲模、冷挤压模、冷镦模、拉延模。

高速钢 W18Cr4V、W6Mo5Cr4V2 也满足冷作模具的性能要求，但选用高速钢主要是利用其高淬透性和高耐磨性，而不用其高热硬性，故常采用低温淬火，以提高钢的韧性。相应的，另外一类冷作模具钢是从高速钢转化来的低碳高速钢和基体钢。低碳高速钢常用的是 6W6Mo5Cr4V 钢，其碳和钒的含量都降低了。由于有较高的韧性和耐磨性，加工性也得到改善。基体钢的化学成分取自通用高速钢淬火后基体的化学成分，消除了过多的剩余未溶共晶碳化物带来的脆性，有良好的韧性和工艺性能。基体钢 50Cr4Mo3W2V 取自 W6Mo5Cr4V2 高速钢的基体成分，用作模具钢比对应的高速钢模具有更长的使用寿命。

2. 热作模具钢

用于金属热成形的模具有两种工作状况，一种是对红热的固态金属进行压力加工成形，如热挤压模和锤锻模，与红热固态金属接触的模具的型腔内表面温升可达 600~650 ℃；另一种是在模具型腔内对熔融金属进行压铸，使其成为固态，模具表面温升可达 800 ℃，如压铸模。这两种情况中的模具型腔会周期性地交替升温和降温，热应力使型腔产生热疲劳，型腔表面产生龟裂，型腔工作部位受应力作用会产生塑性变形。所以热作模具钢的主要特性是回火稳定性好，在高温下能保持较高的强度和硬度，有较好的热疲劳强度和韧性。

为满足上述性能要求，热作模具钢一般采用中碳钢，既保证钢的塑性、韧性和导热性，又不降低钢的硬度、强度和耐磨性。加入合金元素铬、钨、钼、硅,以提高钢的高温硬度、强度和回火稳定性及提高钢的热疲劳强度;加入铬、镍、硅、锰,以提高钢的淬透性。

锤锻模具钢的显微组织要求在 600～650 ℃范围有良好的稳定性,回火索氏体能承受高的冲击载荷并保持高强度。此外,钢要求高淬透性并防止第二类回火脆性。模具高度小于 400 mm 的中型模具可采用 5CrMnMo 等中等淬透性钢种,模具高于 400 mm 的大型模具采用 5CrNiMo 和 3Cr2MoWVNi,后者有更高的高温强度、韧性和热稳定性。

热挤压模和压铸模与热态金属接触时间长,承受应力大,温升高,要求模具钢热强度高,有良好的抗烧蚀性。这种工作条件应采用中铬系钢,加入钼、钨、钒、硅等强化元素和抗烧蚀元素。通用钢种为 4Cr5MoSiV、4Cr5MoSiV1 等。

8.5.3 量具钢

量具钢用于制造各种量具,如量规、卡尺等。对量具的性能要求是高硬度(62～65 HRC)、高耐磨性、高的尺寸稳定性。此外,还需有良好的磨削加工性,使量具能达到很高的光洁度。形状复杂的量具还要求淬火变形小。

对高精度、形状复杂的量具,一般都采用微变形合金工具钢制造,如 CrWMn、CrMn 钢等。滚动轴承钢 GCr15 也是良好的制造精密量具的钢材。对形状简单、尺寸较小、精度要求不高的量具也可用碳素工具钢 T10A、T12A 制造。对要求耐蚀的量具可用不锈工具钢制造。

量具钢热处理基本与刃具钢相同。为获得高的硬度与耐磨性,其回火温度还应低些。量具钢的热处理主要问题是保证尺寸稳定性,为了提高量具的尺寸稳定性,可在淬火后立即进行冷处理,然后再进行低温回火(150～160 ℃)。高精度量具(如量块等)在淬火、低温回火后,还要进行一次人工时效,以尽量使淬火组织转变为较稳定的回火马氏体并消除淬火内应力。在精磨后再进行一次人工时效以消除磨削应力。

8.6 不锈钢

能抵抗大气腐蚀的钢称为不锈钢。而在一些化学介质(如酸类等)中能抵抗腐蚀的钢称为耐酸钢。通常也将这两类钢统称为不锈钢。一般不锈钢不一定耐酸,而耐酸钢则一般都具有良好的耐蚀性能。

8.6.1 金属的腐蚀

材料表面受到外部介质作用而逐渐破坏的现象称为腐蚀或锈蚀。对于金属材料来说,腐蚀可分为化学腐蚀与电化学腐蚀两类。金属在干燥气体和非电解质溶液中的腐蚀称为化学腐蚀(如金属在高温下产生的氧化)。电化学腐蚀是金属与电解质(酸、碱、盐)溶液接触时发生的腐蚀,腐蚀过程中有电流产生。

大部分金属的腐蚀属于电化学腐蚀。当两种电极电位不同的金属互相接触,而且有电解质溶液存在时,将形成微电池,使电极电位较低的金属成为阳极并不断被腐蚀,电极电位较高的金属为阴极而不被腐蚀。在同一合金中,也有可能产生电化学腐蚀。例如,钢中珠光体是由铁素体和渗碳体两相组成的,铁素体的电极电位比渗碳体低,当有电解液存在时,铁素体成为阳极而被腐蚀。

为了提高钢的耐蚀性，主要采取以下措施：

1）在钢中加入大量的合金元素（常用铬），使其表面形成一层致密的氧化膜（又称钝化膜，如 Cr_2O_3 等），使钢与外界隔绝而阻止进一步氧化。

2）在钢中加入大量合金元素（如铬等），使钢基体（铁素体、奥氏体、马氏体）的电极电位提高，从而提高其抵抗电化学腐蚀的能力。如铁素体中溶解约12%的铬时，其标准电极电位将由 -0.56 V 跃升至 +0.20 V。

3）加入大量铬、镍等合金元素，使钢能形成单相的铁素体或奥氏体组织，以免形成微电池，从而显著提高耐蚀性。加入锰、氮也有类似作用。

不锈钢发生腐蚀的主要形式有一般腐蚀、晶间腐蚀、应力腐蚀、点腐蚀等。其中晶间腐蚀、应力腐蚀和点腐蚀都是不允许发生的破坏严重的腐蚀。只要有其中一种，就认为这种不锈钢在发生腐蚀的介质中是不耐蚀的。而一般腐蚀，根据不同的使用条件对耐蚀性提出了不同要求的指标，分为两大类。第一类为在大气及弱腐蚀介质中耐蚀的普通不锈钢，腐蚀速度小于 0.01 mm/a 为完全耐蚀，腐蚀速度小于 0.1 mm/a 为耐蚀，腐蚀速度大于 0.1 mm/a 为不耐蚀。第二类为在各种强腐蚀介质中耐蚀的耐酸钢，腐蚀速度小于 0.1 mm/a 为完全耐蚀，腐蚀速度小于 1.0 mm/a 为耐蚀，腐蚀速度大于 1.0 mm/a 为不耐蚀。

8.6.2 不锈钢种类及应用

根据基本组织不同，不锈钢可分为铁素体型不锈钢、奥氏体型不锈钢、奥氏体-铁素体型不锈钢、马氏体型不锈钢和沉淀硬化型不锈钢。

1. 铁素体型不锈钢

铁素体型不锈钢的主要合金元素是铬，铬的含量在12%~30%之间，还有少量碳。为了提高耐蚀性，有的钢中还加入钼、钛等。铁素体型不锈钢多在退火状态下使用，其显微组织是单一的铁素体，由于具有体心立方结构，加热时原子扩散快，晶粒粗化温度低，在600 ℃以上晶粒就开始长大。若加入一定量的钛以形成碳化物、氮化物，则可以起到细化晶粒的作用，并提高钢中晶粒的粗化温度。由于铁素体型不锈钢没有固态相变，因此不能通过热处理细化晶粒进行强化。

铁素体型不锈钢存在475 ℃脆性。其原因是在475 ℃加热时，铁素体内的铬原子趋于有序化，形成许多富铬相，产生很大的晶格畸变与内应力，同时使滑移难以进行，导致钢脆化。高铬铁素体不锈钢在520~820 ℃之间长时间加热，铁素体中会析出 FeCr 金属间化合物 σ 相，硬度高、脆性大，会使钢产生 σ 相脆性。防止产生475 ℃脆性和 σ 相脆性的方法是快冷，将产生脆性的钢加热到富铬相和 σ 相重新溶入基体，随后快速冷却，可以消除脆性。

工业上常用的铁素体型不锈钢牌号有 10Cr17、10Cr17Mo、022Cr18Ti、008Cr30Mo2 等，广泛用于硝酸、氮肥、磷酸等工业，也可作为高温下的抗氧化材料。

2. 奥氏体型不锈钢

奥氏体型不锈钢是应用最广的不锈钢，属镍铬钢。最典型的是铬的含量在18%左右、镍的含量在9%左右的18-8型不锈钢，如 06Cr19Ni10、12Cr18Ni9、06Cr18Ni9Ti 等。这种钢含碳量很低，由于镍的加入，扩大了奥氏体区而获得单相奥氏体组织，有很好的耐蚀性和耐热性，广泛用于化工、石油、航空等工业。

奥氏体型不锈钢在 450~850 ℃ 温度时，在晶界析出碳化物（Cr，Fe）$_{23}$C$_6$，从而使晶界附近的含铬量低于 11.7%，这样晶界附近就容易引起晶间腐蚀。有晶间腐蚀的钢，受力后容易沿晶界开裂或粉碎。防止晶间腐蚀的方法有降低含碳量，使钢中不形成铬的碳化物，或加入能形成稳定碳化物的元素钛、铌等，使钢中优先形成 TiC、NbC，而不形成铬的碳化物，以保证奥氏体中含铬量。

奥氏体型不锈钢退火状态下并非是单相奥氏体，还含少量的碳化物。为了获得单相奥氏体，提高耐蚀性，可进行固溶处理。固溶处理的具体工艺为在 1100 ℃ 左右加热，使所有碳化物都溶入奥氏体然后水冷至室温。

3. 奥氏体-铁素体型不锈钢

奥氏体-铁素体型不锈钢也称双相不锈钢。双相不锈钢在固溶处理后的组织中，铁素体相和奥氏体相的体积分数大体相当。在控制好钢的化学成分后，双相不锈钢兼有铁素体不锈钢和奥氏体不锈钢的主要优点。比铁素体不锈钢的塑性和韧性更高、焊接性更好，比奥氏体不锈钢的强度更高、耐晶间腐蚀和耐应力腐蚀能力更高。双相不锈钢由于含铁素体组织，所以仍有 475 ℃ 脆性和 σ 相脆性倾向。双相不锈钢有 14Cr18Ni11Si4AlTi、022Cr19Ni5Mo3Si2、022Cr25Ni6Mo2N 等。双相不锈钢的屈服强度比 12Cr18Ni9 奥氏体不锈钢高一倍以上，室温下的冲击韧性也不低。

4. 马氏体型不锈钢

马氏体型不锈钢的含铬量在 12%~18% 范围内，含低碳或高碳，这类钢具有高强度和耐蚀性，其显微组织为淬火和不同温度回火后的组织，包括回火马氏体和回火索氏体。由于铬含量较高，淬透性很好，淬火后回火稳定性很强，500 ℃ 以下回火钢的硬度变化不大。

常用的马氏体不锈钢有三类，即 Cr13 型、高碳 Cr18 型、低碳 Cr17Ni2 型马氏体不锈钢。

Cr13 型马氏体不锈钢因碳的含量不同而用途各异。其中 06Cr13、12Cr13 和 20Cr13 为结构钢，在弱腐蚀介质中耐蚀，用于制作耐蚀和高强度的结构，如蒸汽涡轮的叶片、轴、拉杆、水压机阀门、食品工业用具和餐具。30Cr13 和 40Cr13 是工具钢，淬火、低温回火后可保持高硬度，用来制作医用和日用刀具。若在 12Cr13 和 20Cr13 钢中加入钼、钨、钒等，可提高钢的热强性。

Cr17Ni2 马氏体不锈钢是工作温度低于 400 ℃ 以下的耐蚀高强度钢，淬火、回火后具有较好的综合性能，广泛用于化学和航空工业，制作高强度又耐硝酸和有机酸的零件、泵、阀等。

高碳 95Cr18 型马氏体不锈钢是亚共晶莱氏体钢，用大的锻压比来减轻碳化物的不均匀性。这类钢可加入钼来增加钢的耐蚀性和耐磨性。钢经淬火、-70 ℃ 冷处理和低温回火后，硬度大于 55 HRC，用于制作优质刀具及在海水、硝酸、蒸汽等腐蚀介质中的不锈轴承。

5. 沉淀硬化型不锈钢

通过进一步加入合金元素，提高马氏体不锈钢的高温组织稳定性，发展了沉淀硬化型耐热不锈钢。这些强化合金元素有钼、钨、钒、铝、钛等，其中钼、钨可在较高温度下保持马氏体基体的强度，铝、钛、铌、钴等可形成一系列金属间化合物，产生有效的沉淀硬化作用。沉淀硬化型不锈钢的铬含量应保持在 12%~18% 范围内，保证足够的耐蚀不锈性，镍的含量应保证能在高温下获得奥氏体组织，一般在 4%~8% 之间。

根据沉淀硬化型不锈钢的基体特征和热处理工艺上的差别，可分为马氏体沉淀硬化型不锈钢、半奥氏体沉淀硬化型不锈钢和奥氏体沉淀硬化型不锈钢三类。

半奥氏体沉淀硬化型不锈钢的特点是经固溶处理后，在室温下具有奥氏体组织，易于冷塑性成形、焊接。随后经过强化处理得到马氏体组织，并在马氏体基体上产生沉淀强化，进一步提高钢的强度。钢的沉淀强化相是 Ni_3Al。半奥氏体沉淀型不锈钢的典型钢种为 07Cr17Ni7Al 和 07Cr15Ni7Mo2Al。为了获得足够量的沉淀强化相 Ni_3Al，铝的含量应保持在 1.2%。这类钢的热处理工艺包括固溶处理、调质处理和时效处理。调质处理的目的是使 $Cr_{23}C_6$ 碳化物析出，降低奥氏体的含碳量，提高 M_s 温度。半奥氏体沉淀硬化型不锈钢主要用于制造飞机蒙皮、结构件、导弹压力容器和构件等。

马氏体沉淀硬化型不锈钢经过固溶处理后其 M_s 点约为 150 ℃，M_f 点低于 30 ℃，马氏体转变程度受钢的化学成分和冷却方式的影响。这类钢中加入强化合金元素钼、钛、铝、铌，形成拉弗斯相 $Fe_2(Mo,Nb)$，富镍相如 $\gamma'-Ni_3(Al,Ti)$、Ni_3Ti、Ni_3Mo，还有 β-NiAl 相和富铜相等沉淀强化相。为保证在高温下获得单一奥氏体，需要加入奥氏体形成元素镍，镍的含量控制在 4%~8%。典型的马氏体沉淀硬化型不锈钢为 04Cr13Ni8Mo2Al、022Cr12Ni9Cu2NbTi 等。

8.7 耐热钢

耐热钢和耐热合金的发展是高温下工作的动力机械的需要，如火电厂的蒸汽锅炉和蒸汽涡轮、航空工业的喷气发动机，以及航天、舰船、石油和化工等行业中的高温工作部件。它们都在高温下承受各种载荷，如拉伸、弯曲、扭转、疲劳和冲击等。此外，它们还与高温蒸汽、空气或燃气接触，表面发生高温氧化或气体腐蚀。在高温下工作，钢和合金将发生原子扩散过程，并引起组织转变，这是与低温工作部件的根本不同。耐热钢和耐热合金的基本要求，一是有良好的高温强度及与之相适应的塑性，二是有足够高的化学稳定性。

钢和合金在温度和应力作用下将发生连续而缓慢的变形，即蠕变。钢和合金中的组织变化是蠕变的内因。表示高温强度的指标有三种：

1) 蠕变强度，它表示在某温度下，在规定时间内达到规定变形（如 0.1%）时所能承受的应力。

2) 持久强度，它指在规定温度和规定时间下断裂所能承受的应力。

3) 持久寿命，它表示在规定温度和规定应力作用下拉断的时间。另外，高温下的紧固件要求有低的应力松弛性能，承受交变应力的高温零件要求有高的高温疲劳强度。

钢和合金在高温下与空气接触将发生氧化，表面氧化膜的结构因温度和合金的化学成分不同，而有着不同的化学稳定性。钢在 575 ℃ 以下时表面生成 Fe_2O_3 和 Fe_3O_4 层，在 575 ℃ 以上时出现 FeO 层，此时氧化膜外表层为 Fe_2O_3，中间层为 Fe_3O_4，与钢接触层为 FeO。当 FeO 出现时，钢的氧化速度剧增。FeO 为铁的缺位固溶体，铁离子有很高的扩散速率，因而 FeO 层增厚最快，Fe_3O_4 和 Fe_2O_3 层较薄。氧化膜的生成依靠铁离子向表层扩散，氧离子向内层扩散。由于铁离子半径比氧离子的小，因而氧化膜的生成主要靠铁离子向外扩散。要提高钢的抗氧化性，首先要阻止 FeO 出现。加入能形成稳定而致密氧化膜的合金元素，使铁离子和氧离子通过膜的扩散速率减慢，并使膜与基体牢固结合，可以提高钢和合金在高温下的化学稳定性。

合金元素对钢氧化速度的影响如图 8-7 所示。钢中加入铬、铝、硅，可以提高 FeO 出现的温度，改善钢的高温化学稳定性。就质量分数而言，1.03%的Cr可使FeO在600℃出现，1.14%的Si使FeO在750℃出现，1.1%Al和0.4%Si可使FeO在800℃出现。当铬和铝的含量高时，钢的表面可生成致密的Cr_2O_3或Al_2O_3保护膜。通常在钢表面生成$FeO·Cr_2O_3$或$FeO·Al_2O_3$等尖晶石类型的氧化膜，含硅钢中生成Fe_2SiO_4氧化膜，它们都有良好的保护作用。铬是提高抗氧化能力的主要元素，铝也能单独提高钢的抗氧化能力。而硅由于会增加钢的脆性，加入量受到限制，只能作辅加元素。其他元素对钢的抗氧化能力影响不大。少量稀土金属或碱土金属能提高耐热钢和耐热合金的抗氧化能力，特别在

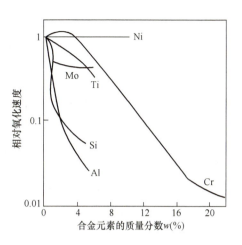

图8-7 合金元素对钢氧化速度的影响

1000℃以上，使高温下晶界优先氧化的现象几乎消失。钨和钼将降低钢和合金的抗氧化能力，由于氧化膜内层附着金属生成含钨和钼的氧化物，而MoO_3和WO_3具有低熔点和高挥发性，使抗氧化能力变坏。

高于400℃的水蒸气能使钢氧化，有

$$3Fe + 4H_2O \longleftrightarrow Fe_3O_4 + 4H_2$$

当氢扩散到钢中将引起脱碳，生成甲烷，并在晶界析出，引起裂纹，即腐蚀。耐热钢和耐热合金的抗氧化和耐气体腐蚀能力分为五级，腐蚀速度≤0.1 mm/a为完全抗氧化、>0.1~1.0 mm/a为抗氧化、>1.0~3.0 mm/a为次抗氧化、>3.0~10.0 mm/a为弱抗氧化、>10.0 mm/a为不抗氧化。

8.7.1 铁素体型耐热钢

耐热钢根据显微组织可分为铁素体型和奥氏体型两大类。其中铁素体型耐热钢包括铁素体-珠光体耐热钢、马氏体耐热钢，一般在350~650℃范围内工作。

1. 铁素体-珠光体耐热钢

这类钢的合金元素总量不超过5%，退火后得到铁素体和珠光体组织，经过热处理对钢进行强化，其强化方法是固溶强化和碳化物沉淀强化。其多用于锅炉蒸汽管道，在450~620℃蒸汽介质中长期运行。

固溶强化元素有钨、钼、铬。钨、钼溶于基体α相，能增强基体原子间结合强度，提高再结晶温度，因而能显著地提高基体的蠕变抗力。铬在w_{Cr}≤0.5%时强化基体的作用较强，铬的含量继续增加则强化作用增加很少，其他元素如锰、硅、镍、钴的影响很小。

碳化物沉淀强化作用以MC型最高，它不易聚集长大。M_2C型的沉淀强化作用次之，M_6C型又次之。M_7C_3型由于聚集长大速度高，将降低钢的蠕变强度。

强碳化物形成元素钒、钛、铌在钢中形成各自的特殊碳化物VC、TiC、NbC。钨、钼在钢中形成M_2C型的W_2C、Mo_2C和M_6C型的Fe_3W_3C、Fe_3Mo_3C。铬在钢中的含量低时，出现合金渗碳体$(Fe,Cr)_3C$。当w_{Cr}超过2%时，会出现$(Cr,Fe)_7C_3$碳化物。

含钨、钼、钒、钛、铌的钢经过热处理后，在500~700℃范围内析出MC型和M_2C型

碳化物,产生沉淀强化。当 $w_V/w_C=4$,符合 VC 化学方程式时,碳和钒几乎全部结合形成 VC,就达到了最佳的沉淀强化效果,具有最高的蠕变抗力。铌和钛的作用与钒相似,当 $w_{Nb}/w_C=8$、$w_{Ti}/w_C=3$ 时,几乎全部形成 NbC 或 TiC,具有最高蠕变抗力。

当其比例小于各自的数值时,有剩余碳存在,它就会与钨、钼形成 M_2C 或 M_6C 型碳化物。这两种碳化物,尤其是 M_6C,其聚集长大速度高,强化效果差,同时减少了钨、钼在基体中的固溶强化作用。当钒、铌、钛与碳的比例超过各自的数值时,过剩的钒会降低基体的蠕变抗力,过剩的铌或钛会形成 AB_2 相,如 Fe_2Nb 和 Fe_2Ti,其聚集长大速度较高,对蠕变强度不利。

增加钢中的铬和硅的含量,可以提高钢在 600 ℃抗氧化和耐气体腐蚀的能力。

显微组织对铁素体-珠光体耐热钢的蠕变强度有很大影响。以 12Cr1MoV 钢为例,经 980 ℃奥氏体化后炉冷(1~6 ℃/min),得到铁素体和珠光体组织;空冷(200~500 ℃/min)得到粒状贝氏体加少量铁素体和马氏体组织;淬火(>600 ℃/min)得到马氏体组织,后两者须经过高温回火。三者在 580 ℃和 600 ℃时的长时间持久强度试验表明,马氏体高温回火的组织具有最高的持久强度,粒状贝氏体高温回火的组织次之,铁素体-珠光体组织最低,试验结果见表 8-2。而持久塑性,则具有铁素体-珠光体组织的最高,粒状贝氏体高温回火组织的最低,马氏体高温回火组织的居中。通过热处理来改变铁素体-珠光体耐热钢的组织,是提高蠕变强度和持久强度的主要途径。由于铬、钼、钒的作用,钢经淬火后在 740 ℃回火,α 相未完全再结晶,仍具有较高的位错密度,VC 可沉淀在位错上,阻碍再结晶进行。12Cr1MoV 钢经淬火后在 700 ℃回火的显微组织如图 8-8 和图 8-9 所示。12Cr1MoV 钢淬火或空冷后经 740 ℃回火得到的强化组织在 600 ℃或低于 600 ℃使用时,有足够的组织稳定性,能保持较高的持久强度,可制作最高达 580 ℃的高压过热蒸汽管及超高压锅炉锻件。

表 8-2 热处理工艺对 12Cr1MoV 钢持久强度的影响

热处理工艺	580 ℃		600 ℃	
	σ_{10000}/MPa	σ_{100000}/MPa	σ_{10000}/MPa	σ_{100000}/MPa
980 ℃水淬、740 ℃回火 5 h	127	98	100	83
980 ℃空冷、740 ℃回火 5 h	118	88	78	59
980 ℃炉冷	78	49	46	29

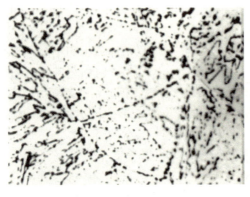

图 8-8 12Cr1MoV 钢经淬火后在 700 ℃回火的显微组织(1500 倍)

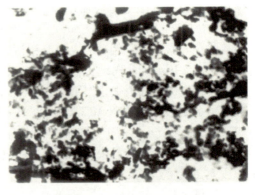

图 8-9 12Cr1MoV 钢经淬火后在 700 ℃回火后的显微组织(60000 倍)

铁素体-珠光体耐热钢在 400~580 ℃长期运转后将发生第二类回火脆性，钢中杂质元素磷、锡、锑、砷等的晶界偏聚导致钢的回火脆化倾向增大。钢中氮的含量也对脆化有较大的影响。钢中虽然含有钼，但这种长时间过热后的回火脆性也难以避免。

铁素体-珠光体耐热钢的典型钢种有 12Cr1MoV、12Cr2.25Mo1、15CrMo 等，新发展的钢种有 12Cr2MoWVSiTiB 等。铁素体-珠光体耐热钢的代表性钢种的化学成分见表 8-3。

表 8-3　铁素体-珠光体耐热钢的代表性钢种的化学成分　　　　　（%）

钢号	w_C	w_{Cr}	w_{Mo}	w_W	w_V	w_{Ti}	w_{Mn}	w_{Si}	其他
15CrMo	0.12~0.19	0.80~1.10	0.40~0.55	—	—	—	0.40~0.70	0.17~0.37	
12Cr1MoV	0.08~0.15	0.90~1.20	0.25~0.35	—	0.16~0.30	—	0.40~0.70	0.17~0.37	
12Cr2.25Mo1	0.12	2.25	1.00	—	—	—	0.55	0.25	
12Cr2MoWVSiTiB	0.17~0.23	1.6~2.1	0.5~0.6	0.3~0.5	0.28~0.42	0.06~0.12	0.45~0.65	0.46~0.75	≤0.008B

12Cr2MoWVSiTiB 钢中钒、钛主要起沉淀强化作用，当钢中 $w_{V+Ti}/w_C = 4.5 \sim 6$ 时，钒和钛能完全形成 MC 型碳化物（V，Ti）C，少部分钼和钨形成 M_6C 碳化物，大部分铬、钼、钨溶于 α 相中起固溶强化作用，硼起晶界强化作用，铬和硅能提高钢在 600~620 ℃时的抗氧化性。这种钢有较高的淬透性，在 1010~1030 ℃时奥氏体化后空冷，可以得到粒状贝氏体组织，再经过 770~790 ℃回火，得到的强化组织在 620 ℃有良好的组织稳定性。其在 620 ℃的 10^5h 持久强度约 63.7~98.2 MPa。

2. 马氏体耐热钢

低碳的 Cr13 型马氏体不锈钢虽有高的抗氧化性和耐蚀性，但组织稳定性较差，只能用于 450 ℃以下的汽轮机叶片等。Cr12 型马氏体耐热钢是通过加入钼、钨、钒、铌、氮、硼等元素来进行综合强化，有较高的热强性、耐蚀性和振动衰减性能，与奥氏体耐热钢相比导热性好，膨胀系数小，可用于 570 ℃汽轮机转子，并可用于 593 ℃下蒸汽压为 3087 MPa 的超临界压力大功率火力发电机组。

Cr12 型马氏体耐热钢中加入钨、钼后，消除了 Cr_7C_3，只出现单一的（Cr，Mo，W，Fe$)_{23}C_6$ 并具有沉淀强化作用。钢中加入钒或铌，能析出 VC 或 NbC，起沉淀强化作用。加入氮后也能增加沉淀强化相数量，有利于加强沉淀强化效应。钨、钼除部分溶于 $M_{23}C_6$ 和 M_6C 碳化物外，大部分溶于基体起固溶强化作用。钢中钨、钼的比例影响钢的强度和韧性，若钼高钨低，则有高的韧性和塑性，但蠕变强度较低；反之，则有高的蠕变强度而韧性和塑性较低。钢中的硼起晶界强化作用。

几种马氏体耐热钢的蠕变强度见表 8-4。

表 8-4　几种马氏体耐热钢的蠕变强度

钢号	热处理工艺	10^5h 蠕变强度/MPa			工作温度/℃
		550 ℃	600 ℃	650 ℃	
2Cr12MoV	1000~1050 ℃油淬、680~700 ℃回火	96	49	—	580
1Cr10Mo2VNb	1080 ℃空冷、785 ℃空冷	—	83	36	593
1Cr11W2VNbN	1020 ℃油淬、570 ℃空冷、720 ℃空冷	—	196	98	650
1Cr9W2MoVNbNB	1050 ℃空冷、800 ℃空冷	—	196	98	650

2Cr12MoV 和 2Cr12WMoV 钢的主要强化相是 $M_{23}C_6$ 型碳化物，固溶有钨、钼和钒而提高了稳定性，高于 650 ℃ 才开始显著聚集长大。由于钢中合金元素含量高，因而有很高的淬透性。钢经 1000~1050 ℃ 淬火、650~750 ℃ 回火后，得到回火屈氏体或回火索氏体组织，有很高的回火稳定性，适合制作 500~580 ℃ 工作温度的大型热力发电设备中大口径厚壁高压锅炉蒸汽管道、汽轮机转子和涡轮叶片等。

Cr9 型马氏体耐热钢采用多元合金复合合金化方案，用铬、钨、钼进行固溶强化，用钨、钼、钒稳定铬碳化物（Cr，Fe，W，Mo，V）$_{23}C_6$。而加强其析出强化，加入钒、铌和氮形成弥散的 MC、MN、M（C，N）碳化物、氮化物和碳氮化物产生弥散强化，加硼获得晶界强化。钴除产生固溶强化外，还能提高基体再结晶温度，延缓马氏体回火时 α 相的回复，提高钢的蠕变抗力。为消除 δ 铁素体可加入镍，用钴代替镍，既可消除 δ 铁素体，又可稳定蠕变强度。

1Cr9Mo1VNbN 钢的强化相有 MC、MN、M（C，N）、$M_{23}C_6$，钼的固溶强化使钢在 600 ℃ 有较高的蠕变强度。钢经 1055 ℃ 保温 2 h 后空冷或风冷，再在 765 ℃ 回火，保温 3.5 h 空冷，钢在 600 ℃、10^5 h 的持久强度为 86 MPa，650 ℃、10^5 h 的持久强度为 50 MPa，这表明 1Cr9Mo1VNbN 钢能满足超临界蒸汽发电机组、蒸汽温度在 566~593 ℃ 范围的要求。

1Cr9MoW2MOVN6NB 钢采用多元合金复合合金化，用钨、钼复合加强了固溶强化作用，多元碳化物形成元素形成了多种碳化物强化相，钢中强化相有 MC、$M_{23}C_6$ 和 M_6C。钢中加入 0.05%~0.10% 的氮可增加（V，Nb）N 沉淀强化效果，加上硼的晶界强化，在 600 ℃ 和 650 ℃ 有很高的蠕变强度。经 1050 ℃ 加热后空冷，又经 800 ℃ 回火，在 600 ℃、10^5 h 的持久强度为 196 MPa，650 ℃ 为 98 MPa，比 Cr18Ni9 奥氏体不锈钢在同样工作条件下还高，这种钢可作为高蠕变强度的高压锅炉用耐热钢。

8.7.2　工业炉用耐热钢

工业加热炉和热处理炉使用着大量耐热钢构件。其工作时承受的负荷不大，要求能耐工作介质的化学腐蚀，一般采用简单的奥氏体型耐热钢。

1. 铁铝锰系炉用耐热钢

铁铝锰系炉用耐热钢的主要化学成分为 w_C = 0.65%~0.85%、w_{Mn} = 25%~30%、w_{Al} = 6%~10%、w_{Si} = 1.0%~1.5%、w_{Ti} = 0.1%、w_{RE} ≤ 0.1%。其中，铝用来提高钢的抗氧化和抗渗碳性能，碳和锰用来扩大 γ 相区和稳定奥氏体。铝、锰、碳对钢组织的影响如图 8-10 所示。碳、锰、铝的适当配合，可以得到奥氏体或含有少量 δ 铁素体的奥氏体-铁素体组织。钢中含碳量若高于 0.85%，铁铝锰钢中会在晶界发生不连续沉淀，并发生部分珠光体转变，使钢脆化，这就限制了钢的含碳量。锰对钢的抗氧化性不利，若锰的含量减少 5%~6%，能起到增加含铝量 1% 的抗氧化作用，故锰的含量可适当降低。稀土元素 w_{RE} ≤ 0.1%，能提高抗氧化性和钢水流动性，改善铸件表面质量，降低热裂倾向。

工作在 900 ℃ 以下的热处理炉用构件，为获得单一奥氏体，以保持较高的高温强度，铝可选 w_{Al} = 7%~7.5%，如 6Mn28Al7TiRE 钢。950 ℃ 以下工作的炉用构件，铝可选 w_{Al} = 8%~8.5% 的 6Mn28Al8TiRE 钢，其显微组织为含有体积分数不超过 25% 的 δ 铁素体的奥氏体-铁素体组织。铁铝锰耐热钢的使用经济效益优于铬镍奥氏体耐热钢 Cr20Ni25Si2。

铁铝锰耐热钢可用于含碳的气氛中，用作热处理炉的加热原件。

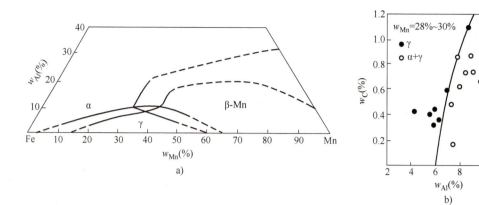

图 8-10 铝、锰、碳对钢组织的影响
a) Fe-Al-Mn 三元相图 760 ℃等温截面 b) 铝和碳对钢组织的影响

铁铝锰耐热钢的冶炼铸造质量对使用寿命影响很大,要减少钢中夹杂物含量,防止浇铸时铝的二次氧化,并要严格控制浇铸温度。钢中含锰和铝高时,钢的线膨胀系数增大,在铸后冷却时易产生裂纹,可以从构件结构设计上减少截面突然变化来避免。

2. 铬锰碳氮炉用耐热钢

这类钢是以碳、氮和锰来代替镍的节镍钢。比较成熟的钢种有 3Cr19Mn12Si2N、2Cr20Mn9Ni2Si2N 等奥氏体钢。为防止钢中出现氮气泡,钢中氮的溶解度主要取决于钢中的氮化物形成元素铬和锰的含量。由 $w_N = w_{Cr+Mn}/100$ 给出氮的溶解度不超过 0.30%,一般钢中氮控制在 $w_N = 0.20\% \sim 0.30\%$。

钢中含有氮和碳,经固溶处理后得到单相奥氏体组织,但在 700~900 ℃范围内工作时将析出大量氮化物和碳化物,并产生时效脆性,使钢的室温韧性下降,但高温下仍有较高的韧性。钢中加入一定量镍后,提高了钢的韧性,固溶后在室温下屈服强度较高,约 390 MPa,伸长率为 35%。

铬锰碳氮耐热钢有较高的高温强度,可制成锻件,能承受较大负荷,适于制作高温下的受力构件,如锅炉吊挂、渗碳炉构件等,最高使用温度约 1000 ℃。

3. 铬镍奥氏体炉用耐热钢

高铬镍奥氏体钢可在 1000~1250 ℃温度范围内长期工作。为提高钢的抗氧化能力,钢中铬的含量可达 30%,硅的含量可达 2%。为提高钢的高温强度,加入固溶强化元素钴及强碳化物形成元素钨、钼、铌等。为提高钢水的流动性,可适当提高含碳量到 0.3%~0.5%。通用的钢有 3Cr18Ni25Si2、1Cr25Ni20Si2 等。高温、高负荷条件下工作的钢有 5Cr25Ni35Co15W5、5Cr28Ni48W5、4Cr25Ni35Mo 等。为改善铸件的性能,采用 1100~1150 ℃固溶处理,使碳化物溶解,消除 δ 铁素体,得到均匀的奥氏体组织,改善钢的抗氧化性和高温蠕变强度。3Cr18Ni25Si2 钢经固溶后,室温下的屈服强度约 340 MPa,伸长率为 25%。

为降低钢的成本,节约镍,研制了用碳氮部分代替镍的高铬低镍耐热钢,如 4Cr22Ni4N、3Cr24Ni7SiNRE 等,含氮量在 0.20%~0.30% 范围内。4Cr22N4N 钢可在 1050 ℃以下代替 3Cr18Ni25Si2 钢,3Cr24Ni7SNRE 钢可用到 1100 ℃,以取代 40Cr25Ni20Si2、3Cr18Ni25Si2 等。

8.7.3 奥氏体型耐热钢

具有体心立方结构的铁素体型耐热钢,在 600~650 ℃温度条件下的蠕变强度明显下降。而具有面心立方结构的奥氏体型耐热钢,在 650 ℃或更高温度下有较高的高温强度。奥氏体型耐热钢可分为 Cr18Ni9 型奥氏体不锈钢、固溶强化型奥氏体耐热钢和沉淀强化型奥氏体耐热钢。

固溶强化型奥氏体耐热钢如 1Cr14Ni19W2NbB、1Cr18Ni14Mo2Nb 等,以钨、钼进行固溶强化,以硼进行晶界强化。这类钢可用来制作在 600~700 ℃下工作的蒸汽过热器和动力装置的管路,680 ℃以下燃气轮机动、静叶片及其他锻件。经 1100~1150 ℃固溶处理、在 650~700 ℃长时间保温后,有较小的时效硬化倾向。此类钢具有中等持久强度和高塑性,650 ℃的 σ_{1000} 为 200 MPa、σ_{100000} 为 100 MPa、伸长率为 36%。

1. 碳化物沉淀强化耐热钢

这类钢的沉淀强化相为 MC 型碳化物,并含有钨、钼等固溶强化元素。以 NbC 为沉淀强化相的钢为 4Cr13Ni13Co10Mo2W3Nb3。常用的是以锰部分代替镍的 4Cr13Mn8Ni8MoVNb(GH2036)钢,含有 w_V = 1.4%,w_{Nb} = 0.4% 的沉淀强化相是 (V, Nb) C,它以 VC 为主,溶有部分铌。当钒、铌和碳的比例正好和 VC、NbC 的化学式相等时,具有最佳的高温强度。VC 达到析出的最高速度的温度为 670~700 ℃,在此温度时效后,钢具有最高的沉淀强化作用。还有一种碳化物是复合的 MC 型的 (Cr, Mn, Mo, Fe, V)$_{23}$C$_6$,但不能称为沉淀强化相。当 w_{Nb} ≥ 0.6% 时,钢中才会单独出现 NbC 相,它溶有少量的钒和钼。时效温度对碳化物析出量和钢的硬度的影响如图 8-11 所示。M$_{23}$C$_6$ 在较低温度析出量很少,其最高析出温度在 900 ℃。钢中的钼主要起固溶强化作用。

GH2036 钢的固溶温度为 1140 ℃,保温 1.5~2 h,然后水冷,以防止冷却时析出 VC 而造成大截面零件在时效时内外组织和性能

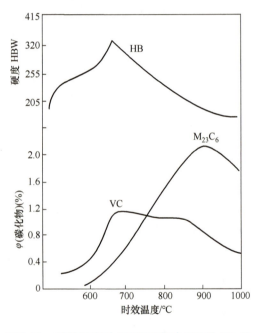

图 8-11 时效温度对 GH2036 钢中 VC 及 M$_{23}$C$_6$ 析出量及硬度的影响(1140 ℃固溶,时效 16 h)

的不均匀性。为消除零件内外差别,固溶处理后进行两次时效处理,第一次在 670 ℃时效 16 h,第二次在 760~800 ℃时效 14~16 h,然后空冷。第一次时效温度较低,析出的 VC 呈细小而弥散分布,钢的强度虽高,但塑性和韧性较低,且具有缺口敏感性。第二次时效温度高于工作温度,弥散的 VC 颗粒适当长大,这种组织在低于 750 ℃时有很好的稳定性,改善了在 670 ℃时效后钢在性能上的缺陷。GH2036 耐热钢用于工作温度为 650 ℃的零件,如涡轮盘件。

采用微合金化方法创制了改进型 GH2036 钢，加入少量铝（$w_{Al} \approx 0.30\%$）以结合钢水中的氮，减少含钒和铌的碳氮化物 M（C，N）夹杂，以充分发挥钒和铌的沉淀强化作用。同时加入微量镁（$w_{Mg} = 0.003\% \sim 0.005\%$）来强化晶界，提高钢的持久塑性。

2. 金属间化合物沉淀强化耐热钢

合金元素钛和铝在奥氏体耐热钢时效过程中析出的金属间化合物 γ′ 相为主要沉淀强化相。γ′-Ni$_3$（Ti，Al）点阵常数与奥氏体基体相近，二者仅稍有差别。当 γ′ 相析出时，能形成共格，产生沉淀强化。但 γ′-Ni$_3$（Ti，Al）相的含量最高只能达到 20% 左右，过高的钛、铝总量会导致奥氏体基体稳定性降低，性能恶化。几种沉淀强化耐热钢的化学成分见表 8-5。

表 8-5　几种沉淀强化耐热钢的化学成分　　　　　　　　　　　　（%）

牌号	w_C	w_{Cr}	w_{Ni}	w_{Mn}	w_{Mo}
GH2036	0.34 ~ 0.40	11.5 ~ 13.5	7.0 ~ 9.0	7.5 ~ 9.6	1.1 ~ 1.4
GH2132	≤0.08	13.5 ~ 16.0	24.0 ~ 27.0	1.0 ~ 2.0	1.0 ~ 1.5
GH2135	≤0.06	14.0 ~ 16.0	33.0 ~ 36.0	≤0.40	1.7 ~ 2.2
GH2302	≤0.08	12.0 ~ 16.0	38.0 ~ 42.0	≤0.60	1.5 ~ 2.5

牌号	w_W	w_{Ti}	w_{Al}	w_{Nb}	其他
GH2036		≤0.12		0.25 ~ 0.50	Si：0.3 ~ 0.8 V：1.25 ~ 1.55
GH2132		1.75 ~ 2.30	≤0.40		B：0.001 ~ 0.01 V：0.1 ~ 0.5
GH2135	1.7 ~ 2.2	2.1 ~ 2.5	2.0 ~ 2.8		Ce：≤0.03
GH2302	3.5 ~ 4.5	2.3 ~ 2.5	1.8 ~ 2.3	Zr≤0.05	B：≤0.01 Ce：≤0.02

GH2132 钢常用来制作喷气发动机部件，有较高的高温强度，可以在 650 ~ 700 ℃ 时使用。还可以用于制作要求抗氧化性能而强度要求不高的零件，可以在 850 ℃ 下长期工作，具有好的热加工性和切削加工性。

铬主要是提高钢的化学稳定性，控制在 $w_{Cr} = 15\%$ 左右。钼主要起固溶强化作用。为了与这些铁素体形成元素相平衡，必须加入足够量的奥氏体形成元素镍，以获得稳定的奥氏体组织。再考虑形成 γ′-Ni$_3$（Ti，Al）所需镍的含量，钢中总镍量一般为 25%。

钛和铝加入钢中主要是形成 γ′-Ni$_3$（Ti，Al），经过时效处理产生沉淀强化。Fe-15Cr-25Ni 钢时效沉淀相与钛和铝的含量的关系如图 8-12 所示。Ti 的含量要超过 1.4% 才能产生 γ′ 相。含钛高而含铝极低的钢，析出的 γ′ 相不稳定，会逐渐转变成简单六方结构的 η-Ni$_3$Ti。铝控制在一定含量，主要是用来稳定含钛的 γ′-Ni$_3$（Ti，Al）相的面心立方结构，保持沉淀强化作用。含铝量若过高，除形成 γ′ 相外，还出现 Ni$_2$AlTi 相，其稳定性差，易聚集长大，不能作为沉淀强化相。随钢中 Ti 的含量提高到 2.3%，γ′-Ni$_3$（Ti，Al）相数量增加，在 700 ~ 760 ℃ 时效可获得最大的强化效果，如图 8-13 所示。加入质量分数不超过 0.40% 的 Al，是为了稳定 γ′-Ni$_3$（Ti，Al）相，防止产生胞状沉淀（η-Ni$_3$Ti）。产生沉淀强化最适宜的含钛量为 2.15%；当含钛量较高时，易产生缺口敏感性，除加入钼来改善外，还需加入钒和硼才能消除。硼还能产生晶界强化并提高持久塑性，合适的含硼量为

0.001%~0.010%。

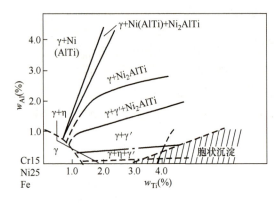

图 8-12　Fe-15Cr-25Ni 钢时效沉淀相与钛和铝的含量的关系

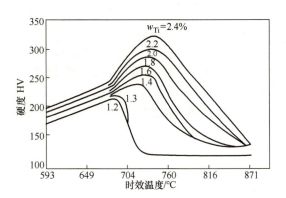

图 8-13　钛的含量对钢时效 8 h 后硬度的影响（溶解钛量 = 总 $w_{Ti} - 4w_C$）

硅是钢中的残存元素，含硅量一般为 0.4%~1.0%。当含硅量达到上限时，钢中出现 G 相（$Ni_{14}Ti_9Si_6$），呈粗粒状，无沉淀强化作用，同时从钢中抽走了镍，提高了形成 σ 相和 Fe_2Ti 相的倾向。硅和锰的含量稍高时，出现以 Fe_2Ti 为基础的（Fe，Cr，Mn，Si）$_2$（Ti，Mo）相。钢中是不希望出现上述两种相的，因此必须将硅和锰的含量控制在下限附近。

通过热处理对 GH2132 钢的显微组织和性能加以控制。固溶温度不能过高，防止晶粒长大，通常在 980~1000 ℃ 固溶，可获得合适的晶粒度，并使成分均匀，得到较高的室温伸长率、成形性和焊接性。时效温度在 700~760 ℃ 时，可达到最大的沉淀强化效果。γ'-Ni_3（Ti，Al）以极细小的球状颗粒分布在基体上，与基体保持共格。GH2132 钢经 927 ℃ 固溶 4 h、760 ℃ 时效 200 h 后的显微组织如图 8-14 所示。

冷变形量对固溶处理后晶粒大小有重要影响。为避免临界变形量（2%）导致再结晶晶粒的异常长大，冷变形量必须超过 6%，热加工变形量必须超过 10%。冷变形加速时效时 γ' 相的沉淀，并使得在服役时钢的组织稳定性差。为使冷变形量不均匀的零件在整个截面上都得到均匀的性能，需要采用两次时效工艺，第一次为 760 ℃ 16 h，第二次为 704 ℃ 16 h。薄板在固溶处理后经过冷变形，可直接进行二次时效。

GH2132 钢、GH2036 钢和镍基合金 GH4033 持久强度的比较如图 8-15 所示。在 650~700 ℃ 范围内，GH2132 钢的持久强度比 GH2036 钢的要高，但不及镍基耐热合金 GH4033。

为获得最佳性能，GH2132 钢中碳和硅应控制在下限，锰和硼控制在中下限，钛和铝控制在上限，其余元素按中限控制。

用钨、钼、钛、铝进一步强化的铁基耐热合金，如 GH2135（Cr15Ni35W2Mo2Ti2Al2.5）、Cr13Ni38Mo5.5Ti2.5Al1.5 等，可在 700~750 ℃ 工作，GH2302（Cr14Ni40W4Mo2Ti2.5Al2）等可在 800 ℃ 工作，以代替镍基合金。由于采用较高含量的钛和铝，增加了 γ' 相总量，增强了沉淀强化效果。用较高含量的钨、钼和铬增加固溶强化，但合金在长时间高温后在晶界析出 σ 相、μ 相以及 AB_2 相，会降低组织稳定性和造成脆化倾向，需要调整成分和细化晶粒来减少其析出程度。

图 8-14 GH2132 钢经 927 ℃固溶 4 h、760 ℃时效 200 h 的显微组织（8000 倍）

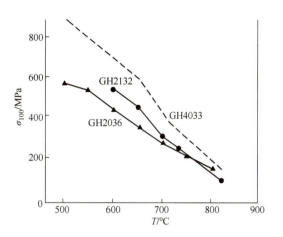

图 8-15 GH2036 钢、GH2132 钢与镍基合金 GH4033 持久强度的比较

8.8 铸铁

铸铁是以铁、碳和硅为主要成分，并有共晶转变的工业铸造合金的总称。与钢相比，铸铁熔点低，铸造性能好，原料成本低，生产设备要求低，生产流程短且技术难度小，材料利用率高，并因存在石墨相而具有良好的减振性和润滑性等独特优点，故而获得了广泛应用。其缺点包括不能进行锻、轧、冲、拉拔等变形加工，焊接性能差，塑韧性等明显低于钢等。

铸铁的分类方法很多。按化学成分，铸铁可分为普通铸铁与合金铸铁；按制取工艺，可分为孕育铸铁、冷硬铸铁等；按断口特征，可分为灰口铸铁（灰铸铁）、白口铸铁、麻口铸铁；按石墨形态，可分为灰铸铁、蠕墨铸铁、球墨铸铁、可锻铸铁（玛钢）；按基体组织，可分为铁素体基体铸铁、珠光体基体铸铁、贝氏体基体铸铁等；按铸铁的特殊性能，可分为耐磨铸铁、抗磨铸铁、耐蚀铸铁、耐热铸铁、无磁性铸铁等。

工业用铸铁的含碳量一般为 2.5%～4%。除碳外，铸铁中一般还含 1%～3% 的硅，以及锰、磷、硫等元素。合金铸铁中还含有镍、铬、钼、铝、铜、硼、钒等元素。其中，碳、硅是影响铸铁显微组织和性能的主要元素。

碳在铸铁中多以石墨形态存在，有时也以渗碳体形态存在。铸铁中碳和硅是强烈促进石墨化的元素（强石墨化元素），硅缩小奥氏体相区并降低共晶碳量，其石墨化效果是同等量碳的 1/3 左右。硫是强烈阻碍石墨化的元素（强反石墨化元素）。锰作为碳化物形成元素，阻碍石墨化，但与硫生成 MnS 从而抵消硫的强反石墨化作用，因而间接促进石墨化。

合金铸铁中，通过加入某些特定合金元素以获得特殊性能。例如，含铬量为 12%～20% 的高铬白口耐磨铸铁中的铬在铸铁中形成 $(Cr, Fe)_7C_3$ 碳化物，硬度极高，使铸铁耐磨性提高，其分布不连续，不影响韧性。添加磷生产的高磷铸铁，在基体中能形成 Fe_3P 共晶组织的坚硬骨架，以提高铸铁的耐磨性。耐热铸铁中加入硅、铝、铬等合金元素，以提高铸铁在高温时的抗氧化性。

8.8.1 铸铁显微组织的形成与控制

所有铸铁的微观组织均由铸铁基体和石墨相构成。铁碳合金冷却或加热时石墨的形成过程称作石墨化。铸铁中石墨相生成有两种重要途径：一是铸造过程中通过冷却过程中的相变生成，一是对白口铸铁施以石墨化退火而生成。铸造时的冷却条件，以及在铁水中添加孕育剂、球化剂和蠕化剂等，均会对铸铁中石墨的生成与形态产生重要影响。

石墨会降低铸铁的强度、塑性和韧性。但石墨的形态不同，其弱化铸铁力学性能的作用有很大差别：片状石墨的弱化作用最为显著，球状石墨的弱化作用最小，介于二者之间的是蠕虫状石墨和团絮状石墨。

铸铁基体组织则与钢中组织分类非常类似，例如铁素体基体、珠光体基体、铁素体和珠光体混合基体、奥氏体基体、贝氏体基体和回火马氏体基体等。铸铁的基体显微组织的类型取决于石墨化的程度和石墨的形态，由铸铁成分与工艺（如铸造工艺和热处理工艺）共同决定。

1. 铸造过程中石墨的生成

根据铁碳相图，可将铸铁由液态冷却至室温过程中的石墨化过程分为先共晶-共晶阶段、二次石墨析出阶段和共析阶段等三个阶段。

在先共晶-共晶阶段，会从铸铁的液相中结晶出一次石墨（先共晶石墨）及通过共晶反应结晶出共晶石墨。

共晶反应生成的共晶石墨在三维空间的通常形状如图8-16b所示，其在二维截面上则常常呈现为片状石墨（G_f），如图8-16a所示。

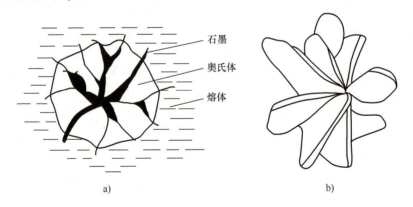

图 8-16　铸铁中共晶石墨的形态
a) 共晶石墨的二维形态　b) 共晶石墨的三维形态

铸铁成分和工艺条件不同，片状石墨的二维截面形态亦多种多样。图8-17为片状石墨在二维截面上的分布形态。

在二次石墨析出阶段，从铸铁的奥氏体相中直接析出二次石墨，或者通过渗碳体在共晶温度和共析温度之间发生分解而形成石墨。

在共析阶段，在铸铁的共析转变过程中析出共析石墨，或者通过渗碳体在共析温度附近及其以下温度发生分解而形成石墨。

铸铁成分和冷却条件不同，铸铁石墨化的程度也不同。如果完全没有石墨生成，得到的

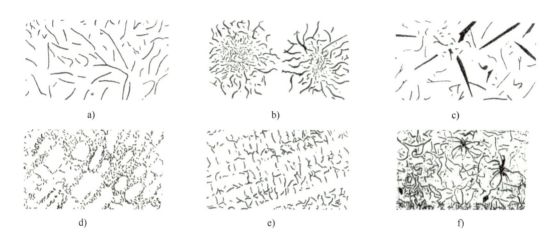

图 8-17 片状石墨在二维截面上的分布形态
a) A型、片状 b) B型、菊花状 c) C型、粗片状 d) D型、枝晶点状 e) E型、枝晶片状 f) F型、星状

只能是白口铸铁。如果三个阶段的石墨化都得以充分进行，那就会得到铁素体基体灰铸铁。如果冷却速度稍稍加快，前两个阶段的石墨化已经完成，但是共析阶段的石墨化没有来得及进行，则得到珠光体基体灰铸铁。若共析阶段石墨化只能部分进行，则会获得珠光体和铁素体混合基体的灰铸铁。

若采用孕育处理（变质处理）的方法，在浇注前向铁水中加入少量孕育剂（如硅铁和硅钙合金），形成大量高度弥散的难熔质点，则可促进石墨的非均匀形核而使生成的石墨细小且分布合理，获得更高强度和塑性的孕育铸铁。图 8-18 为未孕育处理和孕育处理的灰铸铁中的石墨形态。

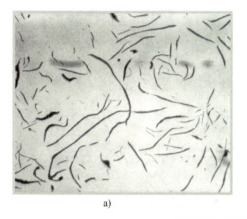
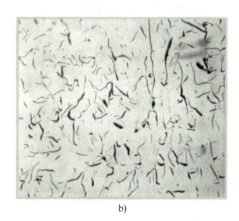

图 8-18 灰铸铁中的石墨形态
a) 未孕育处理 b) 孕育处理

在浇注前向铁水中加入蠕化剂，可促进生成蠕虫状石墨，获得蠕墨铸铁，其形态如图 8-19 所示。如果在浇注前向铁水中加入少量稀土镁球化剂并加入孕育剂进行孕育处理，则球化剂将作为石墨生成的核心，非均匀形核并长大生成多晶体石墨球体，即球状石墨，其形态如图 8-20 所示。缓冷得到铁素体基体球墨铸铁，冷却略快则可获得珠光体基体球墨铸铁。

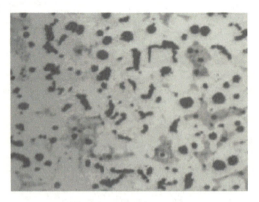
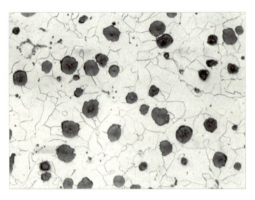

图 8-19　蠕墨铸铁中的蠕虫状石墨形态　　　　图 8-20　铁素体基体球墨铸铁中的石墨形态

2. 白口铸铁退火过程中石墨的生成

由于白口铸铁中的渗碳体是亚稳定相，若将白口铸铁加热至较高温度下保温，渗碳体将会分解为稳定相石墨和铁素体，如图 8-21 所示。这样的工艺过程称为白口铸铁的石墨化退火，得到可锻铸铁。随冷却速度不同，铸铁的基体不同，但石墨相均多呈团絮状，如图 8-22 所示。

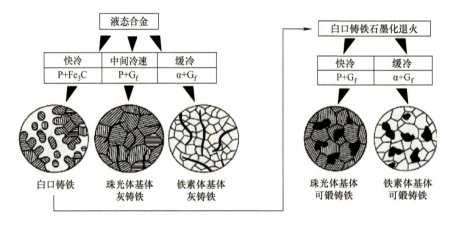

图 8-21　白口铸铁、灰铸铁、可锻铸铁的生成示意图

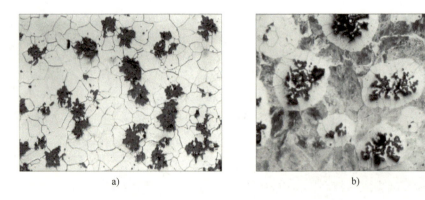

图 8-22　可锻铸铁中的团絮状石墨形态
a）铁素体基体可锻铸铁　b）铁素体和珠光体基体可锻铸铁

3. 铸铁基体组织调控与热处理

在许多情况下，铸铁也需要热处理。例如，对白口铸铁进行石墨化退火以生产可锻铸铁，或对某些铸铁进行去白口热处理。另外，还可以对铸铁进行去应力退火、正火、淬火和回火、表面淬火、化学热处理以及水韧处理等特殊热处理，进一步改变铸铁的组织与应力状态，改善和提高铸铁的性能。

除石墨化退火或去白口热处理外，热力学稳定相石墨在热处理过程中不会发生变化，因此热处理不能改变铸铁石墨相的形状、尺寸和分布，故铸铁热处理时仅需要考虑铸铁基体的相变与组织变化。例如，球墨铸铁和要求特殊性能的合金铸铁等，就常常需要通过热处理改变或改造原来的铸态基体组织。贝氏体基体球墨铸铁中的贝氏体基体是通过对球墨铸铁进行等温淬火热处理而获得的。球墨铸铁通过退火和正火处理则分别获得铁素体基体球墨铸铁和珠光体基体球墨铸铁。

8.8.2 常用铸铁材料

在 GB/T 5612—2008《铸铁牌号表示方法》中，根据有无石墨相和石墨的形态，将工业铸铁（包括合金铸铁）分为白口铸铁（BT）、灰铸铁（HT）、球墨铸铁（QT）、可锻铸铁（KT）、蠕墨铸铁（RuT）五类，五类铸铁中又按特殊性能和组织特征分为抗磨（M）、耐热（R）、耐蚀（S）、冷硬（L）和奥氏体（A）、珠光体（Z）、黑心（H）、白心（B）等类型的铸铁。上述括号中的字母或字母组合是国家标准对铸铁规定的代号。如此，QTA 为奥氏体球墨铸铁的代号，QTL、QTM、QTR、QTS 分别是冷硬球墨铸铁、抗磨球墨铸铁、耐热球墨铸铁和耐蚀球墨铸铁的代号，KTH、KTB 和 KTZ 则分别是黑心可锻铸铁、白心可锻铸铁和珠光体可锻铸铁的代号。

1. 白口铸铁

白口铸铁是一种良好抗磨材料，可以在干摩擦及磨料磨损条件下工作，如用于球磨机磨球、磨煤机磨辊等。白口铸铁包括普通白口铸铁、低合金白口铸铁、中合金白口铸铁和高合金白口铸铁。需要时，铸铁牌号中可以出现合金元素符号。例如，铸铁牌号 BTMCr2 和 BTMCr26 分别表示含铬量 $1.0\% \sim 3.0\%$（低铬）和 $23\% \sim 30\%$（高铬）的铬合金抗磨白口铸铁，BTMCr9Ni5 为含铬量及含镍量分别为 $8.0\% \sim 10.0\%$ 和 $4.5\% \sim 7.0\%$ 的镍铬合金抗磨白口铸铁。相应国家标准有 GB/T 8263—2010《抗磨白口铸铁件》等。

2. 灰铸铁

灰铸铁是应用最广泛的铸铁材料，其石墨呈片状，包括 HT、HTA、HTM、HTR、HTS 和 HTL 等类型。灰铸铁（HT）分为普通灰铸铁（中等或较粗石墨片）和孕育灰铸铁（细小或较细石墨片），基体为铁素体、珠光体或铁素体+珠光体。普通灰铸铁包括牌号 HT100、HT150 和 HT200，孕育灰铸铁包括牌号 HT250、HT300、HT350 和 HT400。牌号中 HT 后的数值为铸铁的最低抗拉强度值（MPa）。牌号 HTCr-300 则表示最低抗拉强度值不小于 300 MPa 的含铬灰铸铁。相应的国家标准有 GB/T 9439—2023《灰铸铁件》等。

3. 球墨铸铁

球墨铸铁中的石墨相呈球状，使其强度很高且兼具良好的塑韧性，综合力学性能接近于钢，在工业中得到了广泛应用，包括 QT、QTA、QTL、QTM、QTR、QTS 等类型。例如，牌号 QTMMn8-300 表示最低抗拉强度值不小于 300 MPa 的中锰抗磨球墨铸铁。

典型 QT 类型的牌号与力学性能列于表 8-6。牌号中 QT 后的两组数值表示最低抗拉强度和伸长率。例如球墨铸铁牌号 QT900-2 表示其抗拉强度 R_m 不小于 900 MPa，断后伸长率 A 不小于 2%。相关信息可参见 GB/T 1348—2019《球墨铸铁件》。

由于有良好的综合力学性能，在某些允许的条件下，可以用具有较高疲劳强度的球墨铸铁来代替钢制造某些重要零件，如曲轴、连杆、凸轮轴等。

生产球墨铸铁时必须进行球化处理并伴随孕育处理，即在铁水中同时加入一定量的稀土镁球化剂、硅铁和硅钙合金等孕育剂，以获得细小、均匀分布的石墨球。球墨铸铁成分要求比较严格。其铸造成形后可以通过不同的热处理工艺获得不同基体，以获得所需要的综合力学性能。

表 8-6 典型球墨铸铁牌号与力学性能（铸件壁厚≤30 mm）

牌号	$R_{p0.2}$/MPa	R_m/MPa	A(%)
	不小于		
QT350-22	220	350	22
QT400-18	250	400	18
QT400-15	250	400	15
QT450-10	310	450	10
QT500-7	320	500	7
QT550-5	350	550	5
QT600-3	370	600	3
QT700-2	420	700	2
QT800-2	480	800	2
QT900-2	600	900	2

4. 可锻铸铁

可锻铸铁（KT）俗称玛钢，又称展性铸铁，是将白口铸铁石墨化退火处理后获得的一种高强韧铸铁。可锻铸铁中的碳全部或大部分呈絮状石墨形态存在。虽然可锻铸铁中的石墨对铸铁性能弱化较小，但可锻铸铁并不能真的进行锻压加工。

与灰铸铁相比，可锻铸铁有较好的强度和塑性，特别是低温冲击性能较好，耐磨性和减振性则优于普通碳素钢。相关信息可参见 GB/T 9440—2010《可锻铸铁件》。

黑心可锻铸铁（KTH）又俗称铁素体可锻铸铁，铸件的断口外缘为脱碳的表皮层，心部组织为铁素体和团絮状石墨。黑心可锻铸铁产品在我国占可锻铸铁总量的 90% 以上，可以用来制作载荷不大、承受较高冲击、振动的零件，广泛应用于汽车、拖拉机、铁路、建筑、水暖管件、线路器材等。珠光体可锻铸铁（KTZ）以其基体显微组织命名，强度高于黑心可锻铸铁，可用于制作强度要求较高、耐磨性较好并有一定韧性要求的重要铸件，如齿轮箱、凸轮轴、曲轴、连杆、活塞环等。白心可锻铸铁（KTB）是由白口铸铁坯件在氧化性介质中脱碳退火获得的，要求退火时间长，其实际应用较少。

5. 蠕墨铸铁

蠕墨铸铁中的碳全部或大部分呈蠕虫状石墨形态存在，通常是铸造前向铁水中添加蠕化剂（镁或稀土）后凝固而制得的。其石墨形态中的蠕虫状石墨为互不连接的短片状，其石墨片的长厚比较小、端部较钝，其形态介于片状石墨和球状石墨之间，所以力学性能也介于普通灰铸铁和球墨铸铁之间。

蠕墨铸铁适于制作需要承受高强度和热循环负荷的零件，并广泛用来制作钢锭模、排气管、柴油发动机构件等。可参见国家标准 GB/T 26655—2022《蠕墨铸铁件》。

本 章 小 结

钢铁材料是最重要的工程材料。钢材产品是通过炼铁、炼钢、浇铸和轧制获得的。钢材品种繁多，可以按不同方法进行分类，同时需要编制牌号以方便选用与管理。国家标准 GB/T 221—2008《钢铁产品牌号表示方法》规定了我国钢铁产品牌号的表示方法。钢铁材料包括钢和铸铁。按照应用领域分类，钢分为结构钢、工具钢和特殊性能钢。结构钢还可细分为工程结构钢和机械制造结构钢，分别用于工程结构的制造和机器零件的加工。工具钢是用作加工各种材料的钢，包括刃具钢、模具钢和量具钢。特殊性能钢应用于有特殊性能需求的场合，如腐蚀、高温、磨损等工况。铸铁是以具有共晶转变的铁碳合金为主的材料，常用的有白口铸铁（抗磨铸铁）、灰铸铁、球墨铸铁、可锻铸铁、蠕墨铸铁等。

复习思考题

8-1 钢铁材料生产过程中为什么要先炼铁再炼钢？

8-2 钢材产品有哪些种类？

8-3 辨别如下牌号钢铁材料的种类、成分及用途：

Q235、Q355、08F、45、20Cr、T12A、9SiCr、Cr12MoV、5CrMnMo、GCr15、W18Cr4V、60Si2Mn、06Cr19Ni10、022Cr18Ti、20Cr13、HT350、QT400-18。

8-4 工程结构钢有哪些性能要求？

8-5 分析渗碳钢、调质钢、弹簧钢、滚动轴承钢含碳量与材料性能要求之间的关系。

8-6 说明高速钢热处理过程的要点。

8-7 使不锈钢产生好的耐蚀性的原因是什么？

8-8 Mn13 型抗磨钢如何产生强的抗磨性能？

8-9 生产球墨铸铁时需要注意哪些方面的工艺问题？

第 9 章

高温合金

【本章学习要点】 本章介绍高温合金的相关知识，主要内容包括高温合金含义、应用、分类、发展历程等。要求掌握高温合金的分类与牌号，熟悉各种类型高温合金的成分、性能特点与主要应用。

高温合金具有良好的高温强度和抗氧化性能、耐蚀性能、优异的抗疲劳和抗蠕变性能、断裂韧性和组织稳定性，是现代国防建设和国民经济发展不可替代的关键材料。高温合金的发展与航空发动机和各种工业燃气轮机的发展密切相关。高温合金的发展是航空发动机和工业燃气轮机发展的重要保证，而航空发动机及工业燃气轮机的发展是高温合金发展的动力。先进高温合金材料和工艺的研制属于高技术领域。高温合金的发展水平是一个国家工业水平高低的标志之一，也是一个国家国防力量强弱的标志之一。世界各先进国家都非常重视高温合金的研究、生产和应用，并投入了大量的人力和物力。

高温合金在部分西方国家被称为超合金（superalloy），在西欧国家也被叫作高温合金，在之前的苏联和现在的俄罗斯、乌克兰等国家也叫作热强合金或热强钢。

高温合金是指能够在 600 ℃ 以上高温中承受较大的复杂应力，并具有表面稳定性的高合金化铁基、镍基、钴基奥氏体金属材料。高温、较大应力、表面稳定和高合金化铁基、镍基和钴基奥氏体是高温合金不可缺一的四大要素。

12Cr2Mo 和 12Cr1MoV 钢在锅炉工业中广泛用作高温热交换管和高温高压容器等，然而这类钢属于珠光体耐热钢，使用温度范围为 450～600 ℃，合金元素含量较低，基体不是奥氏体，因此不属于高温合金范畴。

叶片钢 12%Cr 和超 12%Cr 钢在汽轮机中应用最多，在 650 ℃ 以下具有良好的抗氧化性等优异性能，但这类钢高温强度低，合金化程度不高，属于马氏体耐热钢，不能把它们看作高温合金。

Cr25Ni20 一类钢具有奥氏体基体，适用于使用温度高于 900 ℃ 的石化用加热炉管等，但这类钢的抗蠕变性能差，不能承受较大的复杂应力，因此，也不能算作高温合金，属于奥氏体耐热钢。

大型合成氨的一段转化炉管、石油精炼的制氢转化炉管和乙烯裂解炉管用 HK40 和 HP40 钢，使用温度很高，甚至可达 1200 ℃，但其只承受自身重量引起的应力，不能承受较大的复杂应力，属于炉用耐热铸钢，可以称为抗氧化钢或者耐热不起皮钢，不能看作是高温合金。

难熔金属钨、钼、铌和钽及其合金，可作为 1100 ℃ 以上使用的结构材料，但它们的基体不属于 Fe、Ni、Co 奥氏体，也不能算作高温合金。金属间化合物 NiAl、Ni_3Al、TiAl、Ti_3Al 以及 FeAl、Fe_3Al 等具有优异的高温强度、低的密度、良好的表面稳定性，可作为高温合金的替代材料，但它们的基体不是无序奥氏体，而是具有不同结构的有序相，因而也不应算作高温合金。但在我国，已人为地将它们列入了高温合金。同样将我国研制的铬基合金 K825 也编入了高温合金之中。当然，高温合金的这一定义也不是绝对完善的，例如，弥散强化合金 MA956 是一个以铁素体为基体的合金，然而人们一般都把它看作高温合金。同样 TD-Ni 没有高合金化的奥氏体基体，人们也习惯将它看作高温合金，等等。

9.1 高温合金的应用

高温合金在航空发动机和各种工业燃气轮机中有广泛的应用。热端零部件，即涡轮叶片、导向叶片、涡轮盘、燃烧室等四大零部件，几乎都由高温合金制成。而且随着发动机推力和推重比的增大，涡轮入口温度不断提高，要求制作相应零件的高温合金的力学性能不断提高，也就是说，只有通过发展和改善高温合金的成分和工艺，使高温合金的承温能力不断提高，才能推动航空航天用发动机和工业燃气轮机的不断发展。

从表 9-1 中可以清楚地看出，要装备先进的歼击机，必须有先进的航空发动机作为动力。而先进航空发动机的标志是推力和推重比不断增大，而要保证航空发动机推力和推重比不断增大，则只有不断提高涡轮入口温度才能实现。很显然，涡轮入口温度的提高，必然要使用承温能力更高的高温合金。例如，涡轮叶片材料从第一代歼击机用 J79 发动机的等轴晶铸造高温合金 René80，涡轮入口温度仅 988 ℃，发展到第二代歼击机用 F100 发动机的定向凝固高温合金 PWA1422，涡轮入口温度猛增到 1399 ℃，再发展到第三代歼击机用 F110 发动机的单晶高温合金 René5，以及第四代歼击机用 F119 发动机的单晶高温合金 CMSX-4，其涡轮入口温度已达到了 1550～1750 ℃。同样，涡轮盘材料从第一代歼击机用 J79 发动机的铁基高温合金 A286、V57 和 M308，发展到使用温度较高的镍基高温合金 IN100（粉末冶金），到 20 世纪 80 年代，已发展到使用温度达 750 ℃ 的 René88DT 粉末盘，两种粉末盘分别装于第二代和第三代歼击机用航空发动机 F100 和 F110。值得注意的是，有资料称 F119 发动机的涡轮导向叶片材料采用了定向凝固的 NiAl 基金属间化合物。

航空发动机涡轮入口温度的不断提高，除了要求使用更好的高温合金外，原来那些可以使用合金钢的零件，如压气机盘和叶片等，也不得不使用高温合金。因此，随着航空发动机的发展，高温合金在发动机上的使用量越来越多，相反，钢的使用量越来越少。例如，J79 发动机高温合金的使用量仅占 10%，而钢的使用量占 85%，F100 发动机高温合金的使用量猛增到51%，而钢则急剧下降到11%，到第三代歼击机用发动机F110，高温合金的使用量进一步提高到55%，可见高温合金在航空发动机中的重要地位。

表9-1 美国军用航空发动机发展与高温合金的应用

年份	型号	推力/kN	推重比	涡轮入口温度/℃	涡轮叶片材料	涡轮盘材料	装备飞机	
							代	配装机型
1956	J79-GE-17	79	4.63	988	René80，René41	A286，V57，M308	第一代	F100
1970—1984	F100-PW-100	111	7.8	1399	PWA1422，IN100	IN100（粉末）	第二代	F4
1976—1985	F110-GE-100 F110-GE-129	123	7.04	1371	DS80H，René5	René95，DA718，René88DT	第三代	F15，F16
1986—1997	F119	177	10	1550~1750	CMSX-4，单晶	粉末高温合金双性能涡轮盘DTPIN100	第四代	F22

工业用燃气轮机功率的不断提高，是靠不断提高透平前温（相当于航空发动机的涡轮入口温度）来实现的，同样需要采用承温能力更高的高温合金。从表9-2和图9-1可以看出，日本三菱公司1984年生产的701D燃气轮机，功率为137 MW，透平前温为1164 ℃，这时透平叶片使用变形镍基高温合金U520和INCo X-750。1992年生产的501F燃气轮机，功率提高到160 MW，透平前温达1350 ℃，透平叶片合金使用耐热腐蚀高温合金IN738和变形镍基高温合金U520。到20世纪90年代末期，发展了501G燃气轮机，功率提高到250 MW，透平前温增加到1500 ℃，透平叶片材料采用承温能力更高的MGA1400定向凝固高温合金。透平导向叶片材料的使用温度，同样也随燃气轮机透平前温的不断提高而提高。因此，可以说，没有高温合金，就没有现代航空发动机和各种工业燃气轮机，没有高温合金性能的不断提高，就不可能有航空发动机和各种燃气轮机的不断发展。

高温合金除在航空发动机和各种工业燃气轮机中广泛应用外，还可制作火箭发动机用各种高温零部件，如发动机涡轮盘、轴、喷管等。此外，高温合金在能源动力、石油化工、冶金矿山、交通运输和玻璃建材等行业都有应用，甚至还可作为低温钢和耐蚀材料使用。

表9-2 三菱公司燃气轮机的发展与高温合金的应用

年份	型号	功率/MW	透平前温/℃	透平叶片材料	透平导向叶片材料
1984	701D	137	1164	U520（1~3级） INCo X-750（4级）	ECY 768（1级） X-45（2、4级）
1992	501F	160	1350	IN738（1~3级） U520（4级）	ECY768（1~2级） X-45（3~4级）
1996	501G	250	1500	MGA1400 DS（1~2级） MGA1400 CC（3~4级）	MGA2400（1~4级）

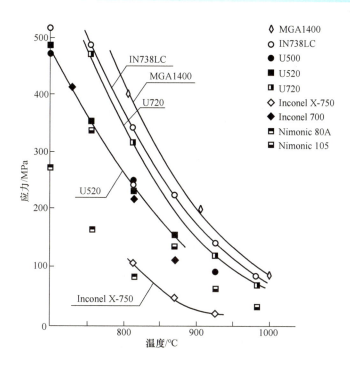

图 9-1 燃气轮机涡轮叶片材料 1000 h 的持久应力

9.2 高温合金的分类

目前全世界研制和生产的高温合金有几百个牌号，中国的高温合金就有近 200 个牌号，这些高温合金可以按不同方法进行分类。

1. 按合金基体元素分类

（1）**铁基或铁镍高温合金**　以高合金化的 Fe 基奥氏体或 Fe-Ni 基奥氏体为基的合金，或者说以铁或铁镍为主要元素的合金，含镍量达 25%～50%，如 GH2135、GH2035A、GH2984、GH2901、GH2761、GH2132、GH2302、K213 和 K214 等。

（2）**镍基高温合金**　以高合金化的镍基奥氏体为基的合金，或者说以镍为主要元素的合金及镍铝系金属间化合物高温材料，如 GH4698、GH4742、GH4033、GH4133、GH4049、GH4037、K417、K417G、DZ417G 和 DD403 等。

（3）**钴基高温合金**　以高合金化的钴基奥氏体为基的合金，或者说以钴为主要元素的合金，如 K640、DZ640M、GH5605、GH5188 和 GH6159 等。

2. 按合金的强化类型分类

（1）**固溶强化高温合金**　合金通过固溶处理，使成分均匀并获得大小适合的晶粒度，然后制成零件应用。这类合金通常用作燃烧室中的火焰筒材料，如 GH3030、GH3039、GH3044、GH1015 和 GH1140 等。

（2）**沉淀强化高温合金**　合金通过固溶处理和时效处理后，沉淀强化相 γ' 或 γ'' 等均匀弥散地析出，阻碍位错运动，大幅度提高了高温合金的强度。这类合金主要用作涡轮叶片和导向叶片材料，如 GH4080A、GH4093、GH4105、GH4220、K423A、K403、K405、K418、

K4002、DZ404 和 DZ422 等。

3. 按合金的成形工艺分类

（1）**变形高温合金**　合金通过真空冶炼等工艺浇铸成钢锭，然后通过锻造、轧制等热变形，制成饼坯、棒、板、管等型材，最后模锻成涡轮盘和叶片等毛坯，经热处理后加工成涡轮盘和涡轮叶片等零件。这类合金有 GH2135、GH2984、GH2901、GH4710、GH4413、GH4738 等。

（2）**铸造高温合金**　合金通过真空重熔直接浇铸成涡轮叶片、导向叶片等零件。这类合金有 K417、K417G 和 K640 等。铸造高温合金又可分为普通精密铸造合金（K）、定向凝固高温合金（DZ，如 DZ417G、DZ640M 等）和单晶高温合金（DD，如 DD403、DD406 等）。

（3）**粉末高温合金**　将高合金化难变形的高温合金用气体雾化等方法制成高温合金粉末，然后用热等静压（HIP）或热挤压等方法，将粉末制成棒材，最后制成涡轮盘等零件。这类合金有 FGH4095、FGH4096 和 FGH4097 等。

机械合金化方法制备的氧化物弥散强化（ODS）高温合金也属粉末冶金高温合金。这类合金是将元素粉末、中间合金粉末和氧化物弥散相 Y_2O_3 等混合均匀，加入到高能球磨机中，合成氧化物相弥散均匀的合金粉末，然后通过 HIP 或热挤压，制成棒材或轧成板材，最后加工成涡轮叶片、导向叶片或火焰筒等零件。这类合金有 MGH2756、MGH2757 和 MGH4754 等。

4. 按合金的使用特性分类

（1）**耐热腐蚀高温合金**　在舰用和近海陆基发电用等燃气轮机中工作的透平叶片等零件，要经受 Na_2SO_4 和 NaCl 介质引起的热腐蚀，这类合金一般 Cr 的含量较高，耐热腐蚀性能优异。如中国科学院金属研究所研制的耐热腐蚀高温合金 K444、K435、K452 和 K446，还有以前研制的 K438、K640、DZ640M 和 DD408 等。

（2）**低膨胀高温合金**　这类合金在一个很宽的温度范围内具有很低的热膨胀系数，制作航空发动机燃气涡轮机匣、封严圈及涡轮外环等零件，可精确控制涡轮直径与外环之间的间隙，对提高效率、节省燃料和改善发动机性能有重要作用，如 GH2903、GH2907 和 GH2909 等。

（3）**高屈服强度高温合金**　在使用温度范围内，屈服强度较一般高温合金高。这类合金适用于制作航空发动机涡轮盘，如 GH2761 等。

（4）**抗松弛合金**　这类合金有突出的抗松弛性能，适于制作航空发动机紧固件，如 GH4141、GH6159、GH4738、GH2135 和 GH2132 等。

5. 按合金的用途分类

（1）**涡轮（透平）叶片用高温合金**　这类合金具有良好的综合性能，主要用于制备航空发动机和各种工业用燃气轮机的涡轮（透平）叶片，如 DZ417G、K417、DZ4125L、DD406、K418B、GH4710、GH4093 和 DZ422B 等。

（2）**涡轮（透平）导向叶片用高温合金**　这类高温合金的突出特点是初熔温度较高，抗冷热疲劳性能优异，抗氧化腐蚀性能良好，适于制作航空发动机和各种工业燃气轮机的导向叶片，如 K452、K640S、K403、K417G、K423、K423A、K441 和 DZ640M 等。

（3）**燃烧室用高温合金**　这类合金工艺塑性良好，可以制成板材，然后制成燃烧室中的火焰筒等零部件，如 GH3044、GH1140、GH4099、GH1015、GH3030 和 GH3039 等。

6. 中国高温合金牌号

我国高温合金牌号以合金的成形方式、主要强化类型和基体元素为命名原则，以汉语拼音字母作前缀。变形高温合金以 GH 表示，G 和 H 分别为"高"和"合"汉语拼音的第一个字母，后接 4 位阿拉伯数字。前缀后的第 1 位数表示分类号，1 和 2 表示铁基高温合金，3 和 4 表示镍基高温合金，5 和 6 表示钴基高温合金，其中，数字 1、3、5 为固溶强化型合金，2、4、6 表示时效沉淀强化型高温合金。GH 后的第 2、3、4 位数字表示合金编号，如 GH2135，表示时效沉淀强化型铁基高温合金，合金编号为 135；GH1140 表示固溶强化型铁基高温合金，合金编号为 140；GH3044 表示固溶强化型镍基高温合金，合金编号为 44；GH4169 表示时效沉淀强化型镍基高温合金，合金编号为 169；GH5605 表示固溶强化型钴基高温合金，合金编号为 605。

铸造高温合金采用 K 作前缀，后接 3 位阿拉伯数字，其中普通等轴晶铸造合金，允许 4 位数字。K 后第 1 位数字表示分类号，1 表示 TiAl 金属间化合物，2 表示铁基高温合金，4 表示镍基高温合金，6 表示钴基高温合金。第 2、3 位数字表示合金编号，如 K213 表示时效沉淀强化型铸造铁基高温合金，13 为合金编号；K4169 表示时效沉淀强化型镍基铸造高温合金，合金编号为 169；K640S 表示时效沉淀强化型钴基铸造高温合金，40S 表示合金编号。合金编号通常由研制单位确定，没有固定的统一规定，有的以科研代号、企业代号表示，有的按合金试制的先后编号，有些以试制日期或沿用国外相应代号来编制。

粉末高温合金牌号则以 FGH 前缀后接 4 位阿拉伯数字表示，F 是"粉"的汉语拼音的第一个字母，前缀后第 1 位数字表示分类号，含义与铸造合金相同。因粉末高温合金通常都要经热变形，如热挤压、热锻或超塑性等温锻造，所以将其归为变形高温合金，沿用前缀 GH，如 FGH4095、FGH4096、FGH4097 等。弥散强化高温合金用 MGH 表示，M 是"弥"汉语拼音的第一个字母，其他与粉末高温合金相同，如 MGH2756、MGH4754 等。

焊接用高温合金丝的牌号，则以 HGH 后接阿拉伯数字表示，H 为"焊"汉语拼音的第一个字母，前缀后的数字通常与相应合金相同，如 HGH2135、HGH3044 等。

DZ 通常为定向凝固高温合金牌号的前缀，DZ 为定向柱晶，是"定"和"柱"汉语拼音的第一个字母，DZ 后的第一位数字的含义与铸造高温合金相同，如 DZ417G、DZ640M 等。DD 为定向凝固单晶高温合金牌号的前缀，DD 为定向凝固单晶"定"和"单"的汉语拼音的第一个字母，DD 后第一位数字含义与铸造合金相同，其余两位数为合金编号，如 DD403、DD406、DD408、DD402 等。

9.3 高温合金的发展

1. 中国高温合金的发展

高温合金的发展离不开航空发动机的发展，而航空发动机的发展与各种军用飞机的发展密切相关。中国航空工业自 1951 年 4 月开始建立，经历了从修理、仿制、改进、改型到自行研制的过程。最初仿制苏联的米格 15 飞机，国产化飞机命名为歼 5，国产化发动机叫作 WP5（涡喷 5），中国高温合金的生产就是从试制 WP5 发动机所需的高温合金开始的。

1956 年初，经当时第二机械工业部和重工业部批准，由抚顺钢厂、鞍山钢铁公司、钢铁工业综合研究所（后改名为钢铁研究总院）、航空材料研究所和沈阳发动机制造厂共同承担 WP5 发动机火焰筒材料 GH3030 合金的试制任务。1956 年 3 月 26 日，在苏联专家的指导下，在抚顺钢厂炼钢车间 6 号电弧炉（容量为 3 t）熔炼出第一批钢锭，因可锻性不好，锻造开坯时产生裂口，于是开始第二批冶炼，改用不同脱氧剂，也未成功。第三批在 1956 年 6 月开始冶炼，在总结前两批经验的基础上，顺利地将钢锭锻成板坯，而且其表面质量良好。板坯送鞍山钢铁公司第二薄板厂，由于当时没有冷轧钢板机，决定用平板机轧冷板，想尽多种方法，克服各种困难，终于轧出了第一张 GH3030 冷轧薄板。经航空材料研究所和沈阳发动机制造厂检验，并由苏联技术部门复验，证明国产 GH3030 板材符合技术要求。1957 年，沈阳发动机制造厂用国产 GH3030 板材加工成火焰筒，并在 WP5 发动机上通过了长期试车考核，我国第一种高温合金正式试制成功。因此，1956 年 3 月 26 日这一天就是中国正式生产高温合金划时代的纪念日。

继 GH3030 试制成功之后，抚顺钢厂又试制成功 WP5 用涡轮叶片合金 GH4033 和涡轮盘合金 GH34（一种马氏体耐热钢），航空材料研究所试制成功涡轮导向叶片材料 K412 铸造镍基合金。到 1957 年底，歼 5 飞机发动机用 4 种高温合金全部试制成功。抚顺钢厂成为我国第一个变形高温合金试制生产基地，北京航空材料研究所成为我国精密铸造工艺开发基地之一。GH3030 合金板材生产在 1960 年正式投产，在批量生产后发现了严重质量问题，其焊接性能不稳定，导致火焰筒出现严重裂纹，致使沈阳发动机制造厂 3000 多个火焰筒停产。经过航空材料研究所、钢铁研究总院和中国科学院金属研究所有关科技人员的技术攻关，到 1962 年 GH3030 合金的冶金质量问题终于被解决。

1958 年为配合歼 6 飞机用 WP6 发动机的生产，开始对 WP6 涡轮叶片合金 GH4037、火焰筒材料 GH3039 和鱼鳞片材料 GH3044 开展试制工作。1958 年年底 GH3039 和 GH3044 在沈阳发动机制造厂通过长期试车。1959 年中苏关系恶化，1960 年苏联中断了高温合金的供应。中国高温合金生产从此走上全部立足于国内的独立自主道路。为解决 WP6 发动机用三大关键高温合金 GH4037、GH3044 和 GH3039 存在的一些冶金质量问题，1963 年抚顺钢厂与钢铁研究总院、航空材料研究所和中国科学院金属研究所组成的攻关组，用了一年时间进行反复试验，使三种高温合金质量都达到技术要求，并于 1964 年通过了长期试车考核。抚顺钢厂把电渣重熔工艺应用于 GH4037 合金，由于夹杂物含量降低，热加工塑性提高，为 GH4037 合金的试制成功奠定了基础，也为高温合金生产开辟了新的途径。

歼 7 飞机用 WP7 发动机的关键涡轮叶片材料 GH4049，于 1962 年由抚顺钢厂和钢铁研究总院正式开始试制。采用双真空（真空感应炉和真空自耗炉）冶炼成直径为 180 mm 的 140 kg 圆锭，在抚顺钢厂 420 轧机上直接轧成棒材，制成 WP7 一级工作涡轮叶片，1965 年，叶片在 WP7I-01 发动机上长期试车成功。航空材料研究所、沈阳发动机制造厂、中国科学院金属研究所、航空工艺研究所对合金的复验、模锻、切削加工性能开展了相应工作。

由于中国缺少镍，而高温合金大多都含有 50% 以上的镍，为了节约镍，利用国产资源，几乎在同一时期，中国科学院金属研究所、航空材料研究所、钢铁研究总院、抚顺钢厂和上海钢铁研究所等单位都开展了以铁代镍的高温合金研究工作。先后研制成功 GH2135、GH1140、GH2130、GH2302 和 K213 等铁基高温合金，开创了中国自主研制高温合金的先河。

1958 年在师昌绪先生指导下，中国科学院金属研究所高温合金研究组研制了铁基高温合金 808，为保持高的持久性能，选定的固溶处理温度达 1220 ℃，接着到抚顺钢厂进行工业试验。因其中心缩管特别深，不能锻造成材，只好暂停研制。1962 年，重新开始研制 808

（GH2135）合金，从合金成分和成分范围、热处理、组织结构到全面性能进行了全面系统研究。1964 年开始到抚顺钢厂进行扩大工业试验，GH2135 合金首先制成 $\phi 26$ mm 棒材，在沈阳发动机厂加工成 WP5 发动机涡轮叶片，在三种不同发动机上共进行 7 次挂片试车、半台份和整台份试车，其中 4 次挂片试车在发动机修理厂进行，都顺利通过了试车考核，试车时间最长达 882 h，三次半台份或整台份试车在发动机制造厂进行。由于叶片密度较 GH4033 小，两者频率不同，发动机某一阶段的频率与 GH2135 叶片固有频率相同，使叶片发生共振而折断，因而停止了叶片材料的研制，转而开展了 GH2135 制作涡轮盘的研制。GH2135 涡轮盘先后在 5 个机种上进行 20 多次长期试车，然后正式装于 WP6 和 WP6 甲，在外场正式使用，最长使用寿命达 619 h。其中 GH2135 涡轮盘用于 WP6 甲发动机有 369 台，用于 WP6 原装发动机有 788 台，总计 1157 台。GH2135 自 1967 年正式列入"冶标"，转入批量生产。至 1974 年，GH2135 生产量在 1000 t 以上。GH2135 合金的研制成果在 1978 年获全国科学大会重大科研成果奖。

航空材料研究所研制成功的 GH1140 铁基板材合金，冷热疲劳性能好，塑性已达到或接近 GH3030 和 GH3039 的水平，用其制作的 WP6 发动机火焰筒已成批生产。GH1140 已成为一种优良的、生产量最大的火焰筒材料，1966—1977 年，GH1140 生产量在 4000 t 左右。GH1140 合金的研制成果也在 1978 年的全国科学大会上获奖。

钢铁研究总院研制的铁基铸造合金 K213 是中国当时比较理想的、能在 750 ℃ 以下工作的增压涡轮材料，它可作为 750 ℃ 左右工作的燃气轮机、烟气轮机的工作叶片和导向叶片材料，K213 制作的烟气轮机叶片最长寿命已达 24500 h。

中国科学院金属研究所研制的 GH2035A 铁基变形合金，制成的涡轮螺桨发动机及涡轮内、外环等零件已投入民航使用，其研究成果获中国科学院科技进步一等奖、国家科技进步三等奖，并获中国发明专利证书。

中国科学院金属研究所研制成功的铁基高温合金 GH2984，在舰艇上制作主锅炉过热器，使用寿命长、效果良好。用这种过热器装备的舰艇已进行 10 万 km 远洋航行，GH2984 合金的研究成果获中国科学院科技进步一等奖。

在同一时期，中国除了开展以铁代镍的高温合金研制外，还开展了以铸代锻的高温合金研制，航空材料研究所先后研制成功铸造铁基合金 K211 和 K414，铸造镍基合金 K403、K405 和 K406。中国科学院金属研究所研制成功当时美国最成熟的铸造镍基合金（IN100）之一，将其命名为 K417，钢铁研究总院研制成功铸造镍基合金 K418 等。

1962 年，中国科学院金属研究所以师昌绪先生为组长、胡壮麒先生为副组长的大课题组，开始研制 K417 合金作增压器。1964 年开始研制高空高速歼 8 飞机用 WP7 甲发动机空心涡轮叶片，这种叶片叶身中要铸出 9 个小孔，最细直径只有 0.8 mm，而在侧面进气口处还要有一个弯角，冷却效果达 100 ℃，在克服了诸如型芯材料、定位和脱芯等多种困难后，1966 年通过 WP7 甲发动机试车和歼 8 飞机试飞考核，最后在沈阳发动机制造厂定点生产，后转贵州批量生产。至 20 世纪 90 年代，K417 空心叶片已生产了 30 多万片，至今仍用作多种先进歼击机的一级涡轮叶片，这一成果在 1985 年获国家科技进步一等奖。铸造空心涡轮叶片的使用，中国仅比美国晚 5 年，比英国和苏联都要早。这是先进高温合金和工艺的应用推动航空发动机发展的一个典型例子。为满足 WP7 甲涡轮入口温度提高的需要，在 GH4033 合金基础上研制成功 GH4133B 涡轮盘合金，同时研制成功 GH3128 火焰筒材料。此外，中国还研制了一些涡轮螺桨发动机和一些其他航空发动机，并相应研制了一些不同类型的高温合金。

中国高温合金的发展至今，从1956年至20世纪70年代初为第一阶段，这是中国高温合金的创业和发展阶段，高温合金从无到有，质量达到了苏联技术标准和实物水平，有些合金甚至超过了当时苏联实物水平，而且独立研制了一批中国自己的高温合金。我国高温合金的研制和生产已有相当规模，我国所需高温合金可以全部立足于国内，已形成年产1万t盘、棒、板、丝、带、环和管材的生产能力。从20世纪70年代中至20世纪90年代末为中国高温合金发展的提高阶段。在这一阶段我国先后试制了一些欧美航空发动机，如WS8（JT3D）、WS9（斯贝）、WZ6（超黄蜂）和WZ8（海豚）等，因此也就相应试制了一批欧美体系的高温合金，如涡轮叶片合金GH4093（Nimonic 93）、GH4710（Udimet 710）、GH4105（Nimonic 105）、K409（B1900）、K4002（Mar-M002）和GH4080A（Nimonic 80A）、导向叶片材料K640S（X-40）、K423（C1023）、GH5188（Haynes 188）和GH5605（L605），以及涡轮盘材料GH2901（Incolos901）、GH4500（Udimet 500）和GH4169（Inconel 718）等合金。按这些合金的技术标准，对高温合金的纯洁度、均匀性和综合性能提出了比苏联更高的要求，使我国高温合金的生产工艺和质量水平又上了一个新台阶，接近或基本达到了西方先进工业国家的水平。

20世纪90年代，中国设计出自己的先进航空发动机，科研部门研制了一批具有先进水平的高温合金，如定向凝固镍基高温合金DZ417G、DZ4125L等，单晶合金DD403、DD402和DD406等，试制了一些西方镍基定向凝固高温合金DZ4125（René 125）、DZ640M（X40M）和粉末冶金涡轮盘用镍基合金FGH4095等。

DZ417G定向凝固镍基高温合金是中国科学院金属研究所的研究小组于1993年开始研制的，它是一个具有知识产权的专利合金，这一合金的特点是密度小、强度高、中温塑性好、蠕变疲劳性能优异和价格便宜，适于制作先进航空发动机低压涡轮叶片。经十多年精心研究，在先进航空发动机通过试车和试飞考核，转入批量生产。

进入21世纪后，由于能源的需要，中国开始大量引进和制造不同型号的中型和重型燃气轮机，为满足这些燃气轮机的需要，研制了一批西方的和苏联的耐热腐蚀高温合金，如铸造涡轮叶片合金K444、K435、K452、K446和变形合金涡轮叶片合金GH4413等，涡轮盘合金GH4698和GH4742等。这些合金除要求具有良好的耐热腐蚀性能外，还要求有长达10万h的寿命，因此，组织稳定成为十分重要的指标。

21世纪是高温合金研制和生产的第3阶段，即燃气涡轮发动机用耐热腐蚀高温合金研制和生产阶段。我国涡轮叶片、涡轮盘以及燃烧室用高温合金的发展情况如图9-2～图9-4所示。

70多年来，中国高温合金已取得了令人瞩目的成就，形成了一支实践经验丰富，有较高理论水平的生产与科研队伍，建立了以抚顺钢厂、上钢五厂和长城钢厂为主的变形高温合金生产基地和中国科学院金属研究所、航空材料研究院和钢铁研究总院为主的铸造高温合金母合金生产基地，研制成功近200种高温合金，是继美、英和苏联之后的第四个有高温合金体系的国家。几十年来，中国共生产各类高温合金超6万t，保证了我国5万多台航空发动机及航天火箭发动机生产及发展的需要，也满足了其他民用工业及部分工业燃气轮机的要求。

2. 英国高温合金的发展

英国是世界上最早研究和开发高温合金的国家。1939年英国继德国Heinkel涡轮发动机

第9章 高温合金

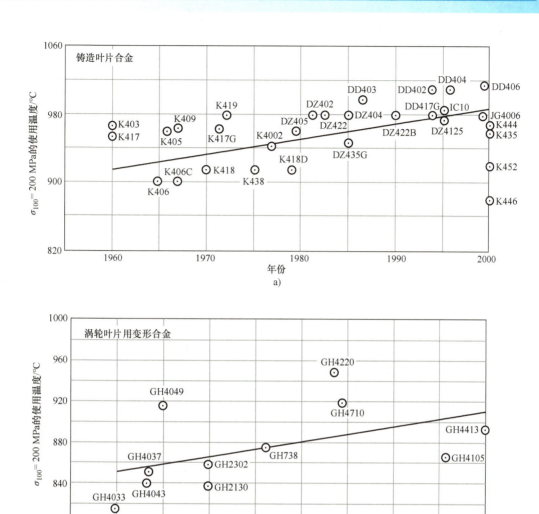

图 9-2 我国涡轮叶片用高温合金的发展情况

问世之后,独立研制成功 Whittle 发动机。为满足这种发动机热端部件的要求,1939 年英国 Mond 镍公司(后改名为国际镍公司),首先在 80Ni-20Cr 电热合金中加入 0.3% 的 Ti 和 0.1% 的 C,研制成功 Nimonic 75 合金,可在 800 ℃、47 MPa 应力下,经 300 h 蠕变应变不超过 0.1%,已能满足最初提出的要求,但较低的蠕变强度使这一合金更适合制作板材、生产火焰筒等板式零件。为了提高蠕变强度,把 Nimonic 75 合金中的钛的含量提高至 2.5%,并加入 1% 左右的 Al,发展成 Nimonic 80 合金,成为最早的 $Ni_3(Al,Ti)$ 强化的涡轮叶片合金,于 1941 年正式应用。1944 年,对 Nimonic 80 的 Al 和 Ti 的含量稍加调整,并改进生产工艺之后,发展成 Nimonic 80A。1945 年,用 20% 的 Co 代替镍,由 Nimonic 80A 发展成 Nimonic 90 合金。1951 年,采用比较好的热加工方法,把 Nimonic 90 合金的 Al 和 Ti 的含量进一步提高,发展了 Nimonic 95 合金。1955 年,为了进一步提高蠕变强度,在 Nimonic 90 合金中加入钼,并且更精确地选择 Al 和 Ti 的含量,发展了 Nimonic 100 合金。1951—1955 年,

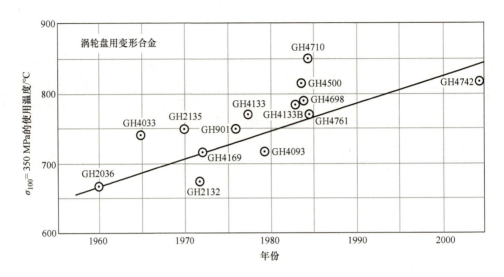

图 9-3　我国涡轮盘用高温合金的发展情况

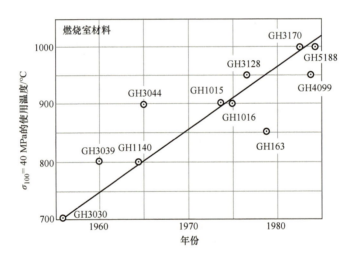

图 9-4　我国燃烧室用高温合金的发展情况

Nimonic 合金的使用温度提高了约 120 ℃。在 Nimonic 95 和 Nimonic 100 尚未在工业上获得应用之前，1958 年研制成功 Nimonic 105 合金。随着真空技术的广泛应用，1959 年研制成功 Nimonic 115，以后又研制成功 Nimonic 118 和 Nimonic 120 合金。这些合金主要用来制作涡轮叶片，属变形合金。这些合金也可以作为铸造合金，精密铸造成复杂形状的零件。铸态 Nimonic 合金称为 Nimocast 合金，如 Nimocast 75、Nimocast 80 和 Nimocast 90 等。以后又发展了一些性能更好的铸造合金，研制了定向凝固和单晶合金，如罗罗公司发展的单晶高温合金 SRR99、SRR2000 和 SRR2060 等。

3. 美国高温合金的发展

美国高温合金的发展晚于英国。美国的航空发动机是在 1941 年以后才开始发展的。1942 年美国发展了 Hastelloy B 变形镍基合金，用于通用电器公司研制的 Bellp-59 喷气发动机和 I-40 喷气发动机。1943 年在通用电器公司的 J-33 发动机使用了钴基合金 HS-21 制作涡轮工作叶片，代替原来选用的变形合金 Hastelloy B，开创了使用铸造高温合金制作涡轮叶片的历史。由于吸收了英国高温合金发展的经验，美国很快就发展了 40 多种高温合金。1944 年，美国西屋公司的 Yan Kee 19A 发动机采用了钴基合金 HS-23 精密铸造叶片。1950 年，由于钴资源短缺，镍基合金迅速发展，广泛用作涡轮叶片。这一时期，美国普惠公司、通用电器公司和特殊金属公司分别研制成功 Waspalloy、M-252 和 Udimet 500 等合金，并在这些合金的基础上，采取了类似于 Nimonic 合金的不断强化的方法，发展形成了 Inconel、Mar-M 和 Udimet 等牌号系统。20 世纪 50 年代初期，Eiselstein 研制成功 IN-718 合金，这一合金用 γ'' 和 γ' 相强化，用量越来越大，用途越来越多。20 世纪 50 年代，由于真空熔炼技术的出现，广泛发展了镍基铸造合金 IN-100、René100 和 B-1900。美国高温合金的发展情况如图 9-5 所示。

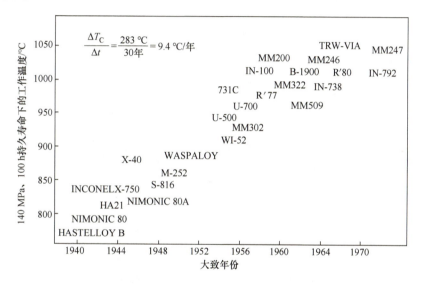

图 9-5　美国高温合金发展情况

20 世纪 60 年代和 70 年代，高温合金的新工艺蓬勃发展，工艺技术的发展超过了合金成分的研制，成为高温合金向前发展的主要推动力，发展了许多性能更优异的高温合金，如定向凝固（DS）合金、单晶（SC）合金和 DS 共晶合金。单晶高温合金的使用温度达到了合金熔点的 90%。还有粉末高温合金和弥散强化高温合金，利用高温合金粉末制备高强度涡轮盘，利用弥散强化高温合金制备火焰筒、导向叶片和涡轮叶片。在高温合金的研究、生产和应用方面，美国在全世界处于领先地位。

4. 苏联高温合金的发展

苏联的镍基合金系统是在第二次世界大战后吸收了英国 Nimonic 合金的经验而发展的。在 1949—1950 年，苏联仿制了 Nimonic 80 和 Nimonic 80A，将其称为 Эи437 和 Эи437А。1952 年在 Эи437А 中加入微量晶界强化元素 B，发展成力学性能更好的 Эи437Б。同时，在 Ni-Cr-Al-Ti 合金基础上加入 7% 的 W 和 3% 的 Mo 进行固溶强化。1954 年研制成功 Эи617，1956 年研制成功 Эи826，1957 年进一步提高合金化程度，发展了 Эи929 和 Эи767。上述这些合金主要用作涡轮叶片材料。

与此同时，涡轮盘高温合金也得到了迅速发展，1950 年研制成功 Эи481，1955 年研制

成功 Эи698 和 Эи787，1956 年研制成功 Эи766 和 Эи767，1960 年研制成功 Эи105 合金。苏联发展的涡轮叶片和涡轮盘用高温合金如图 9-6 所示。随着新工艺的出现，苏联也发展了定向凝固高温合金、单晶高温合金和粉末高温合金。

除中国、英国、美国和苏联以外，法国、德国等一些国家也发展了一些高温合金，但没有形成体系。

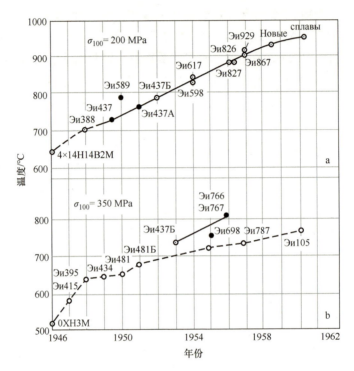

图 9-6　苏联发展的涡轮叶片和涡轮盘用高温合金
a—涡轮叶片　b—涡轮盘

9.4　镍基高温合金

9.4.1　镍基高温合金简介

镍基高温合金中采用金属间化合物作为沉淀强化相，首先采用的是 γ'-Ni_3(Ti，Al) 相。γ'-Ni_3(Ti，Al) 相与镍基固溶体有相同的点阵类型和相近的点阵常数，γ'相与基体形成共格，其相界面能低，使其在高温长期停留时聚集长大速度小，且 γ'相本身有较好的塑性，故 γ'-Ni_3(Ti，Al) 相是理想的沉淀强化相。γ'相的稳定性与 w_{Al}/w_{Ti} 有关，当 w_{Al}/w_{Ti} 小于 1 时，就会出现 η'-Ni_3Ti 相，这是不希望发生的。随着使用温度增高，不仅要增加铝、钛总量以增加 γ'相总量，而且 w_{Al}/w_{Ti} 要增加，以增加 γ'-Ni_3(Ti，Al) 相的稳定性。铝、钛总量可超过 8%，w_{Al}/w_{Ti} 可达到 2～3。图 9-7 为 29 种镍基合金的铝、钛总量与 σ_{100} = 196 MPa 条件下的使用温度的关系。合金中铝、钛总量越高，使用温度也越高。

γ'-Ni_3(Ti，Al) 相对合金的强化表现在两方面，包括共格强化和反相畴界强化。当镍

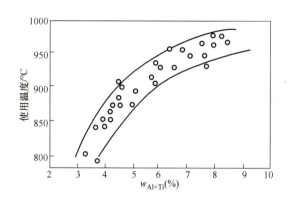

图 9-7　29 种镍基合金的铝、钛总量与 $\sigma_{100} = 196$ MPa 条件下的使用温度的关系

基合金时效时，析出的 γ′相与 γ 固溶体保持共格，γ′相的点阵常数稍大于 γ 固溶体，形成共格界面时存在匹配度差，因而在 γ′相周围的 γ 固溶体中产生畸变应力。匹配度差越大，畸变应力也越大。畸变应力场阻碍了位错运动，提高了屈服强度，强化了合金。使用温度较低的镍基合金，短期持久强度是主要指标，要求高的屈服强度。此时由于温度不太高，不必担心过时效而使 γ′相与基体失去共格，所以 γ′相和基体的匹配度差越大越好。钛、铌、钽主要溶于 γ′相，能增大 γ′相的点阵常数，增大 γ′相与基体的匹配度差。故 w_{Al}/w_{Ti} 小的镍基合金用于较低温度。较高温下工作的镍基合金要求热稳定性好，因而要求 γ′相与基体间匹配度差小，增加 γ′相的体积分数。因此，除增加铝、钛总量外，还要增大 w_{Al}/w_{Ti} 比值，降低 γ′相点阵常数，同时要增加钨、钼的含量，钨、钼主要溶入 γ 固溶体，增大其点阵常数，两者都降低 γ′相与基体 γ 固溶体间的匹配度差。这类具有高 w_{Al}/w_{Ti} 比值的镍基合金中，强化相 γ′-Ni_3(Ti, Al) 相的体积分数可高达 60%～70%。其沉淀强化主要靠 γ′相在位错切割时形成反相畴界强化。当位错切割 γ′相，使原来滑移面上下的原子改变了原来有序的相邻关系，形成了新的高能量的反相畴界，这需要施加更大的外力才能改变。

钨、钼、铬在镍基合金中能提高原子间结合力，减缓扩散，起固溶强化作用。钴和钨、钼综合合金化，使固溶强化效果更好，并能改善高钨、钼镍基合金的可锻性。钴可溶于 γ′相，形成 γ′-(Ni, Co)$_3$(Al, Ti) 相，提高其稳定性。钴还能减少 γ′-(Ni, Co)$_3$(Al, Ti) 相的固溶限，增加 γ′相的数量。钴能降低镍基合金的层错能，促使合金中出现扩展位错，并增加扩展位错的宽度。扩展位错整体滑移不灵便，要收缩成一个全位错才能进行，故要消耗额外能量，所以表现出强度的提高。采用多元合金进行综合强化，可以大大提高镍基合金的强度，提高其使用温度。

铬的另一个主要作用是提高镍基合金的抗氧化性。含铬量为 14%～20% 的合金在 500～700℃ 空气中表面生成致密的 Cr_2O_3 膜，有良好的保护作用。在 800～1000℃ 合金中，紧贴基体的仍然是 Cr_2O_3，其外层是 $NiO \cdot Cr_2O_3$。它具有尖晶石结构，很致密，也有良好的保护作用。

杂质元素，特别是低熔点金属，如铅、锑、锡、铋等，会强烈降低晶界的强度、高温冲击韧性和高温塑性。这些杂质元素有强的晶界偏聚倾向，富集于晶界，降低了晶界原子扩散激活能，使镍基合金的持久性能强烈降低。图 9-8 为铅和锑对 Cr20Ni80Ti2.5Al 合金在 700 ℃、$\sigma=353$ MPa 条件下持久寿命的影响。故镍基合金的纯净度特别重要。另外，镍基合金中加入了特殊添加剂（如碱土金属钙和钡、稀土金属铈和镧等及锆、硼等元素），在一定含量范围内可以减轻甚至消除低熔点杂质元素的有害作用。其作用由大到小的顺序为硼、镧、铈、锆、钙、钡。硼偏聚于晶界，提高低熔点金属在晶界的扩散激活能，如把锡在晶界和晶内扩散激活能之比 $Q_界/Q_内$ 由 0.58 增至 0.70，提高了晶界软化温度。镧、铈、锆能与低熔点金属形成难熔化合物，消除了它们的危害。稀土金属和碱土金属有良好的净化作用（去氢、去氧、去氮、去硫），能有效地改善持久塑性和热塑性。

镍基合金的牌号、化学成分和使用温度，可参考表 9-3，其热处理工艺见表 9-4。其中 GH3128 为固溶强化镍基变形高温合金，GH4033、GH4037 和 GH4049 为时效强化镍基变形高温合金，K403 和 K417 为镍基铸造高温合金。GH4033、GH4037 和 GH4049 镍基合金的高温持久强度见图 9-9。

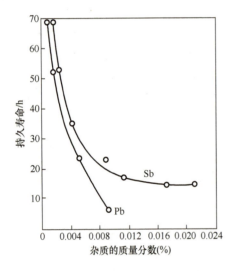

图 9-8 铅和锑对 Cr20Ni80Ti2.5Al 合金在 700 ℃、$\sigma=353$ MPa 条件下持久寿命的影响

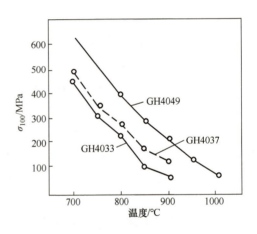

图 9-9 GH4033、GH4037 和 GH4049 镍基合金的高温持久强度

表 9-3 镍基合金的牌号、化学成分和使用温度

牌号	化学成分（%）									最高使用温度/℃
	C	Cr	W	Mo	Ti	Al	V	Co	其他	
GH4033	≤0.06	19.0~22.0	—	—	2.3~2.7	0.55~0.95	—	—	Ce≤0.01，B≤0.01 Si≤0.60，Mn≤0.35	800
GH4037	≤0.10	13.0~16.0	5.0~7.0	2.0~4.0	1.8~2.3	1.7~2.3	0.10~0.50	—	Ce≤0.02，B≤0.02 Si≤0.60，Fe，Mn≤0.50	850
GH4049	≤0.07	9.5~11.0	5.0~6.0	4.5~5.5	1.4~1.9	3.7~4.4	0.2~0.5	14~16	Ce≤0.02，Fe≤1.5 B=0.015~0.026	900

(续)

牌号	化学成分（%）									最高使用温度/℃
	C	Cr	W	Mo	Ti	Al	V	Co	其他	
GH3128	≤0.06	19.0~22.0	7.5~9.5	7.5~9.0	0.4~0.7	0.35~0.7	—	—	Ce≤0.05，B≤0.05 Si≤0.50，Mn≤0.80 Zr<0.10，Fe≤3	950 ℃以下燃烧室
K403	0.11~0.18	10~12	4.8~5.5	3.8~4.5	2.3~2.9	5.3~5.9	—	4.5~5.5	Ce≤0.01，B=0.1~0.03，Si、Mn≤0.5，Zr<0.10	900~1000
K417	0.14~0.20	8.5~9.5	—	2.5~3.5	4.7~5.3	4.8~5.7	0.6~0.9	14~16	B=0.014~0.02 Si、Mn≤0.5 Zr=0.05~0.09	950

表9-4 镍基合金的热处理工艺

牌号	热处理工艺
GH4033	1080 ℃固溶处理8 h空冷，750 ℃时效6 h空冷
HH4037	1180 ℃固溶处理2 h空冷，1050 ℃ 4 h空冷，800 ℃时效16 h空冷
HH4049	1200 ℃固溶处理2 h空冷，1050 ℃ 4 h空冷，850 ℃时效8 h空冷
GH3128	1200 ℃固溶处理空冷
K403	1210 ℃固溶处理4 h空冷
K417	铸态不热处理

镍基合金采用二次固溶处理，相比于采用一次固溶处理，可得到较高的持久强度和持久塑性。实验证明，碳化物在晶界的形态需要控制，如碳化物在晶界呈断续链状分布，是强化晶界的最好组织形态。以 GH4033 为例，采用一次固溶（1080 ℃，保温 8 h）M_7C_3 溶于基体，冷却时析不出来，在之后 700 ℃时效时，M_7C_3 在晶界大量析出，呈薄网状，使合金变脆，引起缺口敏感。采用两次固溶，第一次加热到 1200 ℃，再冷却到碳化物溶解限以下进行第二次固溶保温，让 M_7C_3 在晶界大量析出，呈断续链状分布，阻碍晶界相对滑动。在链状 M_7C_3 碳化物邻近的晶界产生贫铬区，贫铬区增大了铝、钛的固溶度，在时效时出现无 γ′ 相区，提高了晶界附近的塑性，延缓因晶粒相互滑动而造成的应力集中和裂口，提高了持久塑性和持久寿命。GH4033 的两次固溶和时效采取 1200 ℃固溶，炉冷到 1000 ℃，保温 16 h 后空冷，再在 700 ℃时效 16 h。与一次固溶和时效相比，在 750 ℃、$\sigma=280$ MPa 条件下，两次固溶和时效的试样，其持久寿命能提高 3 倍多。其他镍基合金，如 GH4037、GH4049 及 GH130 等，都采用二次固溶处理制度。

镍基合金采用双重时效处理，可提高其持久塑性。GH4033 在固溶后，先在 850 ℃时效 24 h，再经 700 ℃时效 16 h，在同样 650 ℃、$\sigma=431$ MPa 下，持久塑性由 2.58%~2.88% 提高到 7.20%~8.05%，持久塑性增加了 2 倍，同时持久寿命也增加了近 2 倍。高温时效析出较粗的颗粒状 γ′ 相，较低温时效析出细小的 γ′ 相，得到两种尺寸的 γ′ 相。

9.4.2 定向凝固高温合金

研究表明，大多数高温合金的蠕变裂纹产生在垂直于主应力方向的晶界上。减少这种薄弱环节，消除横向晶界，进而消除全部晶界，这就是定向凝固柱晶叶片和单晶叶片要达到的目标。由于采用了真空冶炼、高合金化、气冷技术、定向凝固柱晶和单晶等技术，使高温合金的使用温度获得大幅度提高。定向凝固柱晶较常规合金提高了 25 ℃，而单晶合金至少提高了 50 ℃以上。

定向凝固方法是将合金熔液注入壳型，在底部首先遇到水冷铜板，当即形成激冷薄层，热流通过结晶层流向水冷铜板，在结晶层前沿合金熔液存在正温度梯度。立方系金属及合金在结晶过程中择优结晶取向的晶粒沿 <100> 方向长大，排斥了激冷薄层中其他结晶取向的晶粒。只要冷却条件不变，择优晶粒继续沿 <100> 方向生长，就会在整个叶片上形成柱晶。

合金的温度梯度 G 和凝固速率 R 对晶粒类型和显微组织有极大的影响。凝固界面的形态控制为

$$G/R - \Delta T_m/D \tag{9-1}$$

式中　ΔT_m——合金凝固温度范围；

　　　D——液态合金中元素的扩散系数。

当式（9-1）为正值时，凝固界面为平滑界面，当式（9-1）为负值时，凝固界面为胞状界面。合金 ΔT_m 大，R 值也大，通常是树枝状晶凝固。所以，只要控制 G/R 值在合适范围，就可以得到平面状凝固或胞状凝固的定向凝固叶片。

定向凝固的实施方法有多种，常用的是快速凝固法，如图 9-10 所示。该装置外层为感应圈，通过加热感应体加热铸型，下部有辐射挡板，水冷板和铸型可以下降。铸型以辐射挡板分为上、下两个热、冷区域，铸型在较低位置下通过水冷板散热。采用高温度梯度的定向结晶炉，提高凝固前沿的温度梯度 G，可减少成分偏析，使枝晶变细、显微空穴减少，并有利于 <100> 取向的晶粒成长。

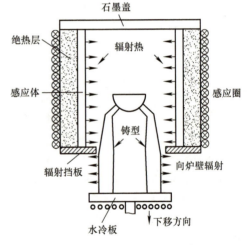

图 9-10　快速凝固法装置示意图

上述方法可以得到单晶，主要是铸型温度高，合金液过热，能够阻止合金在铸型腔内各部形核。凝固核心仅从叶片根部的单晶核心长大，单晶贯穿于整个叶片。

许多普通铸造高温合金都可以用定向凝固法获得定向结晶或单晶。如 In-100（2Cr10Co15Mo3Ti4.7Al5V），B-1900（1Cr8Co10Mo6Ta4Al6Ti）等。由于单晶没有晶界，无须添加强化晶界的微量元素（如碳、硼、铪、锆等）。

第一代单晶合金 PWAl480，$w_{Cr} = 10\%$、$w_{Co} = 5\%$、$w_W = 4\%$、$w_{Al} = 5\%$、$w_{Ti} = 1.0\%$、$w_{Ta} = 12\%$、$w_C < 0.003\%$。由于加入了高熔点元素钽，可以提高蠕变强度，并与铝生成致密的氧化膜。采用高固溶温度后，可溶解大量合金元素，在时效时形成了体积分数 $\varphi = 60\% \sim 65\%$ 的 γ' 相，呈弥散分布，尺寸小于 0.3 μm，大大提高了使用温度。新型单晶合金中加入了难熔金属铼，进一步提高了使用温度，出现第二代单晶合金 PWAl848（$w_{Cr} = 5\%$、$w_{Co} = 10\%$、$w_W = 6\%$、$w_{Mo} = 2\%$、$w_{Re} = 3\%$、$w_{Al} = 5.6\%$、$w_{Ta} = 8.7\%$、$w_{Nb} = 0.1\%$）。铼不仅能防止单晶合金中的 γ' 相粗化，而且有强烈的固溶强化效果。在 982 ℃、$\sigma = 248$ MPa 蠕变

条件下，PWAl480 合金的持久寿命为 90 h，而 PWAl848 合金的持久寿命增加到 350 h。单晶叶片已在民用和军用航空发动机上使用。

新型共晶合金定向凝固技术也得到了发展。实际上，该合金是两相共晶，经一步工艺制成的复合材料。两相是在控制定向凝固条件下，沿着热流方向规则排列起来。两相中，一相是固溶体，另一相是高强度相。目前主要以增强纤维方式存在于定向共晶中，如 Ni_3Ta、Ni_3Nb、TaC、NbC 等。定向共晶合金的优点是具有很高的持久强度，且温度越高，其性能的优越性越能显示出来。典型的合金为 NITAC14B（$w_{Cr}=4.2\%$、$w_{Co}=3.9\%$、$w_W=4.5\%$、$w_{Al}=5.5\%$、$w_{Ta}=9\%$、$w_V=5.6\%$、$w_{Re}=6.2\%$、$w_C=2.7\%$，其余为 Ni），它在 1138 ℃ 的持久强度 $\sigma_{100}=138$ MPa。由于增强纤维的定向生长，提高了冲击韧性，其性能高于铸造镍基合金 In-100 等，并且有较好的疲劳性能。但定向共晶叶片的生产工艺在控制上有一定难度，尚待解决。

9.4.3 粉末高温合金

由于高温合金工作温度越高，合金中加入的强化元素量也越多，合金的成分越复杂，这导致合金的热加工性变差，只能在铸态使用。由于成分复杂，凝固后偏析也严重，易造成组织和性能的不均匀。采用粉末冶金工艺生产高温合金，就能完全克服上述缺点。因为粉末颗粒小，制粉时凝固快，消除了偏析，改善了热加工性，把本来只能铸造的合金变成可热加工的形变高温合金，如 In-100、René95 和 ЭИ741НП 合金。我国根据 René95 合金生产了粉末合金 FGH95。FGH95 合金（Cr13Co8W3.5Mo3.5Al3.5Ti2.5Nb3.5ZrB）经预制合金粉→压实（热等静压、热压等）→热加工变形→热处理等工序，制成成品。与常规法生产相比，可节省大量机加工切削量，成材率高，节约费用。

预制合金粉末的方法有惰性气体雾化法、旋转电极法等。惰性气体雾化法是在真空装置中熔化合金，经注口流下熔融合金液体，在高速高压惰性气流中雾化成粉末，再经筛分选取出适当粒度的合金粉。旋转电极法是在真空装置中将原料合金棒作为旋转自耗电极，以固定钨极起电弧，连续熔化自耗电极。旋转电极端部熔化的合金液滴在离心力作用下甩出，形成细小的颗粒状粉末。

粉末高温合金显著提高了室温和中温的强度和疲劳强度。如 FGH95 合金在 650 ℃、$\sigma=1030$ MPa 高应力条件下，其持久寿命在 200 h 以上，持久伸长率在 3% 以上。粉末高温合金已用于先进型号发动机上的涡轮盘、压气机盘等重要零件上。

9.4.4 氧化物弥散强化（ODS）高温合金

采用机械合金化方法加入氧化物 Y_2O_3 颗粒，同金属间化合物 γ' 相共同强化镍基合金，这是粉末冶金中的一种新工艺。Y_2O_3 具有高的热稳定性，能同合金中过剩的氧和合金元素铝生成极稳定的复合氧化物铝酸钇（$3Y_2O_3 \cdot 5Al_2O_3$）。

材料的制作工艺是将各种金属及中间合金粉末与 Y_2O_3 粉末按规定比例置于高能球磨机中，在隔绝空气条件下球磨。粉末在高速旋转磨球的挤压下发生变形、冷焊、剥落，历经几十小时，最后得到机械合金化粉末。再将粉末装包套，在挤压机中加热挤压成材，并通过热轧和定向再结晶热处理，制成成品。成品须经最终固溶处理和时效，以得到 γ' 相沉淀强化为辅，Y_2O_3 弥散强化为主的高温材料。它综合利用了固溶强化、定向晶粒强化、γ' 相沉淀强化和氧化物弥散强化等方式,得到优异的综合强化效果。

氧化物弥散强化高温材料的工作温度比普通高温合金提高 100~200 ℃,达到基体金属的 $0.85T$(熔点),而且有高的组织稳定性和高温蠕变性能。目前有固溶强化型氧化物弥散强化镍基高温材料 MA754(20% Cr,0.3% Al,0.5% Ti,0.03% C,0.6% Y_2O_3)和氧化物弥散强化与时效强化型镍基高温材料 MA60000(15% Cr,4% W,2% Mo,2% Ta,4.5% Al,2.5% Ti,0.15% Zr,0.01% B,0.05% C,1.1% Y_2O_3)。

本 章 小 结

本章简要介绍了高温合金含义、应用范围、分类和我国高温合金的牌号表示方法,重点介绍了高温合金在中国、英国、美国和苏联的发展历程。对镍基高温合金进行了介绍,并简要介绍了通过定向凝固技术和粉末冶金工艺生产高温合金的相关内容。

复习思考题

9-1　简述高温合金的含义。
9-2　高温合金有哪些重要的应用?
9-3　高温合金按照成形工艺分类,可以分为哪几种?
9-4　简述我国高温合金牌号的表示方法。
9-5　镍基高温合金中的主要强化相是什么?
9-6　简述高温合金中各合金元素的主要作用。
9-7　镍基高温合金相对于铁基高温合金或耐热钢有哪些优点?
9-8　我国燃烧室用高温合金有哪些牌号?
9-9　我国涡轮叶片用高温合金有哪些牌号?
9-10　我国涡轮导向叶片用高温合金有哪些牌号?

第 10 章

陶 瓷 材 料

【**本章学习要点**】本章介绍了陶瓷的相关知识，主要包括陶瓷原料、陶瓷坯料及制备、陶瓷成型工艺、施釉、陶瓷的干燥与烧成。在此之前介绍了陶瓷材料性能要求。除此之外，还介绍了主要的特种陶瓷材料。要求了解陶和瓷的区别、陶瓷材料的大三原料，熟悉陶瓷的成型过程，了解陶瓷的烧成过程，包括快速烧成和低温烧成。

陶瓷是陶器和瓷器的合称。
凡是以陶土和瓷土的无机混合物作为原料，经过成型、干燥、窑烧等工艺制成的器物，统称陶瓷。从定义上看，陶和瓷既有联系又有区别。所谓陶，是通过手工或机械加工的方式将普通的黏土制作成一定的形状，然后经过 800~1100 ℃ 的温度焙烧硬化而成的器物。所谓瓷，是以瓷石或高岭土为原料，通过手工或机械加工的方式经过配料、成型、施釉、干燥等工艺，然后入窑，在 1200 ℃ 以上的高温下焙烧而成的器物。

从历史的发展来看，两者又有紧密的联系。陶出现在先，瓷出现在后，并且瓷是陶逐渐发展演变而来的品种，可见陶和瓷是一种工艺的两个不同阶段。即，瓷是由陶发展演变而来，是陶生产发展的高级阶段。从实际的状况来看，尽管后来出现了瓷，但它并没有完全取代陶的生产，而是仍然保留着陶，最后形成了陶和瓷各自发展的两个支流和脉络。但是，陶和瓷又有明显区别，具体在于：

1) 原料不同。陶器是用普通的黏土制成，而瓷器是用瓷石或高岭土制成。
2) 烧窑的烧造温度不同。陶器烧造温度较低，为 800~1100 ℃；而瓷器的烧造温度较高，均在 1200 ℃ 以上。
3) 物理性能不同。陶质地松脆，有微孔，易渗水，多无釉，即使有釉者也是低温釉，不宜作为实用器。而瓷质地致密坚实，不渗水，均有釉，适合作为实用器，敲击还能发出清脆的金属声，可作为乐器使用。还有其他细节，不一一赘述。

需要说明的是，陶瓷类别除了陶器和瓷器，还有一种介于两者之间的炻器。炻器，古时称为石胎瓷，今又称为缸器，这类器物胎体比陶器致密，质地较为坚硬，不透明，吸水率低，基本接近瓷器的标准，这也是以前将其视作瓷的原因。不过炻器一般无釉，烧造温度也比瓷器略低，尚未达到 1200 ℃，因此，又与瓷器有差异，这也是不能将其归入真正瓷类的原因。

10.1 陶瓷性能要求

陶瓷生产中涉及的性能如下：

1. 黏土或坯料的可塑性

具有一定细度和分散度的黏土或配合料，加适量水调和均匀，加工制成一定含水率的塑性泥料，在外力作用下能塑造成任意形状，在外力解除后能保持原状不变，这种性能称为可塑性。

黏土从某种稠度状态转变为另一种状态时的界限含水量为稠度界限。工程上常用的有塑性界限 W_P 和液性界限 W_L。

1）塑性界限，相当于土从半固体状态转变为塑性状态时的含水量，用 W_P 表示。塑限是泥料具有可塑性时的最低含水量。

2）液性界限，相当于土从塑性状态转变为液性状态时的含水量，用 W_L 表示。液限是泥料具有可塑性时的最高含水量。

黏土要具有一定的可塑性，才便于成型。但可塑性太强的黏土，水分含量较多，干燥收缩也大，易产生开裂。可塑性过弱又不易成型。因此，要保持一个合适的尺度。

表示黏土可塑性的常用方法有可塑性指数及可塑性指标两种。

2. 黏土的结合性

黏土结合性是指黏土能粘接一定细度的瘠性原料，形成可塑泥团并具有一定干坯强度的能力。（黏土与非可塑性原料混合加水捏制成一定的形状，干燥后形成具有一定强度的坯体，这种性能常称作结合性。）

结合力强的黏土加砂量达 50% 时仍能形成塑性泥团，结合力中等的黏土加砂量在25%～50% 时能形成塑性泥团，结合力弱的黏土加砂量通常在 20% 以下。

黏土的这种性质，能保证坯体有一定的干燥强度，是坯体干燥、修坯、上釉能够进行的基础，也是配合料调节泥料性质的重要因素。

3. 泥浆的流动性、触变性、吸浆速度

（1）泥浆的流动性　它反映了浆体不断克服内摩擦产生的阻碍作用而继续流动的一种性能。工艺上，常以一定体积的泥浆静置一定时间后通过一定孔径的小孔流出的时间来表征泥浆的流动性。

（2）泥浆的触变性　黏土泥浆或可塑泥团受到振动或搅拌时，黏度降低而流动性增加，静置后逐渐恢复原状，泥料放置一段时间后，在维持原有水分的条件下也会出现变稠和固化现象，这种性质统称为触变性（稠化性）。

触变性以稠化度或厚化度表示。即泥浆（100 mL）在黏度计中静置 30 min 后的流出时间与静置 30 s 后的流出时间的比值。（瓷坯的稠化度为 1.8～2.2，精陶泥浆的稠化度为 1.5～2.6。）

（3）吸浆速度　单位时间内单位模型面积上所沉积的坯体质量称为吸浆速度。泥浆中固体颗粒的比表面积、泥浆浓度、泥浆温度、泥浆与石膏模之间的压力差都会影响吸浆速度。所以，表述吸浆速度的前提应该是上面诸多因素都一定。

4. 气孔率

浸渍时能被液体填充的气孔或与大气相通的气孔称为开口气孔。浸渍时不能被液体填充或不和大气相通的气孔称为闭口气孔。陶瓷体中所有开口气孔的体积与其总体积之比称为显气孔率或开口气孔率。陶瓷体中所有闭口气孔的体积与其总体积之比称为闭口气孔率。

陶瓷体中所有开口气孔和闭口气孔的体积与总体积之比称为真气孔率。由于真气孔率的测定比较复杂,一般只测定显气孔率。陶瓷体中所有开口气孔吸收的水的质量与干燥材料的质量之比称为吸水率。生产中用吸水率来反应陶瓷产品的气孔率。

5. 线收缩率和体积收缩率

线收缩率的测定比较简单,对于在干燥过程中易发生变形歪扭的试样,必须测定其体积收缩率。黏土或坯料干燥过程中体积的变化与原始试样体积之比称为干燥体积收缩率。烧成过程中体积的变化与干燥试样体积之比称为烧成体积收缩率。总体积变化与原始试样体积之比称为总体积收缩率。

6. 白度、光泽度、透光度

各种物体对于投射在它上面的光,会发生选择性反射和选择性吸收。不同的物体对各种不同波长的光的反射、吸收及透过程度不同,反射方向也不同,就产生了各种物体不同的颜色(不同白度)、光泽度、透光度。

7. 抗压强度

建筑陶瓷都要求有一定的机械强度,部分建筑陶瓷材料要求有较高的机械强度,以满足受力、使用条件及加工要求。例如,地砖就要求具有较高的机械强度,如抗压强度、抗弯强度等。

陶瓷抗压强度极限以试样单位面积上所能承受的最大压力表征。所谓最大压力即陶瓷材料受到压缩(挤压)力作用而不破损的最大应力。

虽然测定值准确性与测试设备(万能材料试验机)有关,但很大程度上也取决于试样尺寸大小的选择。

8. 热稳定性

热稳定性又称为抗热震性、耐急热急冷性,指陶瓷材料抵抗温度急剧变化而不被破坏的性能。

急冷或急热会导致制品内部热应力,当热应力达到材料本身机械强度的极限时,材料就会被破坏。显而易见,陶瓷材料热稳定性与外界温度变化条件及材料本身性能相关。实践研究发现,建筑陶瓷制品的热稳定性在很大程度上取决于坯、釉的适应性,特别是二者热膨胀系数的适应性。热膨胀系数较大时,容易导致产品后期龟裂。

根据GB/T 3810.9—2016,陶瓷砖热稳定性的测定方法是用整砖(热稳定性测定结果与样品尺寸相关)在15 ℃和145 ℃(温差130 ℃)两种温度之间进行10次循环试验。有浸没和非浸没两种测试方法。在规定光源下或采用染色液体,观察有无裂纹。规定经10次抗热震试验不出现炸裂或裂纹则稳定性合格。其中,釉面砖(多为陶质或炻质)为1次,外墙砖为20次。

10.2 陶瓷原料

陶瓷及其他硅酸盐工业制品的基本原料是天然的矿物或岩石。这些资源蕴藏丰富,在地壳中分布广泛。矿物指的是自然化合物或自然元素,是地壳中经过各种物理、化学作用的产物,具有均质化学组成,呈晶体状态存在,并以具有工业意义的矿床聚集体产出。例如高岭土、石英、长石等均属于矿物。岩石是矿物的集合体，是由多种矿物以一定的规律组合而成。如伟晶花岗岩是由石英、长石、云母等矿物组合成的。地球表层约20 km厚的地壳上层部分，主要是硅铝层，也就是各种岩石的硅酸盐带（其中95%为火成岩，5%为沉积岩），硅酸盐工业原料就是从这里采掘和选用的。

从地壳的化学成分看，O、Si、Al、Fe、Ca、Na、K、Mg等八种元素占总量的97.13%，其余元素只占2.87%。上述元素（Si、Al、K、Na、Ca、Mg）均属于造岩元素，多以氧化物、硅酸盐、碳酸盐、磷酸盐等形式出现。除Fe、Ti等元素为有害杂质外（作色料则另当别论），其余均是陶瓷原料经常涉及的元素，如陶瓷生产中常用的高岭土（$Al_2O_3 \cdot 2SiO_2 \cdot 2H_2O$）、石英（$SiO_2$）、钾长石（$K_2O \cdot Al_2O_3 \cdot 6SiO_2$）、石灰石（$CaCO_3$）、白云石（$CaCO_3 \cdot MgCO_3$）等化合物中的元素。这些矿物本身单独就可以作为矿物材料使用，应用于不同的工业领域，但多数为硅酸盐工业所采用。

陶瓷工业生产中用的最基本的原料是石英、长石、黏土三大类和一些化工原材料。

上述三类原料，提供了配料的基本组分，并以一定的物理、化学作用形成各"相"而构成瓷。从工艺角度讲，它们基本分为两种类型，一种是有可塑性的，另一种是无可塑性的。前者主要是黏土类物质，包括高岭土、多水高岭土，烧后呈白色的各种类型黏土和作为增塑剂的膨润土等。它们在生产中起塑化和结合作用，赋予坯料以塑性与注浆成型性能，保证坯体的强度及烧后的各种使用性能，如机械强度、热稳定性、化学稳定性等。它们是成型能够进行的基础，也是黏土质陶瓷的成瓷基础。第二种类型中石英属于瘠性材料（减黏物质），可降低原料的黏性。烧成中部分石英熔解在长石中，提高液相黏度，防止其高温变形，冷却后在瓷坯中起骨架作用。除石英外，可以起到瘠化作用的还有由黏土、高岭土煅烧后变成的熟料和碎瓷粉等。长石则属于熔剂原料，高温下熔融后可以熔解一部分石英及高岭土分解产物，熔融后的高黏度玻璃可以起到高温胶结作用。除长石外，还有伟晶花岗岩、滑石、白云石、石灰石等起着同样作用。

根据原料在生产工艺中所起的不同作用，可将陶瓷用原料做如下分类：

1）可塑性原料，包括软质黏土、硬质黏土等。

2）瘠性原料，包括石英、长石、废砖粉、透辉石等。

根据原料的熔融温度不同，可将建筑陶瓷用原料做如下分类：

1）熔剂原料，包括长石、硅灰石、透辉石等。

2）非熔剂原料，包括高岭土、石英等。

原料是材料生产的基础，主要是为产品结构、组成及性能提供合适的化学成分和加工过程所需的各种工艺性能。优质原料是制造高质量产品的首要保障。陶瓷材料使用的原料品种繁多，按来源可分为天然原料和化工原料两大类。

天然矿物或岩石原料，由于成因和产状的不同，其组成和性质存在差异。化工原料也往往因为制造工厂采用的原料或生产方法的差异，使其组成和性质不完全一致。因此，掌握原料的组成、特性及其与产品性能和生产工艺的相互关系，对于合理地选择原料、节约资源、物尽其用极为重要。

10.2.1 可塑性原料（以黏土类原料为代表）

黏土是自然界中硅酸盐岩石（如长石、云母）经过长时间风化作用而形成的一种土状矿物混合体，为细颗粒的含水铝硅酸盐，具有层状结构。当其与水混合时，有很好的可塑性，在坯料中起塑化和黏合作用，赋予坯体以塑性变形或注浆成型能力，并保证干坯的强度及烧结制品的使用性能，是成型能够进行的基础，也是陶瓷成瓷的关键。

黏土类原料是陶瓷工业的主要原料之一，其用量常达40%以上。黏土矿种类齐全，分布广泛，无一定熔点，也没有固定的化学组成。

1. 黏土的成因与分类

（1）原生黏土　也称为一次黏土或残留黏土。比如钾长石，在水解过程中生成水溶物KOH及胶状物SiO_2，它们可随水流走，而新生成的黏土矿（高岭石）及未分解矿物则残留下来，此过程需要经过漫长的地质时期和适当的条件，这样的矿床称为风化残积型矿床，多为优质矿。其中一种是火山岩就地风化，高温岩浆冷凝结晶后，残余岩浆含有大量挥发性物质和水蒸气，温度进一步降低时水分则以液体存在（水中还溶有大量其他化合物）。当这种热液作用于母岩时，也会生成黏土矿床，称为热液蚀变型矿床。

（2）次生黏土　也称为二次黏土，是由原生黏土在自然动力条件下转移到其他地方再次沉积而成。

2. 黏土的组成

（1）矿物组成　黏土中的矿物可分成黏土矿物和杂质矿物两大类。前者是组成黏土的主体，其种类和数量决定了黏土的性质。矿物类型主要为高岭石类、蒙脱石类和伊利石类，还有少量水铝英石等。杂质矿物是指在黏土形成过程中混入的一些非黏土矿物和有机物。

（2）化学组成　黏土的主要化学成分为SiO_2、Al_2O_3和H_2O。此外，随着地质条件的不同，还含有少量的碱金属氧化物K_2O、Na_2O，碱土金属氧化物CaO、MgO以及着色氧化物Fe_2O_3、TiO_2等。

一般黏土类原料的化学分析包括上述内容，大体上就能满足工业生产的参考要求。通过黏土的化学组成还可以判断黏土的矿物组成、成型性能以及烧结过程中是否会有膨胀或气泡等。

（3）颗粒组成　颗粒组成指黏土中不同大小颗粒的百分比含量。黏土矿物颗粒很细，其直径一般为$1\sim2~\mu m$。蒙脱石、伊利石类黏土比高岭石类细小。非黏土矿物如石英、长石等杂质一般是较粗的颗粒，因此，通过淘洗等手段富集细颗粒部分可获得较纯的黏土。

颗粒大小在工艺上也能表现出不同。黏土的颗粒越细，可塑性越强，干燥收缩越大，干燥后强度越高，烧时也易于烧结，烧后气孔率也小，有利于提高制品的力学强度、白度和半透明度。

3. 黏土类原料的类型

（1）高岭石类黏土　高岭土质地细腻，纯者为白色，含杂质时呈黄、灰或褐色。外观呈土状、致密状或角砾状，质软，用指甲可以划开。

我国高岭土资源丰富，苏州的苏州土、湖南的界牌土、江西的星子土、陕西的上店土、山西的大同土等，都是以高岭石为主要矿物的黏土。当然，各地产的高岭土组成多少都有差异。

（2）蒙脱石类黏土　蒙脱石最早发现于法国蒙脱利龙地区，故此得名。以蒙脱石为主要矿物的黏土叫膨润土。不考虑晶格中的Al和Si被其他离子置换的情况，蒙脱石的理论化学通式为$Al_2O_3 \cdot 4SiO_2 \cdot nH_2O(n>2)$。

膨润土具有油脂和蜡状光泽，用手触摸有滑感。常见为致密块状，也有如土一般的松散状。按化学组成分为钠质膨润土和钙质膨润土,自然界中产出的钙质膨润土较多。膨润土对各种气体和液体都有较强的吸附能力,最大吸附量可达自身质量的5倍,经酸化处理后还有吸附有色离子的能力和离子交换能力。与钙质膨润土相比,钠质膨润土的吸水率大,可吸附8~15倍于自身体积的水量,体积膨胀可达30倍,并分散成胶凝状,能在很长时间保持悬浮状态。

加入陶瓷中,蒙脱石类黏土可提高制品成型时的可塑性,增强生坯的强度,要注意的是用量过多会引起干燥收缩过大。另外,由于蒙脱石中铝的含量低,还能吸附和进行离子交换,故烧成温度低。

(3) 伊利石类黏土　从组成上来看,与高岭土相比,伊利石类黏土的碱金属离子较多,而含水较少;与白云母类黏土相比,伊利石类黏土的碱金属离子较少,含水较多,即伊利石的组成介于高岭石和白云母之间。

伊利石也称为白云母类,其组成接近白云母,是白云母经过强烈的化学风化作用转变为蒙脱石或高岭石的中间产物。

伊利石类矿物是白云母风化时的中间产物,因转变程度不同可形成不同的矿物。另外,虽伊利石类矿物的基本结构与蒙脱石相仿,但其无膨胀性,且结晶也比蒙脱石粗,因此可塑性低,干燥后强度小,应用时需注意。

(4) 水铝英石类黏土　水铝英石的矿物化学式是 $Al_2O_3 \cdot nSiO_2 \cdot nH_2O$。它的铝、硅和水的含量不定。严格意义上不应该称为矿物,水铝英石是低温低压环境下风化的产物,一般呈葡萄状或者钟乳石状。

水铝英石外观上呈海绵状团聚体,有许多细孔和巨大的表面积。颜色随吸附的金属离子而异,常为白色、浅蓝色和浅绿色。由于水铝英石在黏土中呈无定型状态,故可提高可塑性和结合性。

(5) 瓷石类黏土　瓷石是由绢云母、水云母和石英,以及一定量的长石、高岭石和碳酸盐等多种矿物构成的岩石。

瓷石的化学组成中,SiO_2 常大于70%,Al_2O_3 常小于20%,Fe_2O_3 在1%左右,K_2O 和 Na_2O 约3%~8%,此外尚有一定量的 CaO 和 MgO,一般为1%~3%。瓷石中如果熔剂成分多,则可作为釉用原料,这种瓷石叫作釉石或釉果。

瓷石可归于伊利石类矿物,其成分介于云母和高岭石或云母和蒙脱石之间,多数为云母矿水解后生成的。瓷土常与瓷石伴生,表层较软质部分称为瓷土,相对较深部位的硬质部分称为瓷石。

(6) 叶蜡石类黏土　叶蜡石(又名鸡血石)虽不属于黏土矿物,但因其某些性质类似于黏土,也常称为黏土矿物。化学式为 $Al_2O_3 \cdot 4SiO_2 \cdot H_2O$。块状叶蜡石无可塑性,经细碎成粉后,表现出弱的可塑性。它本身富有脂肪滑腻感,品相好的可以用来刻印章。

10.2.2　瘠性原料(以石英类原料为代表)

1. 石英的成因和分类

石英的主要化学成分为 SiO_2,常含有少量杂质(Al_2O_3、Fe_2O_3、CaO、MgO 等),它们既可以是单独矿物实体,也可以与 SiO_2 一起形成硅酸盐存在。在陶瓷生产中所用的石英类原料,有脉石英、石英砂、石英岩、砂岩等。

1）脉石英是地下岩浆分泌出来的 SiO_2 热溶液填充沉积在岩石裂缝中，形成致密块状的结晶态石英，或凝固为玻璃态石英。脉石英纯度高，SiO_2 含量达 99% 以上。高品位脉石英矿，常常会伴生水晶。

2）石英砂又称为硅砂，是由花岗岩、石英斑岩等风化，经雨水漂流堆积在低洼处而形成的，分为海砂、湖砂、河砂和山砂等。因在风化和位移过程中容易混入杂质，故石英砂没有脉石英纯净，成分波动大。质地纯净的硅砂为白色，一般硅砂因为含有铁的氧化物和有机质，故多呈淡黄色、浅灰色或红褐色。

3）石英岩是变质岩，颗粒大小不同的砂子被胶结后，经过变质作用，石英重新结晶长大，形成致密坚固的块体。石英岩中 SiO_2 含量在 97% 以上。

石英有多重结晶形态和一种非晶态，最常见的晶型是 α-石英、β-石英、α-鳞石英、β-鳞石英、γ-鳞石英、α-方石英和 β-方石英。在一定的温度和其他条件下，这些晶型会发生相互转化。

2. 石英的晶型转化

一般来说，石英在温度升高时，相对密度减小，结构松散，体积膨胀；当冷却时，相对密度增大，体积收缩。这是使用石英类原料时必须注意的一个重要性质。石英的晶型转化过程如图 10-1 所示。

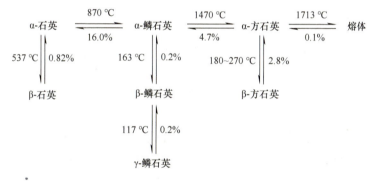

图 10-1　石英的晶型转化过程

重建性转变（图 10-1 中的横向系列间的转变）即 α-石英、α-鳞石英、α-方石英间的转变，尽管体积变化大，但由于转化速度慢，对制品的稳定性影响并不大。

位移性转变（图 10-1 中的纵向系列间的转变），如 α-鳞石英、β-鳞石英和 γ-鳞石英之间的转变，由于其转变速度快，较小的体积变化就可能由于不均匀应力而引起制品开裂，影响其质量。因此，硅砖生产中加入矿化剂的目的就是为了提高鳞石英含量，减少方石英生成量，以减少位移性转变产生的体积变化。

10.2.3　熔剂原料（以长石类原料为代表）

长石是地壳上分布广泛的矿物，其化学组成为不含水的碱金属与碱土金属的铝硅酸盐。这类矿物的特点是有较统一的结构规则，属空间网架结构硅酸盐。

长石的种类很多，但归纳起来都是由钾长石、钠长石、钙长石、钡长石这四种长石组合而成，很少见到组成单一的长石。因为长石中含有钾、钠等低熔物，在陶瓷成型过程中是瘠性原料，而在烧结过程中是熔剂，常用作坯料、釉料、色料等的基本成分，用量较大，是日用陶瓷的三大原料之一。

自然界中长石的种类很多，归纳起来都是由以下四种长石组合而成：

1）钠长石，$Na[AlSi_3O_8]$ 或 $Na_2O·Al_2O_3·6SiO_2$。

2）钾长石，$K[AlSi_3O_8]$ 或 $K_2O·Al_2O_3·6SiO_2$。

3）钙长石，$Ca[Al_2Si_2O_8]$ 或 $CaO·Al_2O_3·2SiO_2$。

4）钡长石，$Ba[Al_2Si_2O_8]$ 或 $BaO·Al_2O_3·2SiO_2$。

一般使用的所谓钾长石，实际上是以钾为主的钾钠长石，而所谓的钠长石，实际上是以钠为主的钾钠长石。但是，有些长石中其实含钠量是低于含钾量的，但比一般钾长石中含钠量又高出许多，这种也常常被称作钠长石，因为其助熔效果与一般的钾长石大不相同，称为钠长石更方便工艺人员使用。

10.2.4 其他原料

除了上述三大原料外，在陶瓷生产中依不同目的，还采用一些其他矿物原料，如滑石、蛇纹石、硅灰石和透辉石、骨灰、磷灰石、碳酸盐类原料、工业废渣及废料。

陶瓷工业还需要一些辅助原料，如腐殖酸钠、水玻璃、石膏等。另外，还有各种外加剂，如助磨剂、解凝剂、乳浊剂、增强剂等。化工原料对于陶瓷而言主要是用来配制釉料，用作釉的乳浊剂、助熔剂、着色剂等。

1. 滑石

滑石是一种常见的硅酸盐矿物，它非常软并且具有滑腻的手感。人们曾选出10个矿物来表示10个硬度级别，称为莫氏硬度，在这10个级别中，第一个（也就是最软的一个）就是滑石。滑石是已知最软的矿物，其莫氏硬度标为1。

2. 透辉石

透辉石为柱状、针状晶体，无吸附，烧失量很低，仅为0.22%~1.4%，而黏土的烧失量高达17%左右。透辉石属于瘠性材料，能有效减少陶瓷坯体的收缩。

3. 骨灰（骨质瓷）

以骨灰为主要熔剂制成的瓷器，称为骨质瓷。过去称骨灰瓷，最早出现在英国，基本工艺是以动物的骨灰、黏土、石英和长石为原料，是经过高温素烧和低温釉烧两次烧制而成的一种瓷器。

骨质瓷一般采用两次烧成，素烧温度为1220~1280℃，釉烧温度为1080~1140℃。骨质瓷区别于其他瓷器的本质特征是：只有骨灰含量在36%以上，而且经过二次烧制而成的，才称为骨质瓷。

目前，我国骨质瓷的原料组成包括骨粉40%~60%、黏土25%~45%、石英8%~20%、长石8%~15%。经过高温素烧、低温釉烧，烧成后的主要物有磷酸三钙、钙长石、部分石英晶体及少量玻璃相。其中，骨粉是骨质瓷的重要组成部分，是磷酸三钙晶相的主要来源；黏土为泥料提供所需的塑性，也是钙长石晶相的主要来源；石英和长石为瘠性原料，在烧结过程中起到助熔剂的作用，有助于扩大烧成范围。

4. 工业废渣及废料

（1）煤矸石 煤矸石是采煤过程和洗煤过程中排放的固体废物，是一种在成煤过程中与煤层伴生的一种含碳量较低、比煤坚硬的黑灰色岩石，也包括采掘过程中从顶板、底板及夹层里采出的矸石以及洗煤过程中挑出的矸石。所以,其成分比较复杂,波动较大。煤矸石的主要成分 SiO_2、Al_2O_3 占 60~80%,其次是 Fe、Ti、K、Na、Ca、Mg、SO_3 等。煤矸石约占全国工业固体废弃物总量的 40%。

作为陶瓷原料使用的煤矸石,其含有的有害杂质主要是硫化物、碳酸盐类混合物,另外,有汞、砷、氟、氯等微量元素。可溶性硫酸盐在坯体中随水分蒸发,在制品表面留下结晶体,形成一层白霜。白霜的主要成分是硫酸钠和硫酸镁,它们在结晶过程中由于体积增大所产生的应力,使制品薄弱地方受到破坏,对欠烧制品的破坏更为重要。但是,通过采用一些适当的工艺措施,可使大部分的可溶性硫酸盐类在淘洗或压滤时随水排出。碳酸盐如果以很细的颗粒分布在坯体中,则没有影响。

(2) 粉煤灰 我国为世界燃煤发电第一大国,排出粉煤灰量为世界第一。2000 年约为 1.5 亿 t,到 2010 年超过 3 亿 t。我国粉煤灰利用率最高的是上海,2008 年粉煤灰排放量为 603.52 万 t,利用率为 95.6%;烟气脱硫产物为 31.62 万 t,利用率为 80.77%。但国内大多数地方粉煤灰的利用率不超过 50%。

粉煤灰主要应用于筑基与回填,在建筑行业中主要用于制作砖体材料。储存 1 t 粉煤灰所需建库及运输费用不等。

(3) 高炉矿渣 高炉矿渣的主要成分是 SiO_2、Al_2O_3、CaO、MgO 等。其化学成分还根据钢铁冶炼类型不同而有差别。如属特定的高炉矿渣,其化学成分应该是稳定的。采用贫铁矿炼铁时,每吨生铁产出 1~1.2 t 高炉矿渣;用富铁矿炼铁时,每吨生铁只产出 0.25 t 高炉矿渣。由于近代选矿和炼铁技术的提高,每吨生铁产出的高炉矿渣量已经大大下降。

高炉矿渣的类型有粒状矿渣、粉碎矿渣、膨胀矿渣及矿渣棉。目前,用于陶瓷面砖坯料的以粒状矿渣与粉碎矿渣为主。

10.3 陶瓷坯料及制备

从原料到坯料的第一步是破碎。破碎是对块状固体原料施用机械方法,使之克服内聚力,分裂为若干碎块的作业过程。破碎的作用在于减小块状原料的粒度,这在不同的行业中有不同的意义。陶瓷、玻璃、水泥行业都要求把块状原料破碎到一定粒度以下,以便后续粉磨。粒度直接影响生产控制和产品质量。

破碎的方法有挤压、劈裂、折断、磨剥、冲击。以上 5 种方法中挤压所需要力较大,劈裂和折断因其作用力较集中,所需力仅为挤压的 1/10 左右。冲击属于瞬时动载荷,对脆性原料有较好的破碎效果,但工作部件磨损较大。磨剥的破碎效率较低,但对一些具有明显解理面的矿物,这种方式有利于破碎原料保持矿物原有的晶体形态。

目前,各类破碎机械的施力方式大多是多种方法结合,以某种方法为主,其他为辅。选择机型应注意使其施力方式与破碎原料的硬度、韧性等性质相适应。

经过粗、中碎的原料,按照规定的配方进行配合,然后装入球磨机,再加入水和电解质进行研磨。其产品的粒度,则视具体的工艺要求而定,通常为数十微米,最细可至 2~3 μm。

球磨机的主体部分是一圆柱状筒体,其内装入研磨体和被磨物料,研磨体的装入量为筒内有效容积的 25%~50%,工作时筒体在传动机构的带动下绕其纵轴旋转。球磨机吨位要根据实际情况选择,在总吨位相同的情况下小球磨机灵活性好,大球磨机产量高。按经验来看，18 t 球磨机灵活性好，维修简便，但由于需要的数量多、化验、放浆耗时长，相对的运转率低，造成整体使用成本偏高。100 t 球磨机产量大，但对设备维护要求较高，一旦故障停机，对生产影响较大。建陶厂中 60 t 球磨机的使用更成熟一些。

10.3.1 坯料的分类与品质要求

坯料是指按一定的工艺手段和方法加工，满足一定的工艺参数要求（如含水量、粒度、可塑性、流动性等），具有成型性能的多种原料的混合物。按工艺不同，分为可塑坯料、注浆坯料及干压坯料。

1. 可塑坯料的品质要求

1) 保证足够的可塑性，以满足成型和半成品的干燥强度需要。通常南方地区可塑指标 >3，北方地区可塑指标 >5。

2) 要有良好的成型稳定性，既不粘模，也不开裂。

3) 干燥后的坯体要具有足够的强度，以保证后续工序进行。

4) 坯体具有高的屈服强度。

2. 注浆坯料的品质要求

1) 流动性要好。一般泥浆含水量在 28% ~ 38%，含水量过高时，要获得厚度符合要求的坯体则泥浆在模型中停留时间过长，并使非可塑性原料颗粒沉降，致使泥浆分层，造成废品；含水量过少则泥浆黏稠，流动性差，不能充分注满到模型中的各部位，易产生废品。

2) 悬浮性要好。泥浆性能稳定，久置不致分层沉淀。

3) 在保证流动性的前提下，含水量要尽量少，以缩短注浆时间，增加坯体强度，降低干燥收缩，加快干燥过程，并可延长模具寿命。

4) 形成的坯体要有一定的强度，包括刚脱模的湿坯要有一定强度，经干燥后的干坯也要有一定的强度。这是大件坯体进行后续作业的必要条件。

5) 对水的滤过性要好，以利于石膏模吸水，从而缩短吸浆时间和巩固时间，并可减少由于内外干燥收缩不均引起的干裂。

6) 浇注坯层与剩余泥浆之间必须有明显的分界线，剩余泥浆能顺利地从模型里流出来，即空浆性能好。据经验，当泥浆长期黏度值大于 120P⊖ 时，会导致空浆困难。

7) 泥浆要有适当的触变性。若触变性过大，泥浆易稠化；过小，则吸浆时间长且坯体易软塌。

3. 干压坯料的品质要求

1) 含水量适中，水分分布均匀。

2) 要有较大的堆积密度。

3) 团聚颗粒呈球形，表面光滑，流动性能好。

10.3.2 坯料的制备

1. 可塑坯料制备

配料→湿法球磨→过筛除铁→压滤脱水→粗练→陈腐→真空练泥

⊖ P 为黏度单位，1 P = 0.1 Pa·s。

2. 注浆坯料制备

（1）注浆坯料的加工方式　注浆成型所用泥浆的加工有三种方式，具体如下：

1）原矿物料进厂，经过粗、中、细碎，研磨成泥浆。按要求把各种原矿物料和水同时加入球磨机进行研磨加工。

2）把经过专业化加工的标准化原料以及其他物料和水，按要求直接入球磨机，进行 1~4 h 的混匀或直接进入高速搅拌池内搅拌 1~3 h 制成泥浆。

3）把部分原矿物料和部分标准化原料共同（或先后）按要求加入球磨机内，加水，经过 5~7 h 的研磨加工制成泥浆。

泥浆经过泵、管道、浆池（缸）、搅拌机、过筛、除铁、清除杂质等，并经过 3~7 天的陈腐，进入储浆池内备用。

（2）泥浆的储存陈化与分配　混合好的泥浆在使用前必须至少储存一天。这样做的好处如下：

1）使泥浆陈腐到适当的稳定状态，有利于提高泥料的黏度和强度。

2）可以借助于搅拌，使水分的分布更均匀。

3）可以排除泥浆中的气泡。泥浆在搅拌时带入空气，若不排除会造成针孔缺陷，因此有时还需要进行真空处理。

4）若初次解凝剂加量不足，可以有一个校正的机会。

3. 干压坯料的制备

（1）确定制备工艺流程的原则

1）必须保证制备好的粉料满足成型的要求。

2）根据所用的原料性质、产品的质量要求、本厂的条件来选择工艺流程。

3）在保证质量的前提下，尽可能地使用工序短、经济的流程。

4）要选择保护工人合法权益的流程。

（2）制备工艺

1）干法制备工艺：配料→粗碎→细碎→加水搅拌→闷料→造粒→过筛→闷料。

2）湿法制备工艺：喷雾干燥造粒法。喷雾干燥造粒法的基本流程：料液通过雾化器，喷成雾滴分散在热气流中；空气经鼓风机送入空气加热器加热，然后进入喷雾干燥器，与雾滴接触干燥；产品部分落入塔底，部分由一级引风机吸入一级旋风分离器，经分离后，将尾气放空；塔底的产品和旋风分离器收集的产品，由二级抽风机抽出，经二级旋风分离器分离后包装。

10.4　陶瓷成型工艺

10.4.1　成型和成型方法

原料经过粉碎和适当的加工后，最后得到的能满足成型工艺要求的均匀混合物称为坯料。将精制好的坯料，采用某种方法加工成具有预定形状、尺寸和一定性能的坯体，这一过程称为制品的成型。

成型工艺是陶瓷材料制备过程的重要环节之一，在很大程度上影响着材料的微观组织结构,决定了产品的性能、应用和价格。比如,在成型中形成某些缺陷(如不均匀性等)仅靠烧结工艺的改进是难以克服的,而随着高性能陶瓷的发展,成型工艺已经成为保证部件高性能(均匀性、重复性和成品率)的关键技术。

陶瓷坯料按成型方法的不同分为可塑料、干压料和注浆料。对应的成型方法为可塑成型、干压成型和注浆成型。

成型对坯体提出细度、含水率、可塑性、流动性等要求,而且因为生坯要进行后续的烧成,必须具有一定的干燥强度、坯体致密度和器型规整度等烧装性能。为了提高生产效益,成型工序应满足下列要求:

1)成型坯体应符合产品图样或产品样品所要求的生坯形状和尺寸,以产品图样和产品样品为依据时,生坯尺寸是根据坯料的收缩率放大计算后的尺寸。

2)坯体应具有工艺要求的力学强度,以适应后续工序的操作。

3)坯体结构均匀,具有一定的致密度。

4)坯体内不能蕴藏有内应力,防止因内应力的释放,导致坯体的开裂或变形。

5)成型尽可能与前面工序联动。实现多快好省,保证良好的经济效益。

选择成型方法最基本的依据是产品的器型、产量、品质要求,以及坯料的性能和经济效益。通常,具体要求考虑以下几个方面:

1)产品的形状、大小和厚薄等。一般情况下,简单的回转体宜用可塑法中的滚压法或旋压法,大件且薄壁产品可用注浆法,板状和扁平状产品可用压制法。

2)坯料的工艺性能。可塑性能良好的坯料宜用可塑成型,可塑性能较差的坯料可选用注浆法或压制法。

3)产品质量和品质要求。产品的产量大时宜用可塑法或压制法,产量小时可用注浆法;产品尺寸规格要求高时用压制法,产品尺寸规格要求不高时用注浆法或手工可塑成型。

4)成型设备容易操作,操作强度小,操作条件好,并便于与前后工序联动或自动化。

5)技术指标高,经济效益好,劳动强度低。

总之,在选择成型方法时,希望在保证产品品质的前提下,选用设备先进、生产周期短、成本最低的一种成型方法。

10.4.2 陶瓷成型方法

1. 注浆成型

注浆成型又称为浇注成型。这种成型方法是基于多孔石膏模具能够吸收水分的物理特性,将陶瓷粉料配成具有流动性的泥浆,然后注入多孔模具内(主要为石膏模具),水分在被模具(石膏)吸入后便形成了具有一定厚度的均匀泥层,脱水干燥过程中同时形成具有一定强度的坯体,因此被称为注浆成型。

注浆成型工艺分为三个阶段:

1)泥浆注入模具后,在石膏模毛细管力的作用下吸收泥浆中的水,靠近模壁的泥浆中的水分首先被吸收,泥浆中的颗粒开始靠近,形成最初的薄泥层。

2)水分进一步被吸收,其扩散动力为水分的压力差和浓度差,薄泥层逐渐变厚,泥层内部水分向外部扩散,当泥层厚度达到注件厚度时,就形成雏坯。

3)石膏模继续吸收水分,雏坯收缩,表面水分开始蒸发,待雏坯干燥形成具有一定强度的生坯后，脱模，即完成注浆成型。

2. 可塑成型

可塑成型包括旋压成型、滚压成型、挤压成型、注射成型及流延成型等。

（1）旋压成型　旋压成型俗称旋坯，又称板刀成型。此种成型方法是利用旋转的石膏模与型刀来成型粗坯。操作时，将经过真空练泥机练好的泥料做成泥团放入石膏模中，再将石膏模置于旋转的模座内，然后将型刀缓慢压下。随着模型的旋转，迫使泥料在石膏模型的工作面上展开。多余的泥料则通过割边器以刨片的形式沿着模往外排出。型刀口部的形状与模型工作面的形状就构成了坯件的内外表面的形状，模型工作面与型刀口之间的空隙被泥料填实便构成了坯件的厚度。

旋压成型有内旋和外旋之分。内旋所用的石膏模呈凹状，内壁的形状为坯体的外表形状，型刀口沿的形状则为坯体内表面形状。此种旋压方法，又称阴模成型。外旋所用的石膏模凸起，坯体的内表取决于模型凸起的形状，坯体的外表面则由型刀旋压出来。这种旋压方法，又称阳模成型。

（2）滚压成型　滚压成型是由旋压成型法演变过来的，滚压与旋压不同之处是把扁平的型刀改为回转型的滚压头。成型时，盛放泥料的模型和滚头分别绕自己轴线以一定速度同方向旋转，滚头一面旋转一面逐渐靠近盛放泥料的模型，并对坯泥进行"滚"和"压"而成型。滚压成型有阳模滚压和阴模滚压两种。

（3）挤压成型　挤压成型是指把精制的、满足一定工艺性能指标的可塑泥料，从具有一定横截面尺寸和形状的模具中挤出各种管状、棒状、断面和中孔一致的产品的方法。

建筑陶瓷中，挤压成型主要生产劈裂砖。由于劈裂砖的厚度较一般的墙地砖要厚，消耗的原料较多，故以使用劣质原料为主。

（4）注射成型　注射成型产生于1870年，并很快发展成为塑料工业的一种重要的成型方法。在20世纪30年代初期，被首次用于陶瓷的生产。

陶瓷的注射成型技术是基于塑料的注塑成型技术的思路而发展形成的一门多学科技术，但是它比塑料的注塑成型技术复杂得多。它既涉及诸如材料的流变学、脱脂过程中聚合物的热降解及反应动力学等一些理论问题，更包括了许多工艺性很强的技术问题。

（5）流延成型法　流延成型法又称为带式浇注法和刮刀法，是一种薄膜成型工艺。流延成型的具体工艺过程是将陶瓷粉末与分散剂、黏结剂和增塑剂在溶剂中混合，形成均匀稳定的悬浮浆料。成型时浆料从料斗下部流至基带之上，通过基带与刮刀的相对运动形成坯膜，坯膜的厚度由刮刀控制。将坯膜连同基带一起送入烘干室，溶剂蒸发，有机结合剂在陶瓷颗粒间形成网络结构，进而形成具有一定强度和柔韧性的坯片，干燥的坯片连同基带一起卷轴待用。在储存过程中可以使残留溶剂分布更加均匀，消除湿度梯度。然后，按需要形状切割、冲片或者打孔。

3. 干压成型

将含有一定水分的颗粒状粉料装填在模型内，通过施加一定的压力而形成坯体的工艺操作称为压制成型。由于在压制成型中所采用的模型不同，施加压力的方式不一样，目前有干压成型和等静压成型两种方法。

干压成型是基于较大的压力，将粉状坯料在模型中压制而成的。加压开始时，颗粒滑移互相靠近，将空气排出，坯体的密度急剧增加；压力继续增加，颗粒继续靠近，局部接触点会发生变形；再加压，颗粒变形破裂，再次引起颗粒滑移和重排，坯体密度又迅速加大。当压力和颗粒间的摩擦力平衡时，达到理论上的压实状态。

等静压成型是将含有一定水分的颗粒状粉料装填在弹性模型中，通过流体介质（一般为液体）施加一定的压力，该压力均匀地作用在弹性模型上，从而使模内的粉体被压制成坯体，粉料的含水量为 1%~3%，液体压力约为 32 MPa。

10.5 陶瓷装饰技术——施釉

釉是指覆盖在陶瓷坯体表面上的一层玻璃态物质。它是根据瓷坯的成分和性能要求，采用陶瓷原料和某些化工原料按一定比例配方，加工、施覆在坯体表面，经高温熔融而成。一般来说，釉层基本上是一种硅酸盐玻璃。它的性质和玻璃有许多相似之处，但它的组成较玻璃复杂，其性质和显微结构与玻璃有较大差异，其组成和制备工艺与坯料相近。

釉的作用在于改善陶瓷制品的表面性能，使制品表面光滑，对液体和气体具有不透过性，不易玷污。此外，可提高制品的机械强度、电学性能、化学稳定性和热稳定性。

10.5.1 釉的分类与组成

釉的用途广泛，对其内在性能和外观质量的要求各不相同，因此实际使用的釉料种类繁多，可按不同的依据将釉分为许多类。

按照各成分在釉中所起的作用，可归纳为以下几类：

（1）玻璃形成剂　玻璃相是釉层的主要物相。形成玻璃的主要氧化物在釉层中以多面体的形式互相结合为连续网络，所以它又称为网络形成剂。常见的玻璃形成剂有 SiO_2、B_2O_3、P_2O_5 等。

（2）助熔剂　在釉料熔化过程中，这类成分能促进高温化学反应，加速高熔点晶体结构键的断裂，同时生成低共熔点的化合物。助熔剂还起调整釉层物理、化学性质的作用。常用的助熔化合物为 Li_2O、Na_2O、K_2O、PbO、CaO、MgO 等。

（3）乳浊剂　它是保证釉层有足够覆盖力的成分，也是保证烧成时熔体析出的晶体、气体或分散粒子出现折射率的差别、引起光线散射产生乳浊的化合物。常用的有悬浮乳浊剂（SnO_2、ZrO_2）、析出式乳浊剂（TiO_2、ZnO）和胶体乳浊剂（C、S、P）。

（4）着色剂　它促使釉层吸收可见光波，从而呈现不同颜色。主要有两种类型：

1）有色离子着色剂。是往釉料中加入过渡元素的离子化合物（如 Cr^{3+}、Mn^{3+}、Fe^{2+}、Co^{3+}、Ni^{3+} 等元素的离子化合物），这些元素以离子的状态存在于釉料中。由于它们的价电子在不同能级之间跃迁，引起对可见光的选择性吸收而着色，如钴蓝、锰紫、镍绿等。

2）胶体离子着色剂。呈色的金属与非金属元素形成化合物，并形成非常大的胶体离子，因光散射而使釉料着色。如硒红、镉黄等颜色。

釉用原料要求比坯用原料高，贮放时应特别注意避免污染，使用前应分别挑选。长石和石英还须洗涤或预烧，软质黏土在必要时应进行淘洗，用于生料釉的原料应不溶于水。生料釉的制备与坯料相似，可直接配料，磨成釉浆。熔块釉就是将部分原料先熔融成玻璃物质（即熔块），再与其他物料混合、加水研磨、制浆使用的低温釉料。釉料配方的总原则是釉料必须适应于坯料。

10.5.2 施釉方法

施釉前应保证釉面的清洁，同时使其具有一定的吸水性，所以生坯须经干燥、吹灰、抹水等工序处理。一般根据坯体性质、尺寸和形状及生产条件来选择合适的施釉方法。具体方法有：

（1）浸釉法　浸釉法是将坯体浸入釉浆，利用坯体的吸水性或热坯对釉的黏附而使釉料附着在坯体上。釉层的厚度与坯体的吸水性、釉浆浓度和浸釉时间有关。除薄胎瓷坯外，浸釉法适用于大、中、小型等各类产品。

（2）浇釉法　浇釉法是将釉浆浇于坯体上以形成釉层的方法。釉浆浇在坯体中央，借离心力使釉浆均匀散开。适用于圆盘、单面上釉的扁平砖及坯体强度较差的产品施釉。

（3）喷釉法　喷釉法是利用压缩空气将釉浆通过喷枪喷成雾状，使之黏附于坯体上。釉层厚度取决于坯体与喷口的距离、喷釉的压力和釉浆密度。喷釉法适用于大型、薄壁及形状复杂的生坯。其特点是釉层厚度均匀，与其他方法相比更容易实现机械化和自动化。

（4）流化床施釉　流化床施釉就是利用压缩空气使加有少量有机树脂的干釉粉在流化床内悬浮而呈现流化状态，然后将预热到 100~200 ℃ 的坯体浸入流化床中，与釉粉保持一段时间的接触，使树脂软化从而在坯体表面上黏附一层均匀的釉料的一种施釉方法。

（5）干压施釉　干压施釉法是用压制成型机将成型、上釉一次完成的一种施釉方法。釉料和坯料均通过喷雾干燥造粒法来制备。釉粉的含水量控制在 1%~3% 以内，坯料含水量为 5%~7%。成型后，先将坯料装入模具加压一次，然后撒上少许有机结合剂，再撒上釉料，然后加压。釉层一般在 0.3~0.7 mm 之间。采用干压施釉，由于釉层上也施加了一定的压力，故制品的耐磨性和硬度都有所提高。同时也减少了施釉工序，节省了人力和能耗，生产周期大大缩短。

10.6　陶瓷的干燥与烧成

10.6.1　干燥

用加热的方法排出固体物料中水分的过程称为干燥。在干燥过程中，湿物料吸收外界的热量，使其中的水分向外扩散。因此，干燥过程既有热量的传递过程，又有质量的传递过程。

1. 干燥过程

以对流干燥为例，坯体的干燥过程可以分为传热过程、外扩散过程、内扩散过程，三个过程同时进行又互相联系。干燥介质的热量以对流方式传给坯体表面，又以传导方式从表面传向坯体内部。坯体表面的水分因得到热量而汽化，由液态变成气态。坯体表面产生的水蒸气，在浓度差的作用下，由坯体表面向干燥介质中移动。由于湿坯表面水分蒸发，使其内部产生湿度梯度，促使水分由浓度高的内层向浓度低的外层扩散，称为湿传导或湿扩散。

在干燥且稳定的条件下，假定干燥过程中坯体不发生化学反应，干燥介质恒温、恒湿，则坯体表面温度、水分含量、干燥速度与时间有一定的关系。根据它们之间的关系变化特征，可以将干燥过程分为加热阶段、等速干燥阶段、降速干燥阶段三个过程。

2. 干燥缺陷

建筑陶瓷坯体和其他陶瓷坯体一样，在干燥过程中容易出现的主要缺陷是变形和开裂。

坯体在干燥过程产生变形的主要原因是干燥速度控制不当，表面或一面水分排出过快，收缩较早而且较大，内部或另一面水分排出慢，收缩迟而且小，坯体内外或两面收缩不均造成应力，使坯体出现变形。此外，成型时压力不均、坯体致密度不一致、干燥垫板不平等也可能产生变形。

产生开裂的原因是干燥不均匀导致的坯体内应力超过坯体本身强度。除表面与内部、一面与另一面之间易于干燥不均匀外，坯体的周边因受热与传质较快，干燥比中心部分快得多，易于受张应力而发生边部开裂。

建筑陶瓷坯体在干燥过程中实际上的收缩甚微，导致开裂的主要原因是受热过急，水分激烈汽化，坯内过大的蒸气压使坯体胀裂。干燥大块可塑成型的建筑陶瓷坯体时，可在边缘部分进行隔湿处理，涂上油脂之类的物质，以降低边部干燥速度，坯体码放时，应保证产生的蒸汽能顺利排出。砖的背纹应该是敞开的，以保证砖垛排气顺利。

10.6.2 烧成

烧成是普通陶瓷制造工艺过程中最重要的工序之一。对坯体来说，烧成过程就是将成型后的生坯在一定条件下进行热处理，经过一系列物理、化学变化，得到具有一定矿物组成和显微结构，达到所要求的理化性能指标且形成固定外形的过程。

对无釉产品烧成后即为成品。对带釉陶瓷产品来说，烧成过程中釉层也发生了一系列物理、化学变化，最终形成所需形态（玻璃态）应具有要求的理化性能及期望的装饰效果。合理经济的烧成过程是达到这些目的的必要条件。

从热力学观点来看，烧成是系统总能量减少的过程。与块状物料相比，粉料有很大的比表面积，表面原子具有比内部原子高得多的能量。同时，粉末粒子在制造过程中，内部也存在各种晶格缺陷。因此，粉料具有比块料高得多的能量。任何体系都有向最低能量状态转变的趋势，这就是烧成过程的动力。即粉料坯块转变为烧成制品时，系统是由介稳状态向稳定状态转变的过程。但烧成一般不能自动进行，因为它本身具有的能量难以克服能量壁垒，必须加热到一定的温度才能烧成。

低温烧成和快速烧成都是相对于传统烧成方法而言的。一般来讲，低温烧成是指烧成温度有较大幅度降低（如降低幅度在 80 ℃ 以上），而产品性能与传统烧成方法相近的烧成方法。同理，快速烧成是指与传统烧成方法相比，所得产品性能相近而烧成时间大为缩短的烧成方法。

例如，在 1 h 内烧成墙地砖和 8 h 内烧成卫生瓷，都是快速烧成的典型例子。因此，快速烧成中的快的程度应视坯体类型及窑炉结构等具体情况而定。通常将烧成周期在 10 h 以上的称为正常烧成，在 4 ~ 10 h 范围内的烧成称为加速烧成，4 h 以内烧成的称为快速烧成。

实现陶瓷产品的低温、快速烧成对于节约能源、提高生产率以及降低生产成本等都具有十分重要的意义。例如釉面砖生产，通常在隧道窑中素烧需 30 ~ 40 h，在隧道窑中釉烧需 20 ~ 30 h，而在辊道窑中快速烧成，素烧只需 1 h，釉烧只需 40 min 左右。另外，实现低温、快速烧成对充分利用原料资源，提高窑炉及窑具的使用寿命也具有重要意义。

低温快烧对丰富建筑陶瓷的颜色和提高色料的呈色也具有很好的效果。因为在陶瓷生产中,高温色料品种较少,呈色也不丰富,而低温色料品种较多,色调丰富,呈色艳丽。

陶瓷制品在烧成过程中,从低温逐渐加热到高温,在高温段保温一定时间,然后从高温又冷却到低温,需要一定的烧成温度和烧成时间。在这段时间内,各种物理、化学反应得以完成,最终成为有固定外形尺寸、一定气孔率、较高强度及其他一系列所要求性能的产品。烧成温度不够或烧成时间不足,不仅达不到所期待的产品性能,而且往往还会造成各种烧成缺陷。

但烧成温度和烧成时间又是互补的,当温度不够时,可以延长烧制时间,相反,也可以高温快烧。

原料具有低温烧成性能,即在较低温度下完成烧成物化反应,赋予制品以强度,同时具备了在一定范围内抵御热应力而不变形、不开裂的能力;而快烧,烧成时间短,温度变化速度快,制品内产生的热应力大。那么,低温烧成制品性能越好,就能较早承受较大热应力而不变形、不开裂,故从这个角度分析,原料低温烧成与快速烧成两种性能有统一的一面。但是,在选择低温快烧原料时往往不能同时满足上述对低温烧成和快速烧成的全部要求,某种原料烧成温度较低,但快烧性能却欠佳,或低温性能不理想、(高温)快烧性能很好,这又是对立的一面。

10.7 陶瓷后加工技术

建筑陶瓷烧成之后,许多类型的产品需要进行后加工。如各类墙地砖、面砖,尤其是玻化砖,在实际铺贴及使用过程中都要求产品具有较高的规整度。随着消费者对产品要求越来越高,市场上流行无缝铺贴,因此需要更精确的平面磨削、磨边及抛光。同时,为了实现拼花需要,也需要对玻化砖进行切割等处理。

所以,陶瓷的后加工可以这样定义:将一定的能量供给陶瓷材料,使陶瓷材料的形状、尺寸、表面光洁度、物性等达到一定要求的过程。

在陶瓷后加工中,最常用的是水刀切割。水刀切割技术是将普通自来水加压至 300 MPa 的工作压力,从直径 0.1~0.35 mm 的红宝石喷嘴以超声速(约 1000 m/s)将混有磨料的水以极细的水柱喷出,实现对被加工物料的切割。

这种技术可切割各种陶瓷、玻璃、金属、石材及其他各种非金属材料和复合材料。这种切割方式属于悬浮磨料切割,亦称为超高压水切割,是激光切割方式最为理想的补充切割方式。

玻化砖的切割实际运行压力只要达到 220 MPa 左右,属于中低压力。一般而言,压力越高,切割的工艺性越好,切割速度越快。

水刀切割技术的优点:

1)可进行各类非金属、金属及各种特殊材料的异形平面切割和管材开孔、开槽、切割。

2)切割时无热效应。

3)保持材料的原有特性,对材料的分子结构及物理性能无影响。

4)水刀切割速度较快。

5)水刀切割切缝小,切口平整光滑,精度较高。工件可紧密地编排或同一直线编排切割。

6）结合计算机控制软件可轻松完成任意复杂平面图形的切割加工。
7）机械加工中，可以达到其他切割加工方式达不到的加工能力。
8）可配置双切割头增加生产率。
9）同一台设备，一次即可完成工件的切割加工（包括钻孔机外围切割）。
10）切口细，毛边少，切割下的废弃材料通常都是整块的。
11）切割波被水吸收，噪声低。
12）低温加工，无烟尘，环保，清洁安全。

10.8 特种陶瓷

10.8.1 结构陶瓷

1. 氧化锆陶瓷

氧化锆陶瓷传统应用主要是作为耐火材料、涂层、釉料和铸造用，但是随着对氧化锆陶瓷热力学和电学性能的深入了解，使它有可能作为高性能结构陶瓷和固态电介质材料获得广泛应用。特别是随着对氧化锆相变过程的深入了解，20世纪70年代出现了增韧氧化锆材料，使该材料力学性能大幅度提高，尤其是室温韧性，在机械工程（陶瓷刀具、量具、轴承、模具、密封件等）、冶金工业（坩埚、耐火材料、连铸注口、抗压支承、导辊等）中受到广泛关注。利用氧化锆离子导电特性制作的氧传感器、燃料电池发热元件均获得成功。

2. 氮化硅陶瓷

氮化硅陶瓷是一种先进的工程陶瓷材料。该陶瓷于19世纪80年代被发现，20世纪50年代获得较大规模发展。中国是在20世纪70年代初开始研究的，到20世纪80年代中期已取得一定成绩。该材料具有高的室温强度和高温强度、高硬度、耐磨性、抗氧化性和良好的热冲击及机械冲击性能，被材料科学界认为是结构陶瓷领域中综合性能优良、最有希望替代镍基合金在高科技、高温领域中获得广泛应用的一种新材料。

氮化硅材料虽具有耐高温、耐腐蚀、高强度、抗氧化性能好等许多优点，但氮化硅仍比较脆，作为结构陶瓷使用时缺乏可靠性。一般来说，改善氮化硅断裂韧性可通过粒子弥散增韧、相变增韧和纤维、晶须增韧来达到。由于纤维来源困难，相变增韧目前还不能解决高温应用，研究较多的是粒子弥散增韧方法。该方法是在氮化硅粉末中加入硬质粒子相（例如SiC、TiC、TB_2、TiN等），通过热压（或气压）烧结，得到由硬质粒子弥散增韧的化硅基复合材料。在选择补强增韧第二相材料时，必须要考虑到第二相与基体相之间的物理和化学相容性的问题，否则第二相起不到协同增韧效果。

先进结构陶瓷氮化硅及其氮化硅基复合材料具有在常温和高温下一系列独特优异的物理、化学和生物性能，如强度和硬度高、抗氧化、耐磨、耐蚀以及与生物体具有较好相容性等，因此在高新技术领域和现代工业生产的许多部门有着广阔应用前景。这类应用可分为发动机用部件和工业用部件两大类。除了高温燃气轮机用的部件还没有实用外，在车用的发动机部件中已有许多可替代现用的部件，例如电热塞、预热燃烧室镶块、摇臂镶块、透平转子、喷射器连杆等，这些在国外已获得实际应用。但这些部件由于其价格和可靠性问题还没有获得大规模应用。

目前已获得一定批量应用的主要是在工业用部件中，作一些耐磨部件。例如各种泵阀中密封部件、陶瓷切削刀具材料、研磨球、轴套和一些有温度要求的部件等。作为较远期应用目标，除了上述的发动机用的陶瓷部件外，还可用于高温、高速轴承在航空发动机上应用。

3. 氮化铝陶瓷

自 1862 年氮化铝首次被合成以来，对其研究大致分为三个阶段，在 20 世纪初仅用作固氮中间体，20 世纪 50 年代后期随着非氧化物陶瓷受到重视，AlN 陶瓷也开始作为一种新材料进行研究。当时侧重于将其作为结构材料应用，由于 AlN 陶瓷的高热导率，理论热导率为 320 W/(m·K)，有与硅相匹配的热膨胀系数，无毒，密度较低，比强度高，是微电子工业中电路基板、封装的理想材料，也有人称它为新一代信息材料，因此发展迅速，取得了显著进展。

与玻璃等常规光学材料相比，透明陶瓷具有耐高温、耐蚀、耐冲刷、高强度等优异的性能，在计算机技术、红外技术、空间技术、激光技术等领域都有广泛应用。由于 AlN 陶瓷的优良综合性能，对透明 AlN 陶瓷制备也日益引起重视。制备透明 AlN 陶瓷在原料粉体、显微结构上有特殊要求，比如原料（粉体本身及添加剂）纯度高，粒径分布要窄，晶界平直完整、其宽度在 1 nm 左右，缺陷密度低。

AlN 陶瓷在导热、电绝缘、介电特性、与 Si 热膨胀系数匹配以及强度等性能，适合作为半导体基板，是替代 Al_2O_3、BeO 作为基板材料的最佳候补材料，因此在电子工业特别是微电子技术中大有发展，应用前景广阔。另外，还可作为热交换材料、熔炼各种贵金属和稀有金属的坩埚，也可用作红外线、雷达透过材料，因此 AlN 陶瓷是发展前景良好的高性能陶瓷。

4. 氮化硼陶瓷

在一百多年前，氮化硼在贝尔曼的实验室中首次被发现。该材料得到较大规模发展是在 20 世纪 50 年代后期。它的结构、性能和石墨极为相似，由于本身颜色为白色，故有白石墨之称。氮化硼另一特点是优良的电绝缘性和热导性，并具有耐化学腐蚀、可机械加工、能吸收中子、透微波和红外光等特性，因此可广泛用于机械、冶金、化工、电子、核能和航空航天领域。

5. 碳化硅陶瓷

随着现代技术的飞速发展，碳化硅陶瓷及其复合材料的性能得以不断改善，在高性能材料与高技术领域得到应用，主要是用于高温热机。碳化硅由于具有良好的高温特性，如高温抗氧化、高温强度高、蠕变性小、热传导性好、密度小，被首选为热机的耐高温部件，诸如高温燃气轮机的燃烧室、涡轮的静叶片、火焰喷管等。用碳化硅制成的活塞与气缸套用于无润滑油、无冷却的柴油机，可减少摩擦 20%~50%，使噪声明显降低。利用它的热导性高、绝缘性好作为大规模集成电路的基片和封装材料，以及在冶金工业窑炉中的高温热交换器等。

利用它的高硬度、耐磨性、耐酸碱腐蚀性，在机械工业、化学工业中用来制备新一代的机械密封材料、滑动轴承、耐蚀的管道、阀片和风机叶片。尤其是作为机械密封材料，已被国际上确认为自金属、氧化铝、硬质合金以来的第四代基本材料，它的耐酸碱腐蚀性与其他材料相比是极为优秀的。此外碳化硅材料还具有自润滑性、摩擦系数小（约为硬质合金的一半）等优点。它的抗热震性好、弹性模量高等特点使其能够在一些特殊地方应用，例如用来制成高功率的激光反射镜，而且其性能优于铜质，由于密度小、刚性好、变形小，化学气相沉积（CVD）与反应烧结的碳化硅轻量化反射镜已经在空间技术中大量应用。

6. 碳化硼陶瓷

根据碳化硼陶瓷的超硬性、耐磨性、中子吸收性以及它的半导性质，B_4C 陶瓷大致可以在以下三方面获得应用。

利用 B_4C 的超高硬度，用它来制成各种喷砂头，作为船的除锈喷砂机的喷砂头，这比用氧化铝喷砂头的寿命提高了几十倍。在铝业制品中表面喷砂处理用的喷头也是用 B_4C 做的，它的寿命可达一个月以上。一般来说超硬的材料的耐磨性均较好，B_4C 也是一种机械密封环的好材料，虽然它的售价较高，但由 B_4C 制成密封磨环已经在一些特殊机泵中应用。它也可用于轴承、车轴、高压水刀嘴等。

7. 碳化钛陶瓷

碳化钛颗粒可以作为陶瓷或金属增强、增韧的增强剂，以此来与基体组成另一类高性能的复相材料。碳化钛基金属陶瓷因不与钢产生月牙洼状磨损、抗氧化性好而用于高速线材的导轮和碳钢的切削加工。例如 YN05、YN10 是其中的两类材料。碳化钛还可以制作成熔炼锡、铅、镉、锌等金属的坩埚。透明的碳化钛陶瓷又是良好的光学材料。另外，碳化钛-氮化钛的表面涂层是一种极为耐磨的材料，因它呈金黄色又是一种装饰材料。碳化钛陶瓷的研究与开发仅在金属陶瓷方面，至于纯陶瓷方面还有许多工作可做，也许不久的将来会出现许多碳化钛陶瓷新材料。

10.8.2 功能陶瓷

功能陶瓷是指具有电、光、磁、声、热、弹性及部分化学功能（这些功能可以是直接效应，也可以是耦合效应）的陶瓷。这类陶瓷因其功能多、应用面广而在整个先进陶瓷中占有非常重要的地位，市场占有率为整个先进陶瓷的 80% 左右。

功能陶瓷主要用于电子技术、空间技术、汽车、航天、精密加工、计量检测、传感技术、计算机、通信、家用及医疗、纺织、化工、交通、国防军工等各种领域。总之，功能陶瓷与现代科学技术、现代国防、国民经济有着非常紧密的关系。今后若干年，功能陶瓷的发展将和一些先进技术的发展密切有关。这些技术主要是光纤通信系统由干线发展到家庭数字终端、光计算机、高清晰电视、卫星直播电视及通信、自动化生产及机器人等。这些先进技术的发展对功能陶瓷的品种、质量和数量提出了高的要求，反之，新型功能陶瓷的发展也会促进这些先进技术的发展。

功能陶瓷有以下几方面的发展趋向：

1）微电子技术推动下的微型化（薄片化）。

2）材料的化学组成变得越来越复杂，并在安全和环保工作的促进下，陶瓷材料的组分中尽量避免有害元素。

3）低维材料、多层结构和复合技术日益受到重视。超微粉体（零维）的制备、性质及应用研究已受到陶瓷科学界的极大重视，陶瓷薄膜（二维）的特殊制备技术也已逐渐成熟，而厚膜技术和多层结构在微电子器件的封装、电容器、传感器和换能器方面的应用迅速扩展。与此同时，功能陶瓷的复合技术理论日趋完善，为复合技术指出了明确的方向，出现了一批性能比单一材料好得多的功能复合材料。

4）烧结温度不断下降，并不断出现各种烧结新工艺，例如微波烧结工艺等。

功能陶瓷主要分为六大类，若按市场份额排列，其次序为：装置瓷约占30%；电容器瓷约占30%；磁性瓷为18%左右；压电陶瓷约为11%；半导性陶瓷和传感器陶瓷为10%左右；其他功能陶瓷，如透明铁电陶瓷和高临界转变温度超导陶瓷，目前的市场容量还不大，然而一旦在性能或应用上有所突破，将会有很大的发展。

本 章 小 结

陶瓷材料是指由天然或人工合成的无机非金属材料经过高温烧结而成的固体材料。根据不同的制备工艺和用途，可以分为普通陶瓷、高温陶瓷、功能陶瓷等。普通陶瓷材料具有优异的绝缘性、高熔点、高硬度、耐蚀等特性，广泛应用于建筑、装饰、日用等领域。高温陶瓷材料则具有更高的耐热性和化学稳定性，适用于高温环境，如航空航天、能源等领域。功能陶瓷材料则具有特殊的电、磁、光学等性能，被广泛应用于电子、通信、医疗等领域。此外，陶瓷材料还具有一些独特的性能，如高强度、高韧性、良好的耐磨性和化学稳定性等。这些性能使得陶瓷材料在许多领域都有广泛的应用前景，如机械制造、化工、电子等。

陶瓷材料的制备工艺主要包括原料的选取、坯料的制备、成型、烧成等步骤。其中，烧成是关键环节，需要在高温下进行，必须控制好烧成温度和时间，以保证陶瓷材料的性能。在当下节约能源的大环境下，建筑陶瓷大多采用低温烧成或高温快速烧成。烧成是陶瓷制备中的重点内容。另外，还需熟悉原料的选择、配合料的制备、成型工艺，了解陶瓷材料的主要性能标准。

复习思考题

10-1　陶瓷的三大原料包括哪些？
10-2　什么是黏土的可塑性和结合性？
10-3　石英晶型转化在陶瓷烧成中的意义是什么？
10-4　陶瓷的施釉方法有哪些？
10-5　什么是低温烧成、快速烧成及低温快速烧成？
10-6　水刀切割技术的优点有哪些？
10-7　氮化铝陶瓷的性能特点及应用有哪些？

第 11 章

复 合 材 料

【本章学习要点】 本章内容包括复合材料的定义、分类、增强材料、复合理论，聚合物基复合材料、金属基复合材料、陶瓷基复合材料的性能、工艺及应用。要求了解复合材料的定义及复合理论，熟悉聚合物基复合材料的性能、金属基复合材料的工艺及陶瓷基复合材料的增韧原理。了解不同复合材料的主要应用。

材料、能源、信息是现代科学技术的三大支柱。随着材料科学的发展，各种性能优良的新材料不断地出现，并广泛地应用于各个领域。然而，科学技术的进步对材料的性能也提出了更高的要求，如减小质量、提高强度、降低成本等。这可以在原有传统材料上进行改进，如金属材料可通过塑性变形、固溶强化、弥散强化等提高强度，也可以通过加入比金属更强的材料设计制备一种新型的材料，即复合材料。

复合材料是应现代科学技术发展涌现出的具有强大生命力的材料，它由两种或两种以上性质不同的材料，通过各种工艺手段组合而成。复合材料的各个组成材料在性能上起协同作用，得到单一材料无法比拟的优越的综合性能，已成为当代一种新型的工程材料。

复合材料并不是人们发明的一种新材料，在自然界中有许多天然复合材料，如竹、木、椰壳、甲壳等。这些天然复合材料在与自然界长期抗争和演化的过程中，形成了优化的复合组成与结构形式。以竹为例，它是由许多直径不同的管状纤维分散于基体中形成的材料，纤维的直径与排列密度由表皮到内层不同，但内层的纤维粗而排列疏可以改善它的韧性，所以这种复合结构很合理，达到了最优的强韧组合。

人类在 6000 年前就知道用草与泥巴砌墙，这是早期人工制备的复合材料，这种用泥巴、稻草制坯墙盖房的方法目前在有些贫穷的农村仍然沿用着，但这种复合材料毕竟是古老的和原始的，是传统的复合材料。现在我国建筑行业已发展到用钢丝或钢筋强化混凝土复合材料盖高楼大厦，用玻璃纤维增强水泥制造外墙体。新开发的聚合物混凝土材料克服了水泥混凝土所存在的脆性大、易开裂及耐蚀性差的缺点。碳纤维增强水泥，不仅能提高强度，而且可改善水泥导电性，由此开发出具有压力敏感或温度敏感的本征智能材料，适用于混凝土大坝等工程的无损自诊断检测。在建筑材料中加入一些特殊材料，还可使建筑材料具有导电传光的功能。20 世纪 80 年代开始逐渐发展的陶瓷基复合材料，采用纤维增补大大改善了陶瓷基体的脆性。可见随着科学技术的发展，现代的复合材料已被赋予了新的内容和使命，成为当代极为重要的工程材料。

自20世纪40年代美国诞生了纤维增强塑料（俗称玻璃钢）以来，随着新型增强材料的不断出现和技术的不断进步，聚合物基、金属基、陶瓷基、混凝土基复合材料和碳-碳复合材料正以前所未有的速度发展。

11.1 复合材料的定义和分类

11.1.1 复合材料的定义

什么是复合材料？概括前人的观点，有关复合材料的定义或偏重于考虑复合后材料的性能，或偏重于考虑复合材料的结构，诸如：

1）复合材料是由两种或更多的组分材料结合在一起，复合后的整体性能应超过组分材料，保留了期望的性能（高强度、高刚度、小的质量），抑制了不期望特性（延性）。

2）复合材料是不同于合金的一种材料，在这种材料里每一种组分都保留着它们独立的特性，构成复合材料时仅取它们的优点而避开其缺点，以获得一种改善后的材料。

3）在《材料科学技术百科全书》中关于复合材料的定义为：复合材料（composite materials，composite）是由有机高分子、无机非金属或金属等几类不同材料通过复合工艺组合而成的新型材料。它既保留原组成材料的重要特色，又通过复合效应获得原组分所不具备的性能。可以通过材料设计使各组分的性能互相补充并彼此关联，从而获得更优越的性能，与一般材料的简单混合有本质区别。

综上所述，复合材料应具有以下三个特点：

1）复合材料是由两种或两种以上不同性能的材料组元通过宏观或微观复合形成的一种新型材料，组元之间存在着明显的界面。

2）复合材料中各组元不但保持各自固有的特性而且可最大限度发挥各种材料组元的特性，并赋予其单一材料组元不具备的优良特殊性能。

3）复合料具有可设计性。

复合材料的结构通常是一个相为连续相，称为基体；而另一相是以独立的形态分布在整个连续相中的分散相，与连续相相比，这种分散相的性能优越，会使材料的性能显著增强，故常称为增强材料（也称为增强体、增强剂、增强相等）。因此在大多数情况下，分散相较基体硬，强度和刚度较基体大。分散相可以是纤维及其编织物，也可以是颗粒状或弥散的填料。此外，在基体与增强材料之间还存在着界面。

11.1.2 复合材料的分类

复合材料可分为常用复合材料和先进复合材料。常用复合材料是指用普通玻璃纤维、合成或天然纤维等增强普通聚合物（树脂）的复合材料，多作为要求不高、量大面广的材料。先进复合材料是以碳纤维、芳纶纤维、晶须等高性能增强材料与耐高温聚合物、金属、陶瓷和碳（石墨）等构成的复合材料，用于各种高技术领域里量少而性能要求高的场合。

复合材料还可分为结构复合材料、功能复合材料和智能复合材料。

结构复合材料主要用作承力和次承力结构，因此主要是要求它质量小、强度和刚度高，且能耐受一定的温度，在某些情况下还要求膨胀系数小、绝热性能好或耐介质腐蚀等其他性能。结构复合材料基本上是由增强体和基体组成。前者是承受载荷的主要组元，后者则起到使增强体彼此黏结起来予以赋型并传递应力和增韧的作用，可按受力的状态进行复合结构的设计。

功能复合材料是指除承力以外还提供其他物理性能的复合材料，即具有各种电学性能（如导电、超导、半导、压电等）、磁学性能（如永磁、软磁、磁致伸缩等）、光学性能（如透光、选择吸收、光致色等）、热学性能（绝热、导热、低膨胀等）、声学性能（如吸声、消纳等）以及摩擦、阻尼等性能。功能复合材料主要由功能体和基体组成，或由两种（或两种以上）的功能体组成。

智能复合材料也称为机敏复合材料的高级形式，也有人把机敏复合材料统一包括在智能复合材料之内。能检知环境变化，并通过改变自身一个或多个性能参数对环境变化做出响应，使之与变化后的环境相适应的复合材料或材料-器件的复合结构，称为机敏材料或机敏结构。在机敏复合材料的自诊断、自适应和自愈合的基础上增加自决策的功能，体现其具有智能的高级形式，称为智能复合材料和系统。

混杂复合材料广义上包括两种或两种以上的基体或增强材料进行混杂所构成的复合材料，也包括用两种或两种以上的复合材料或复合材料与其他材料进行混杂所构成的复合材料。但通常是指用两种或两种以上的增强材料组成的混杂复合材料，如两种连续纤维单向排列或混杂编织、两种短纤维的混杂铺设或两种颗粒的混杂。但目前主要是两种连续纤维的定向排列或混杂编织，也有少量的纤维与颗粒的混杂。混杂复合材料由于各种增强材料不同性质的相互补充，特别是混杂效应，将明显提高或改善原单一增强材料的某些性能，同时也大大降低复合材料的原料费用。

11.2 增强材料

黏结在基体内以改进其力学性能的高强度材料，称为增强材料，也称为增强体、增强相、增强剂等。在不同基体材料中加入性能不同的增强材料，其目的在于获得性能更为优异的复合材料。复合材料所用的增强材料主要有三类，即纤维、晶须和颗粒。其中碳纤维、凯芙拉（Kevlar）纤维和玻璃纤维应用最为广泛。

11.2.1 纤维

大自然中有许多天然纤维，如植物纤维（棉花、麻）、动物纤维（丝、毛）和矿物纤维（石棉）。天然纤维一般强度都较低，现代复合材料的增强材料往往用的是合成纤维，合成纤维分有机纤维和无机纤维两大类。有机纤维有 Kevlar 纤维、尼龙纤维及聚乙烯纤维等；无机纤维包括玻璃纤维、碳纤维、硼纤维、碳化硅纤维等。

1. 凯夫拉（Kevlar）纤维

凯夫拉最早是由美国杜邦（DuPont）公司研制的一种芳纶纤维材料，其化学名为聚对苯二甲酰对苯二胺，是由对苯二胺和对苯二甲酰氯聚合而成的高分子聚合物，分子式为 $(C_{14}H_{10}O_2N_2)_n$。它是由重复单位彼此连接形成链状结构，这些链状结构之间又通过氢键相连形成网。

凯夫拉的分子结构（图 11-1）决定了其具有很强的耐热性和阻燃性，熔点高达 371 ℃，此外其分子质量很小，由于氢键、酰胺键以及亚胺键的紧密结合，使其具有很好的抗拉性。Kevlar 纤维属自熄性材料。需要注意的是 Kevlar 纤维纵向热膨胀系数为负值，在设计和制造复合材料时必须加以考虑。

Kevlar 纤维制品形式很多，有短纤维、长纤维、粗纱纤维、织物等，主要用于增强橡胶、塑料、绳缆、降落伞、防护服等，或取代石棉用于摩擦材料。

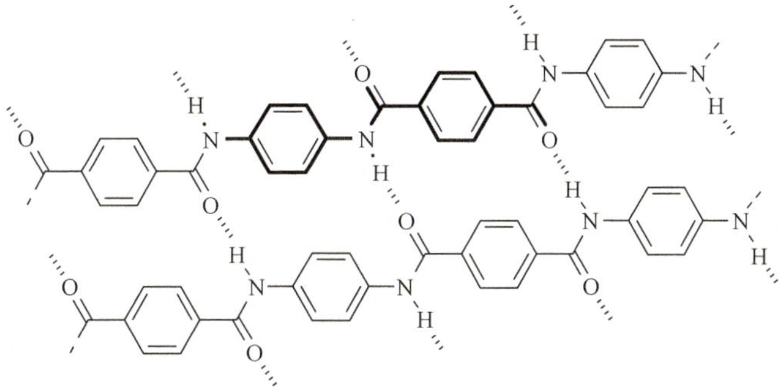

图 11-1　凯夫拉的分子结构

2. 聚乙烯（polyethylene，PE）纤维

1975 年荷兰 DSM（Dutch State Mines）公司采用冻胶纺丝-超拉伸技术制成的具有优异抗拉性能的超高分子聚乙烯（UHMW-PE）。1985 年美国联合信号（Allied Signal）公司购买了 DSM 公司的专利权，并对制造技术加以改进，生产出商品名称为 spectra 的高强度聚乙烯纤维，其纤维强度和模量都超过了杜邦公司的 Kevlar 纤维。其后日本东洋公司与 DSM 公司合作成立了 Dyneema VoF 公司，批量生产出商品名为 dyneema 的高强度聚乙烯纤维。聚乙烯纤维是新型超轻、高比强度、高比模量纤维，成本也比较低。

3. 玻璃纤维（glass fibre，GF）

玻璃纤维是由含有各种金属氧化物的硅酸盐类，经熔融后以极快的速度抽丝而成的。由于它质地柔软，因此可以纺织成各种玻璃布、玻璃带等织物。玻璃纤维的伸长率和热膨胀系数小，除氢氟酸和热浓强碱外，能耐许多介质的腐蚀。玻璃纤维不燃烧，耐高温性能较好。玻璃纤维的缺点是不耐磨，易折断，易受机械损伤，长期放置强度稍有下降。玻璃纤维价格便宜，品种多，适于编织各种玻璃布。作为增强材料广泛用于航空航天、建筑领域及日常用品。玻璃纤维的成分、直径大小、织物的编织结构以及表面处理等均直接影响着复合材料的力学、物理、化学和电性能。

4. 碳纤维（carbon fibre，CF 或 C）

碳纤维是指纤维中含碳量在 95% 左右的碳纤维和含碳量在 99% 左右的石墨纤维。碳纤维的研究与应用已有超过 100 年的历史。1962 年日本大阪工业材料研究所以聚丙烯腈为原料，制造出碳纤维。1963 年日本大谷杉郎教授以沥青为原料也成功地制出碳纤维。1964 年以后，碳纤维向高强度、高模量方向发展，已生产出高模量碳纤维（HM）、超高模量碳纤维、高强度碳纤维（HS）、超高强度碳纤维和高强度高模量碳纤维。生产碳纤维的原料主要有人造丝、聚丙烯腈和沥青三种，而聚丙烯腈是制造碳纤维的主要原料。

石墨纤维在强度和弹性模量上有很大差别，这主要是由于其结构不同。碳纤维是由小的乱层石墨晶体组成的多晶体，含碳量一般为75%~95%。石墨纤维的结构与石墨相似，含碳量可达98.99%，杂质相当少。碳纤维的含碳量与制造纤维过程中碳化和石墨化过程有关。有机化合物在惰性气体中加热到1000~1500 ℃时，所有非碳原子（氮、氢、氧等）将逐步被去除，含碳量逐步增加，随着非碳原子的去除，固相间发生一系列脱氢环化交链和缩聚等化学反应，此阶段称为碳化过程，形成碳纤维。此后，温度升高到2000~3000 ℃时，残留的非碳原子继续去除，进一步反应形成的芳环平面逐步增加，排列也较规整，取向性显著提高，并由二维乱层石墨结构向三维有序结构转化，此阶段称为石墨化过程，形成石墨纤维，使其弹性模量大大提高。

5. 硼纤维（boron fibre，BP 或 B）

1958 年 C. P. Talley 首先发表用化学气相沉积（CVD）方法研制成功高模量的硼纤维。现在最通用的方法是将直径大约 10 μm 的钨加热，钨丝长度可达 3000 m，然后将三氯化硼与氢气混合，通过化学反应在钨丝表面沉积约 50~100 μm 厚的硼层。硼纤维具有很高的弹性模量和强度，但其性能受沉积条件和纤维直径的影响。

通常，硼纤维的密度为 2.30~2.65 g/cm^3，抗拉强度为 3.2~52 GPa，弹性模量为 350~400 GPa。硼纤维具有耐高温和耐中子辐射性能。由于钨丝的密度大（9.3 g/cm^3），因此纤维的密度也大。

6. 氧化铝纤维

氧化铝纤维是多晶连续纤维，除 Al_2O_3 外，常含有约 15% 的 SiO_2，SiO_2 的作用是抑制高温下 Al_2O_3 的相变，由 γ-Al_2O_3 转化为 α-Al_2O_3。因为相变生成晶粒较大的 α-Al_2O_3 使纤维强度下降而变脆。Al_2O_3 纤维的种类有 α-Al_2O_3、γ-Al_2O_3、δ-Al_2O_3 连续纤维和 δ-Al_2O_3 短纤维。

制造氧化铝纤维的方法比较多，杜邦公司采用浆体成型法生产 Al_2O_3-FP 纤维，美国 3M 公司用溶胶-凝胶法，英国 ICI 公司用卜内门法，此外，还有美国杜邦公司的淤浆法、美国 TYCO 研究所的熔融抽丝法等。

7. 碳化硅纤维（silicon carbide fibre，SF）

1975 年由日本矢岛圣使教授首次用有机硅烷加热转化制成 β-SiC 纤维。碳化硅纤维的生产常用有机合成法。碳化硅纤维是高强度、高模量纤维，有良好的耐化学腐蚀性、耐高温和耐辐射性能。碳化硅纤维最高使用温度为 1250 ℃，在 1200 ℃温度下，其抗拉强度和弹性模量均无明显下降，因此它在高温下比碳纤维和硼纤维具有更好的稳定性。此外碳化硅纤维还具有半导体性能，与金属相容性好，常用于金属基和陶瓷基复合材料。

11.2.2 晶须及颗粒

1. 晶须

晶须是指具有一定长径比（一般大于10）和截面积小于 52×10^{-5} cm^2 的单晶纤维材料。晶须的直径可由 0.1 μm 至几个微米，长度一般为数十至数千微米，但具有实用价值的晶须直径一般为 1~10 μm，长度与直径比在 5~1000 之间。晶须是含缺陷很少的单晶短纤维，其抗拉强度接近其纯晶体的理论强度。

自 1948 年美国贝尔电话公司首次发现晶须以来，已开发出了超过 100 种晶须，已经进入工业化生产的商品晶须有 SiC、SiN、TiN、Al_2O_3、钛酸钾和莫来石等少数几种。晶须可分为金属晶须（如 Ni、Fe、Cu、Si、Ag、Ti、Cd 等）、氧化物晶须（如 MgO、ZnO、BeO、Al_2O_3、TiO_2、Y_2O_3、Cr_2O_3 等）、陶瓷晶须（如碳化物晶须 SiC、TiC、WC、B_4C）、氮化物晶须（如 Si_3N_4、TiN、BN 等）、硼化物晶须（如 TiB_2、NbB_2 等）和无机盐类晶须（如 $K_2Ti_5O_{13}$ 和 $Al_{18}B_4O_{33}$）。

晶须的制备方法有化学气相沉积（CVD）、溶胶-凝胶法、气液固（VLS）法、液相生长法、固相生长法和原位生长法等。制备陶瓷晶须常用 CVD 法，CVD 法是通过气态原料在高温下反应并沉积在衬底上而长成晶须。

晶须不仅具有优异的力学性能，而且许多晶须还具有各种特殊性能，这些具有特殊性能的晶须已被用来制备各种性能优异的功能复合材料。晶须的价格较高，因此加强产业化研究，降低成本是扩大晶须应用的首要前提，晶须的分散工艺及表面处理也是研究的一个方面。

2. 颗粒

用以改善基体材料性能的颗粒状材料，称为颗粒增强体。它与填料不同，尽管填料加入基体中可对其力学性能有一定的影响，但填料主要是在复合材料中起填充体积的作用。颗粒增强体主要是指具有高强度、高模量、耐热、耐磨、耐高温的陶瓷和石墨等非金属颗粒，如碳化硅、氧化铝、氮化硅、碳化铁、碳化硼、石墨等，这些颗粒增强体也称为刚性颗粒增强体或陶瓷颗粒增强体。

颗粒增强体以很细的粉状（一般在 1 μm 以下）加入到金属基和陶瓷基中起提高耐磨、耐热、强度、模量和韧性的作用。如在 Al 合金中加入体积为 30%，粒径为 0.3 μm 的 Al_2O_3 颗粒，材料在 300 ℃时的抗拉强度仍可达 220 MPa，并且加入的颗粒越细，复合材料的硬度和强度越高。在 Si_3N_4 陶瓷中加入体积为 20% 的 TiC 颗粒，可使其韧性提高 5%。

还有一种颗粒增强体称为延性颗粒增强体，主要为金属颗粒，一般是加入到陶瓷基体和玻璃陶瓷基体中增强材料的韧性，如在 Al_2O_3 中加入 Al，在 WC 中加入 Co 等。金属颗粒的加入使材料的韧性显著提高，但高温力学性能会有所下降。

11.2.3 增强材料的表面处理

为了改善增强材料与基体的浸渍性和与界面的结合强度，往往通过化学或物理的方法对增强材料表面进行处理，以改善增强材料本身的性能以及与基体材料的结合性能。目前研究和应用较成熟的是玻璃纤维和碳纤维的表面处理。

1. 玻璃纤维的表面处理

玻璃纤维是直径为 10 μm 左右的圆柱状玻璃，其比表面积（单位质量物质的总表面积，单位为 cm^2/g）较大，如直径为 8 μm 的玻璃纤维，其比表面积大约是 5000 cm^2/g。同时在玻璃纤维的表面还存在有细微裂纹。玻璃中的碱金属氧化物有很强的吸水性，若暴露在大气中，玻璃纤维表面会吸附一层水分子，从而降低了与树脂基体的黏合，降低了复合材料的性能。

玻璃纤维的表面处理中，应用最成功的方法是采用偶联剂涂层，此外，也可采用等离子处理等方法。偶联剂是一种化合物，其分子两端通常含有不同的基团。一端的基团与增强材料（如玻璃纤维及其织物）发生化学作用或物理作用，另一端的基团则能和基体材料发生化学作用或物理作用，从而使增强材料与基体之间靠偶联剂的偶联紧密的黏合在一起。玻璃纤维表面处理可选用的偶联剂品种繁多，应用最早的是有机络合物偶联剂，其中最有代表性的品牌为沃兰（Volan），常用的偶联剂为有机硅烷和钛酸酯。

2. 碳纤维的表面处理

由于碳纤维的结构是沿纤维轴向择优取向的同质多晶，使其与树脂的界面黏结强度降低。研究表明，碳纤维的表面积和表面粗糙度的增加可提高复合材料的层间剪切强度。碳纤维表面的晶粒越小，取向越不规则，晶棱或晶体边缘越多，则与树脂的黏结力越强。碳纤维表面活性基团将会改善与树脂的浸润性。对碳纤维表面进行处理，目的在于克服碳纤维表面的惰性，改变碳纤维表面的物理、化学状态，使其与树脂制成复合材料后，层间剪切强度得到提高。碳纤维表面处理的方法有氧化法、涂层法和等离子体法等。

3. 其他纤维的表面处理

Kevlar 纤维和聚乙烯纤维是用等离子体处理法在纤维表面引进或产生活性基团，从而改善纤维与基体之间的界面黏结性能。此方法相比其他方法（如氧化还原法、接枝法）的优点是处理效果好、纤维表面伤害小、操作简便、不造成环境的污染、可连续处理、有工业应用前景。

Kevlar 纤维表面缺少化学活性基团，用等离子体空气或氮气处理纤维表面，可使 Kevlar 纤维表面形成一些含氧或含氮的官能团，提高表面活性及表面能，显著地改善对树脂的浸润性和反应性，增加界面黏结强度。

11.3 复合理论

复合材料是由两种或两种以上不同材料组元复合而成的材料。因此，不但基体材料和增强材料本身的性能强烈地影响着复合材料的性能，而且增强材料的形状、数量、分布以及与基体材料的界面结构也影响着复合材料的性能。作为复合材料结构件，增强材料（如纤维、晶须等）的方向、分布以及制备过程也影响着复合材料结构件的性能。

11.3.1 复合原则

复合之前，挑选最合适的材料组元尤为重要。在选择材料组元时，首先应明确各组元在使用中所应承担的功能。对材料组元进行复合，不外乎是要求复合后材料达到如下性能，如高强度、高刚度、高耐蚀、耐磨、耐热或其他的导电、传热等性能。或者某些综合性能（如既有高强度又耐蚀、耐热）。因此，必须根据复合材料所需的性能来选择组成复合材料的基体材料和增强材料。

若所设计的复合材料是用作结构件，复合的目的就是要使复合后的材料具有最佳的强度、刚度和韧性等。其一，必须明确其中一种组元主要起承受载荷的作用，它必须具有高强度和高模量。这类组元就是所要选择的增强材料，而其他组元应起传递载荷及协同的作用，而且要把增强材料黏结在一起，这类组元就是要选的基体材料。其二，除考虑性能要求外，还应考虑组成复合材料的各组元之间的相容性，这包括物理、化学、力学等性能的相容，使材料各组元彼此和谐地共同发挥作用。在任何使用环境中，它们的伸长、弯曲、应变等都应相互或彼此协调一致。其三，要考虑复合材料各组元之间的浸润性，使增强材料与基体之间达到比较理想的、具有一定结合强度的界面。

适当的界面结合强度不仅有利于提高材料的整体强度，更重要的是便于将基体所承受的载荷通过界面传递给增强材料，以充分发挥其增强作用。若结合强度太低，界面很难传递载荷，不能起基体材料的作用，还会影响复合材料的整体强度。但结合强度太高也不利，它遏制复合材料断裂对能量的吸收，易发生脆性断裂。除此之外，还应联系整个复合材料的结构来考虑。

具体到颗粒和纤维增强复合材料来说，增强效果与颗粒或纤维的体积含量、直径、分布间距及分布状态有关。下面介绍颗粒和纤维增强复合材料的原则。

（1）颗粒增强复合材料的原则

1）颗粒应高度弥散均匀地分散在基体中，使其阻碍导致塑性变形的位错运动（金属、陶体基体）或分子链的运动（聚合物基体）。

2）颗粒直径的大小要合适，因为颗粒直径过大会引起应力集中或本身破碎，导致材料强度降低。颗粒直径太小，则起不到大的强化作用。因此，一般粒径为几微米到几十微米。

3）颗粒的数量一般大于20%，数量太少，达不到最佳的强化效果。

4）颗粒与基体之间应有一定的黏结作用。

（2）纤维增强复合材料的原则

1）纤维的强度和模量都要高于基体，即纤维应具有高模量和高强度，因为除个别情况外，在多数情况下承载主要是靠增强纤维。

2）纤维与基体之间要有一定的黏结作用，两者之间结合要保证所受的力通过界面传递给纤维。

3）纤维与基体的热膨胀系数不能相差过大，否则在热胀冷缩过程中会自动削弱它们之间的结合强度。

4）纤维与基体之间不能发生有害的化学反应，特别是不发生强烈的反应，否则将引起纤维性能降低而失去强化作用。

5）纤维所占的体积、纤维的尺寸和分布必须适宜。一般而言，基体中纤维的体积含量越高，其增强效果越显著；纤维直径越小，则缺陷越小，纤维强度也越高；连续纤维的增强作用大大高于短纤维，不连续短纤维的长径比必须大于一定值（一般是长径比 >5）才能显示出明显的增强效果。

11.3.2 复合材料的界面设计原则

界面黏结强度是衡量复合材料中增强体与基体间界面结合状态的一个指标。界面黏结强度对复合材料整体力学性能的影响很大，界面黏结过高或过弱都是不利的。因此，人们很重视开展复合材料界面微区的研究和优化设计，以期望制得具有最佳综合性能的复合材料。

界面相是一种结构随增强材料而异，并与基体有明显差别的新相。结构复合材料中界面层的一个作用是把施加在整体上的力，由基体通过界面层传递到增强材料组元，这就需要有足够的界面黏结强度，黏结过程中两相表面能相互润湿是首要的条件。界面层的另一作用是在一定的应力条件下能够脱黏，以及使增强纤维从基体拔出并发生摩擦。这样就可以借助脱黏增大表面能、拔出功和摩擦功等形式来吸收外加载荷的能量以提高其抗破坏的能力。从以上两方面综合考虑则要求界面具有最佳黏结状态。

仅仅考虑到复合材料具有黏结强度的界面层还不够，还要考虑究竟什么性质的界面层最为合适。对界面层的见解有两种观点，一种是界面层的模量应介于增强材料与基体材料之间，最好形成梯度过渡。另一种观点是界面层的模量应低于增强材料与基体，最好是一种类似橡胶的弹性体，在受力时有较大的形变。前一种观点从力学的角度来看将会产生好的效果；后一种观点按照可形变层理论，则可以将集中于界面的应力点迅速分散，从而提高整体的力学性能。这两种观点都有一定的实验支持，但是尚未得到定论。然而无论如何，若界面层的模量高于增强材料和基体的模量，将会产生不良的效果，这是大家公认的观点。

11.4　聚合物基复合材料（PMC）

聚合物基复合材料是目前结构复合材料中发展最早、研究最多、应用最广、规模最大的一类。现代复合材料以1942年玻璃钢的出现为标志，1946年出现玻璃纤维增强尼龙，之后相继出现了其他的玻璃钢品种。20世纪40年代初到20世纪60年代中，是PMC发展的第一阶段，这一阶段主要是玻璃纤维增强塑料（GFRP）的发展和应用，我国是20世纪50年代末开始GFRP的研制。

20世纪80年代后，聚合物基复合材料的工艺、理论逐渐完善，除了玻璃钢的普遍使用外，先进复合材料（ACM）在航空航天、船舶、汽车、建筑、文体用品等各个领域都得到全面应用。同时，先进热塑性复合材料（ACTP）以1982年英国ICI公司推出APC-2为标志，向传统的热固性树脂基复合材料提出了严峻的挑战，ACTP的工艺理论仍在不断完善、新产品的开发和应用仍在不断扩大。同时，金属基、陶瓷基复合材料的研究和应用也有较大发展，因而形成了复合材料发展的第三阶段。

11.4.1　PMC的分类

实用PMC通常按两种方式分类。一种以基体性质不同分为热固性树脂基复合材料和热塑性树脂基复合材料；另一种按增强剂类型及其在复合材料中分布状态分类，如图11-2所示。

在塑料中加入无机填料构成的粒子复合材料可以有效地改善塑料的各种性质，如增加表面硬度、减少成型收缩率、消除成型裂纹、改善阻燃性、改善外观、改进热性能和导电性能等，最重要的是在不明显降低其他性能的基础上大规模降低成本。在热固性树脂中加入金属粉则构成硬而强的低温焊料，或称为导电复合材料。在塑料中加入高含量的铅粉可起隔声作用、屏蔽γ射线的作用。不连续纤维增强塑料的性能除了依赖于纤维含量外，还强烈依赖于纤维长径比、纤维取向。通常的二维或三维无规定取向短纤维复合材料的强度或模量与基体相比都有高达几倍的提高，但仍低于传统的金属材料。

连续纤维增强塑料可以最大限度地发挥纤维作用，因而通常具有很高的强度和模量。按照纤维在基体中的分布不同，连续纤维复合材料又可分为单向复合材料、双向或角铺层复合材料、三向复合材料及双向的织物增强复合材料。

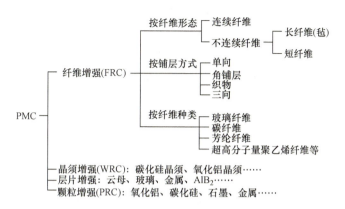

图 11-2　PMC 按增强剂类型及其在复合材料中分布状态分类

11.4.2　PMC 性能特点

纤维增强复合塑料（FRP）为 PMC 的代表材料，有以下几个特点或优点：

1. 高比强度、高比模量

单向 FRP 的比强度和比模量都明显高于金属。如标准 CFRP 的比强度是钛合金、钢、铝合金的五倍多，比模量是它们的三倍。高强度 T800H 碳纤维环氧复合材料的强度达 3.0 GPa，模量为 160 GPa，其比强度和比模量分别为钢的 10 倍和 3.7 倍，铝合金的 11 倍和 4 倍。超高模量碳纤维 P-100S 增强的环氧复合材料，强度为 1.2 GPa，而模量达 420 GPa 以上，其比强度和比模量分别为铝合金的 4 倍和 9 倍。因而用 FRP 来代替金属材料可达到明显的减重效果。

2. 可设计性

由于控制 FRP 性能的因素很多，增强剂类型、基体类型、铺层方式等都可以根据使用目的和要求不同而进行选择，因而易于对复合材料结构进行最优化设计。如 BFRP 具有优异的压缩性能（其抗压强度高于其抗拉强度），可用于制造受压杆体；KFRP 的抗拉强度高而压缩性能很差，应使其避免承受压缩载荷而应承受拉伸载荷。根据使用温度、断裂韧性、耐蚀性等性能的要求不同，可以选择不同基体。根据结构实际受力情况，可对铺层进行最优化设计，使纤维发挥最大的效能。

3. 热膨胀系数低，尺寸稳定

FRP 具有比金属材料低得多的热膨胀系数，CFRP 的热膨胀系数接近 0。而且，通过合适的铺层设计，可使热膨胀系数进一步降低。利用这一特点及高比模量特征，可以用 FRP 制造一些尺寸精密、稳定的构件，如作为量具、卫星及空间仪器结构材料，不但质轻，而且可保持尺寸的高精度和高稳定性。

4. 耐蚀

FRP 的耐蚀性（如耐酸碱、耐盐水等）比金属材料（如钢、铝）要好得多。常用 FRP 来制造化工设备的防腐管道，玻璃纤维增强塑料在很多场合下的应用不是利用其结构特性，而是考虑其防腐性能。

5. 耐疲劳

大多数金属材料疲劳极限仅为其抗拉强度的 30%～50%，而 CFRP 复合材料可达 70%～

80%。复合材料的破坏有明显预兆,可以事先检测出来,而金属的疲劳破坏则是突发性的。

此外 FRP 还具有减振性好、过载安全性好等优点,同时具有多种功能性,如耐烧蚀性(用于烧蚀材料)、良好的摩擦性能(包括摩阻特性及减摩特性,常用于摩阻材料)、优良的电性能(GFRP 用于高压输电线的绝缘杆、印制电路板)、特殊的光学和电磁学(GFRP 的透雷达波特性及 CFRP 的吸收雷达波特性)等特性。

除了上述性能特点外,FRP 还有成型工艺多样化的优点,良好的工艺性能是 FRP 获得广泛应用的一个重要原因。然而,与传统的金属材料比,FRP 也存在一些明显的缺点:

1)材料昂贵。由于原料价格及生产费用高,导致 FRP 制品成本较高,尤其是 ACM 极其昂贵,因而应用受到限制。

2)在湿热环境下性能变化。由基体聚合物或增强纤维带来的吸湿及老化现象是 FRP 的一个明显缺点。

3)冲击性能差。FRP 一般都是脆性的,断裂韧性一般明显低于金属,各种能量的冲击会导致 FRP 出现不可见的内部损伤,甚至出现可见的破坏,因而,FRP 的加工和使用必须格外小心。

与金属材料几千年的历史相比,FRP 诞生时间并不长,人们积累的数据和经验较少,无论是理论还是实践都有待于进一步发展和完善。

11.4.3 PMC 制备工艺

预浸料或预混料是一类 PMC 的半成品形式,按基体类型分有热塑性和热固性,按增强剂形态分有连续纤维和不连续(短)纤维,按产品形态分有带状、片状、团状、粒状等。它们是其他一些制品制造工艺(如压力成型)的原材料。

手糊成型是手工操作、无压下室温(少数加热)固化的一种 PMC 制造工艺,是一种最简单、只适用于热固性 PMC 制造的工艺。

缠绕成型是生产高性能 PMC 回转体的一种工艺,它使用连续纤维纱束、带或它们的预浸料。

拉挤成型是高效率生产 PMC 型材的一种工艺,它一般使用连续纤维(预浸)纱束或带。夹层结构主要指两层高强度薄板夹着一层厚而轻的芯材而形成的三层复合结构,主要用于承受弯曲载荷,具有质轻而强的特点。编织是一种制造多向、三维复合材料的工艺技术,它使用连续纤维,用于制造特殊复合材料结构件。如火箭发动机喉管、喷嘴等。

袋压成型是最早及最广泛用于预浸料成型的工艺之一。将铺层铺放在模具中,盖上柔软的隔离膜,在热压下固化。经过所需的固化周期后,材料形成具有一定结构的构件。

袋压成型可分成三种,包括真空袋成型、压力袋压成型及热压罐成型。铺放与装袋是生产高质量构件的关键步骤。

其中热压罐成型的基本工艺是铺层被装袋并抽真空以排出包埋的空气或其他挥发;在真空条件下,在热压罐中加热、加压固化,固化压力通常为 0.35~0.7 MPa。热压罐成型具有构件尺寸稳定、准确、性能优异、适应性强,可制造非等厚层压板、各种形状及尺寸构件等优点。但也存在生产周期长、效率低、装袋材料昂贵、制件尺寸受热压罐体积限制等缺点。因而,该法主要用于制造航空、航天领域的高性能 FRP 结构件。

对模模压成型是最普通的模压成型技术。它一般分为三类,包括坯料模压、片状模塑料模压及块状模塑料模压。

坯料模压工艺是将预浸料或预混料先做成制品的形状，然后放入模具中压制（通常为热压）成制品。这一工艺适合尺寸精度要求高、需要量大的制品生产。片状模塑料（SMC）模压工艺一般包括在模具上涂脱模剂、SMC 剪裁、装料、热压固化成型、脱模、修整等几个主要步骤。关键步骤是热压成型，要控制好模压温度、模压压力和模压时间三个工艺参数。

SMC 及 BMC（团状模塑料）模压制品性能受纤维类型、含量、分布、长度及树脂类型等因素影响，一般使用碳纤维或环树脂的制品性能好，长纤维比短纤维的制品性能好。

11.4.4 PMC 的应用

从 1942 年现代复合材料的诞生到现在，聚合物基复合材料得到了迅速的发展和大规模的应用。其中用量最大的还是玻璃钢（GFRP），已经广泛用于石油化工、交通运输、建筑、环境保护及国防军工等各个领域。

1. 在航天和火箭上的应用

减重对宇宙飞行器至关重要。宇宙飞船、人造卫星若能减重 1 kg，则发送它的火箭就可减重数百千克。

从 20 世纪 50 年代开始，就以 GFRP 作为火箭发动机壳体，结构质量减轻了 50%～60%，射程大大增加，此后，逐渐由 CFRP 和 KFRP 代替，如美国的三叉戟 I 型导弹及 MX 导弹、法国的 M-4 潜地导弹等都采用 K-49/EP 制作发动机壳体，三叉戟 II 及侏儒型导弹则更多地采用 CF/EP。美欧卫星广泛采用 ACM，使其结构质量不到总质量的 10%，卫星上的天线、支承结构、太阳能电池翼及壳体、卫星发射时的保护罩等，基本都由复合材料制造。

宇宙空间的气候条件变化很大，温度变化范围为 -200～100 ℃，因而要求宇宙飞行器具有高度的环境适应性，能在剧烈的环境变化中保持结构的高度稳定。碳纤维复合材料的热膨胀系数比金属低得多，经过合理设计甚至可接近 0，加之其高比模量，尺寸高度稳定。哈勃望远镜镜筒由高模量碳纤维复合材料制造，不但质量减小，而且尺寸稳定性提高，使望远镜具有更高的精度。

2. 在航空领域的应用

航空领域是 FRP 使用最早、用量最多的部门之一，聚合物基 ACM 可使飞机显著轻量化并提高飞机的一些性能，如隐身性能、降低噪声、提高可靠性。

从 20 世纪 70 年代中期开始服役的战斗机，就开始使用 ACM，并逐渐增加。美国潜隐战斗机（如 F-117A）、战略轰炸机则更多地采用 ACM，V-22 鱼鹰式倾转旋翼飞机机体结构几乎全部用复合材料制造，其全部结构质量为 6120 kg，其中 CF/EP 复合材料为 3100 kg，占 50%，GF/EP 占 13%，金属占 25%，其他材料占 12%。具有良好隐身功能和独特结构设计的 B-2 轰炸机，结构材料绝大部分都为复合材料，估计每架 B-2 轰炸机上用的 CFRP 高达 18～22.5 t。美国先进军用飞机发展的最显著特点就是全复合材料化并赋予隐身性能。

现代商用飞机也以巨大的增长速度使用 ACM，并逐渐由次承力构件向主承力构件过渡。如波音飞机、空中客车飞机等的方向舵、垂尾副翼、升降舵等大都采用 ACM 制造。

3. 在交通运输领域的应用

由于玻璃钢具有质轻、高强度、耐蚀、抗微生物附着等优点，被普遍用来制造汽艇、游艇、救生艇等小型船舶。

由于对能源消耗的限制和环保的要求，迫使各国都在寻求减少汽车能耗的途径，其中一项重要措施是采用复合材料结构以减小汽车质量。通过片状模塑料（SMC）模压、增强反应注射模塑和树脂传递模塑等各种技术制造的 FRP 结构件已在汽车制造业中得到大量应用，如轻型车辆外壳、保险杠、板簧等。铁路车辆上已制成车身、窗门、水箱等。同时，碳纤维强塑料被大量用于运动和竞技用车，如用 CFRP 制造赛车底盘。

4. 在石油化工领域的应用

由于玻璃钢具有耐酸、碱、油、有机溶剂等腐蚀的性能，可用作各种化工管道、阀门、泵、贮槽、塔器等。

5. 在电气领域的应用

玻璃纤维增强塑料具有优异的电绝缘性能，可以制成各种开关装置、电缆输送管道、高频绝缘子、印制电路板、雷达等。

6. 在建筑领域的应用

玻璃纤维复合材料已大量用于建筑材料。如 GFRP 桥、透明的玻璃钢波形瓦用于农业透明暖房等。一般的门窗框架、落水斗管等都可用 GFRP 制造，人造大理石、人造玛瑙卫生间浴缸等皆为 GFRP 制品。

此外，FRP 还用于医疗卫生领域，如制造医疗卫生器械、人造骨骼、人造关节等。文体用品也是 FRP 的最大应用市场之一。其中，CFRP 主要用于高尔夫球杆、网球拍、钓鱼竿、羽毛球拍、滑雪板、弓箭、赛艇、划桨、冰球拍及垒球棒等。

11.5 金属基复合材料（MMC）

金属基复合材料（MMC）是以金属及其合金为基体，与一种或几种金属或非金属增强相人工结合成的复合材料。其增强材料大多为无机非金属，如陶瓷、碳、石墨及硼等，也可以用金属丝。它与聚合物基复合材料、陶瓷基复合材料以及碳-碳复合材料一起构成现代复合材料体系。

现代科学技术对现代新型材料的强韧性、导电性、导热性、耐高温性、耐磨性等性能都提出了越来越高的要求。纤维增强聚合物基复合材料具有比强度、比模量高等优良性能，但由聚合物本身的性质所决定，它们不能在 300 ℃以上温度下工作，且耐磨性差、不导电、不导热，在使用期间逐渐老化和变质，尺寸不够稳定。金属基复合材料则不存在这些缺点，作为结构材料不但具有一系列与其基体金属或合金相似的特点，而且在比强度、比模量及高温性能方面甚至超过其基体金属及合金。

金属基复合材料制备过程是在高温下进行的，而且有的还要在高温下工作较长时间。在这种情况下，具有活性的金属基体与增强相之间的界面会不稳定。金属基复合材料的增强相-基体界面起着联系增强材料与基体和传递应力的作用，对金属基复合材料的性能和性能的稳定性起着极其重要的作用。因此从 20 世纪 80 年代开始，人们逐渐重视对金属基复合材料界面及界面稳定性的研究。

11.5.1　MMC 的分类

金属基复合材料的增强材料的种类和形态是多种多样的，既可以是连续纤维和短纤维，亦可以是颗粒、晶须等。因此，金属基复合材料可按增强材料的形态来分类。

1. 按增强材料形态分类

（1）纤维增强金属基复合材料　这类复合材料的增强材料包括有长的连续纤维（如硼纤维、碳化硅纤维、氧化铝纤维、碳与石墨纤维等）和短纤维（如氧化铝纤维等）。这类典型的复合材料有硼纤维或碳化硅纤维增强铝基或钛基复合材料等。其中增强材料绝大多数是承载组分，金属基体主要起黏结纤维、传递应力的作用，大都选用工艺性能（塑性加工、铸造）较好的合金，因而，常作为结构材料使用。长纤维增强金属基复合材料亦称为连续增强型金属基复合材料。

（2）颗粒和晶须增强金属基复合材料　这类复合材料的增强材料包括陶瓷颗粒（如碳化硅颗粒、氧化铝颗粒和碳化硼颗粒）和晶须（如碳化硅晶须、氮化硅晶须和碳化硼晶须等）。这类典型的复合材料有碳化硅颗粒增强铝基、镁基和钛基复合材料（SiC/Al、SiC/Mg等），碳化钛颗粒增强钛基复合材料（TiC/Ti）和碳化硅晶须增强铝基、镁基和钛基复合材料（SiC_w/Al、SiC_w/Mg 和 SiC_w/Ti）等。这类复合材料中增强材料的承载能力虽然不如连续纤维，但复合材料的强度、刚度和高温性能往往超过基体金属，尤其是在晶须增强情况下。

由于金属基体在不少性能上仍起着较大作用，通常选用强度较高的合金，一般均进行相应的热处理。这类复合材料既可以作为结构材料，也可以作为结构件中的耐磨件使用。这类复合材料可以通过二次加工，即采用传统金属加工方式，如挤压、热轧甚至锻造加工，以进一步提高其性能。由于颗粒或晶须增强金属基复合材料可以采取压铸、半固态复合铸造以及喷射沉积等工艺技术来制备，因而成本较低，是应用范围最广，开发和应用前景最大的一类金属基复合材料，并已应用于汽车工业。

2. 按金属基体分类

金属基复合材料除上述分类方式外，还可以按基体种类来划分，一般分为：

（1）铝基复合材料　这种复合材料是当前品种和规格最多、应用最广泛的一种复合材料。它包括有硼纤维、碳化硅纤维、碳纤维和氧化铝纤维增强铝，碳化硅颗粒与晶须增强铝等。铝基复合材料是金属基复合材料中最早开发，发展最迅速，品种齐全，应用最广泛的复合材料。纤维增强铝基复合材料，因其具有高比强度和比刚度，在航空航天工业中，不仅可以显著改善铝合金部件的性能，而且可以代替中等温度下使用的价格昂贵的钛合金零件。在汽车工业中，用铝及铝基复合材料替代钢铁的前景广阔，可望起到节约能源的作用。

（2）钛基复合材料　钛基复合材料的基体主要是 Ti-6Al-4V 或塑性更好的 β 型合金（如 Ti-15V-3Cr-3Sn-3Al）。以钛及其合金为基体的复合材料具有高的比强度和比刚度，而且具有很好的抗氧化性能和高温力学性能，在航空工业中可以替代镍基耐热合金。颗粒增强钛基复合材料主要采用粉末冶金制备方法，如用冷等静压和热等静压相结合的方法制备，并与未增强的基体钛合金实现扩散联结制成所谓共基质微-宏观复合材料。

（3）镁基复合材料　镁及其合金具有比铝更低的密度，在航空航天和汽车工业应用中具有较大潜力。大多数镁基复合材料为颗粒与晶须增强，如 SiC、SiC_w/Mg、B_4C、Al_2O_3/Mg。但石墨纤维增强镁基复合材料与碳纤维、石墨纤维增强铝相比，密度和热膨胀系数更低，强度和模量也较低，但具有很高的导热/热膨胀比值，在温度变化环境中是一种尺寸稳定性极好的在宇宙空间材料。

11.5.2 MMC 制备工艺

金属基复合材料的制备工艺方式、工艺过程以及工艺参数的控制对金属基复合材料的性能有很大的影响，因此制备工艺一直是金属基复合材料的重要研究内容之一。

金属基复合材料的工艺研究主要有以下五方面：

1）金属基体与增强材料的结合方式和结合性。
2）金属基体-增强材料界面和界面产物在工艺过程中的形成及控制。
3）增强材料（相）在金属基体中的均匀分布。
4）防止连续纤维在制备工艺过程中的损伤。
5）优化工艺参数，提高复合材料的性能和稳定性，降低成本。

金属基复合材料的迅速发展与得到广泛应用，是与其制备工艺的方法和设备的研究开发密切相关的，因为金属基复合材料的制备工艺简化和易控制后，可以降低成本，提高材料的性能和稳定性。

为了便于介绍金属基复合材料的制备工艺，根据各种制备方法的基本特点，主要把金属基复合材料的制备工艺分为四大类，即固态法、液态法、喷涂与喷射沉积法、原位复合法。

1. 固态法

金属基复合材料的固态制备工艺主要为扩散结合和粉末冶金两种方法。

（1）扩散结合 扩散结合是一种制造连续纤维增强金属基复合材料的传统工艺方法。早期研究与开发的硼纤维增强铝基或钛基复合材料和钨丝增强镍基高温合金等都是采用扩散结合方式制备的。

扩散结合工艺是传统金属材料的一种固态焊接技术，在一定温度压力下，把新鲜清洁表面的相同或不相同的金属，通过表面原子的互相扩散而连接在一起。扩散结合工艺中，增强纤维与基体的结合主要分为三个关键步骤，包括纤维的排布、复合材料的叠合和真空封装、热压。

扩散结合工艺中的最关键的步骤是热压。一般封装好的叠层在真空或保护气氛下直接放入热压模或平板进行热压合。为了保证性能符合要求，热压过程中要控制好热压工艺参数，热压工艺参数主要为热压温度、压力和时间。在真空热压炉中制备硼纤维增强铝的热压板材时，温度要控制在铝的熔点温度以下，一般为 500~600 ℃，压力为 50~70 MPa，热压时间控制在 0.5~2 h 内。

扩散结合热压工艺中，压力应有一定下限。在热压时，基体金属箔或薄板在压力的作用下，发生塑性变形，经一定温度和时间的作用扩散而焊合在一起，并且将增强纤维固结在其中，形成金属基复合材料。如果扩散结合的压力不足，金属的塑性变形在无法达到与纤维的界面时，就会形成"眼角"空洞。采用扩散结合方式制备金属基复合材料，工艺相对复杂，纤维排布、叠合以及封装手工操作多，成本高。热压扩散结合工艺参数控制要求严格。但扩散结合是连续纤维增强，并能按照复合材料的铺层要求排布的唯一可行的工艺。在扩散结合工艺中，增强纤维与基体的湿润问题容易解决，而且在热压时，可通过控制工艺参数控制界面反应。因此，在金属基复合材料的早期生产中大量采用扩散结合工艺。

采用扩散结合方式制备金属基复合材料还可以采用热轧和热挤压、接拔的二次加工方式进行再加工，也可以采用超塑性加工方式进行成型加工。

（2）粉末冶金　粉末冶金（powder metallurgy）既可适用于连续、长纤维增强，又可用于短纤维、颗粒或晶须增强的金属基复合材料。和其他金属基复合材料制备工艺相比较，粉末冶金法制备金属基复合材料具有以下优点：

1）热等静压或烧结温度低于金属熔点，因而由高温引起的增强材料与金属基体界面反应少，减小了界面反应对复合材料性能的不利影响。同时可以通过热等静压或烧结时的温度、压力和时间等工艺参数来控制界面反应。

2）可以根据所设计的金属基复合材料的性能要求，使增强材料（纤维、颗粒或晶须）与基体金属粉末以任意比例混合，纤维含量最高可达75%，颗粒含量可达50%以上，这在液态法中是无法达到的。

3）可以降低增强材料与基体互相湿润的要求，也降低了增强材料与基体粉末的密度差要求，使颗粒或晶须均匀分布在金属基复合材料的基体中。

4）采用热等静压工艺时，其组织细化、致密、均匀，一般不会产生偏析、偏聚等缺陷，可使孔隙和其他内部缺陷得到明显改善，从而提高复合材料的性能。

2. 液态法

液态法亦可称为熔铸法，其中包括压铸法、半固态复合铸造法、液态渗透法、搅拌法和无压渗透法等。这些方法的共同特点是金属基体在制备复合材料时均处于液态。

液态法是目前制备颗粒、晶须和短纤维增强金属基复合材料的主要工艺方法。与固态法相比，液态法的工艺及设备相对简便易行，和传统金属材料的成型工艺（如铸造，压铸等）方法非常相似，制备成本较低，因此液态法得到了较快的发展。

3. 喷涂与喷射沉积法

喷涂与喷射沉积制备金属基复合材料的工艺方法大多是由金属材料表面强化处理方法衍生而来的。喷涂沉积主要应用于纤维增强金属基复合材料的预制层的制备，也可以获得复合层状复合材料的坯料。喷射沉积则主要用于制备颗粒增强金属基复合材料。喷涂与喷射沉积工艺的最大特点是增强材料与基体金属的润湿性要求低，增强材料与熔融金属基体的接触时间短、界面反应量少。喷涂沉积制备纤维增强金属基复合材料时，纤维的分布均匀，获得的薄的单层纤维增强预制层可以很容易地通过扩散结合工艺，形成复合材料结构形状和板材。通过喷涂与喷射沉积工艺，许多金属基体（如铝、镁、钢、高温合金）可以与各种陶瓷纤维或颗粒复合，即基体金属的选择范围广。

4. 原位复合法

在金属基复合材料制备过程中，往往会遇到增强材料与金属基体之间的相容性问题，即增强材料与金属基的润湿性要求。无论是固态法还是液态法，增强材料与金属基体之间在界面都存在界面反应。增强材料与金属基体之间的相容性控制，往往影响到金属基复合材料在高温制备和高温应用中的性能和性能稳定性。如果增强材料（纤维、颗粒或晶须）能从金属基体中直接（即原位）生成，则上述相容性问题可以得到较好的解决。因为原位生成的增强相与金属基体界面结合良好，生成相的热力学稳定性好，也不存在基体与增强相之间的润湿和界面反应等问题，这就是原位复合方法。这种方法也已经在陶瓷基、金属间化合物基复合材料制备中得到应用。

11.5.3　MMC的性能

金属基复合材料作为结构材料具有一系列和金属性能相似的特点，金属基复合材料之所以能成为工程动力结构材料，正是借助这些金属的性能。随着现代科学技术的发展，单一的金属及其合金已难以满足对材料性能提出的要求，而金属基复合材料通过和高强度、高模量、耐热性好的纤维或颗粒、晶须等复合后，可以获得比其基体金属或合金的性能（如比强度、比模量、高温性能等）更好的新型工程材料。

1. 高比强度、比模量

与结构陶瓷和聚合物材料相比，金属材料的高强度在复合材料中能得到更好的利用。一般纤维增强金属基复合材料的比强度和比模量明显优于金属材料，而颗粒增强复合材料虽比强度无明显增加，但比模量有显著提高。在纤维增强复合材料中，金属基体强度对非纤维增强方向（如横向强度、抗扭强度以及层间剪切强度等）的性能方面起到关键性作用。

金属基复合材料在强度与模量上大致可分为三种水平：

1）高性能水平。如硼纤维与CVD碳化硅纤维增强的铝和钛，单向增强的抗拉强度在1200 MPa以上，模量在200 GPa以上。

2）中等性能水平。如纺丝碳化硅纤维与碳纤维增强铝等，抗拉强度在600～1000 MPa之间，模量在100～150 GPa之间。

3）较低性能水平。如晶须、颗粒或短纤维增强铝等，抗拉强度在400～600 MPa之间，模量在95～130 GPa之间。

2. 高韧性和耐冲击性能

一般金属基复合材料中所采用的增强材料，无论是纤维或是颗粒，都比较脆，其本身的耐冲击性能差。但像铝、钛等金属及合金韧性基体，受到冲击时能通过塑性变形接收能量或使裂纹钝化，减少应力集中而改善韧性。因此金属基复合材料相对于聚合物基、陶瓷基复合材料而言具有高韧性和耐冲击性能。

3. 对温度变化和热冲击的敏感性低

和聚合物基复合材料相比，金属基复合材料的物理与力学性能具有高温稳定性，即对温度变化不敏感，这是作为高温结构材料很重要的性质。例如，硼纤维增强铝在近400 ℃的温度下仍有较令人满意的高温比强度，而硼纤维增强环氧树脂复合材料虽然在室温时具有比金属基复合材料更高的比强度，但在约为150 ℃时的比强度已显著下降。

4. 表面耐久性好，表面缺陷敏感性低

金属基复合材料中金属基体对表面裂纹的敏感性比聚合物或陶瓷要小得多，表面坚实耐久，尤其是颗粒、晶须增强金属基复合材料可以作为工程构件中的耐磨件使用。在陶瓷基复合材料中，腐蚀或擦伤等引起的小裂纹可使其强度剧烈降低。这是由于陶瓷的弹性模量高，但塑性和韧性低，不能像金属基复合材料中的基体那样可以借助塑性变形使缺口或裂纹钝化，因而造成应力集中，引起破坏。

5. 导热、导电性能好

金属基复合材料的导热、导电性能是聚合物基、陶瓷基结构复合材料无法相比的，它可以使局部的高温热源和集中电荷很好地扩散消除。如碳纤维加入铝合金基体后，基体的导电、导热优异性能不会受到大的损失，在有的方向上反而有所加强。因此，碳纤维增强铝基复合材料除可作为航空航天技术领域中的结构材料外，还可以作为空间装置的热传导和散热器面板。

6. 良好的热匹配性

尽管多数金属及其合金的热膨胀系数与各种增强材料相差较大，但有些纤维，如硼纤维与钛合金的热膨胀系数接近，在硼纤维增强钛基复合材料中热应力可以降至很低。碳纤维增强铝基复合材料经过设计后，可使复合材料的热膨胀系数接近0。这样，复合材料在质量上比铝小，但强度和刚度却有很大的提高，而且不会因温度差造成变形。因此，CF/Al可以作为空间站吊臂和太阳能板的结构材料。在太空结构的向阳面与避阳面之间的温差可达数百摄氏度，若采用普通铝及其合金，由于其热膨胀系数为 $24 \times 10^{-6}/℃$，就可能产生极大的变形。

7. 性能再现性好及制备工艺可借鉴金属材料

金属基体的特性之一就是其性能再现性好。金属基体在物理、力学性能方面可以得到精确控制。这种特性对高强度、高模量复合材料尤为重要，可以根据复合原理来设计和预测材料的性能。许多金属材料的制备方法都在金属基复合材料制备中得到了应用，并且为开发新的制备方法开拓了新的前景。提高金属材料的强度等性能方面的许多宝贵经验也在金属基复合材料的加工和热处理等方面得到了应用，这对提高复合材料的性能起到了非常重要的作用。

11.6 陶瓷基复合材料（CMC）

人们对陶瓷并不陌生，日常使用的瓷茶具、瓷碗以及瓷砖、瓷盥洗池等均为陶瓷所制，但这些陶瓷是用黏土等天然材料，经成坯烧结而成的，称为普通陶瓷或传统陶瓷。此外，还有一种是具有特殊性能的特种陶瓷（也称为近代陶瓷、高级陶瓷和技术陶瓷），是用传统陶瓷工艺方法制造的新型陶瓷，它们具有更高的强度、熔点（大多在2000 ℃以上）以及其他物理性能。

特种陶瓷由于具有优良的综合力学性能、耐磨性好、硬度高以及耐蚀性好等特点，已广泛用于制作剪刀、网球拍，以及工业上的切削刀具、耐磨件、发动机部件、热交换器、轴承等。陶瓷最大的缺点是脆性大、抗热震性能差。而且陶瓷材料对裂纹、气孔和夹杂物等细微的缺陷很敏感。材料科学家通过往陶瓷中加入颗粒、晶须等，使陶瓷纤维的韧性得以改善，而且强度及弹性模量有了提高。

对颗粒、纤维及晶须增强陶瓷复合材料的断裂韧性和临界裂纹尺寸大小进行比较，连续纤维的增韧效果最佳，其次为晶须、相变增韧和颗粒增韧。纤维、晶须、颗粒增韧均使断裂韧性较整体陶瓷有较大提高，也使临界裂纹尺寸增大。复合材料的主要目的之一是提高陶瓷的韧性。

11.6.1 陶瓷基体

用于复合材料的陶瓷基体主要有玻璃陶瓷、氧化铝陶瓷、氮化硅陶瓷、碳化硅陶瓷等。

氧化铝陶瓷也称为高铝陶瓷，主要成分是 Al_2O_3 和 SiO_2。Al_2O_3 含量越高，性能越好。按氧化铝的含量可将氧化铝陶瓷分为75瓷、95瓷和99瓷。氧化铝陶瓷的原料是工业氧化铝，加入少量外加剂后，经成坯烧结而成。

氧化铝陶瓷的硬度很高，约2000 MPa，仅次于金刚石、氮化硼和碳化硅，有很好的耐磨性。它的耐高温性能很好，含 Al_2O_3 高的刚玉瓷能在 1600 ℃ 高温下长期工作，而且蠕变很小。由于铝和氧之间键合力很大，氧化铝又具有酸碱两重性，因此氧化铝陶瓷的耐蚀性很强。此外，它还具有很好的电绝缘性能。氧化铝陶瓷的缺点是脆性大，抗热震性能差，不能承受环境温度的突然变化。

氮化硅的分子式为 Si_3N_4，是键合能很高的共价化合物，单纯高温难以烧结，它的制备方法有反应烧结法和热压烧结法两种。在 Si_3N_4 中加入 Al_2O_3 可制成一种新型陶瓷材料，称为赛隆（sialon）陶瓷，这种陶瓷在常压下烧结就能达到热压烧结氮化硅的性能，是目前强度较高的陶瓷材料，并且具有良好的耐蚀性、耐磨性和热稳定性。

碳化硅的分子式是 SiC，主要有两种晶体结构，一种是 α-SiC，属六方晶系；另一种是 β-SiC，属等轴晶系，多数碳化硅以 α-SiC 为主晶相。碳化硅的最大特点是高温强度高，其他陶瓷材料在 1200~1400 ℃ 时强度显著降低，而碳化硅陶瓷在 1400 ℃ 时抗弯强度仍保持在 500~600 MPa 的较高水平。碳化硅陶瓷具有很高的热传导能力，在陶瓷中仅次于氧化铍陶瓷，碳化硅陶瓷还具有较好的热稳定性、耐磨性、耐蚀性和抗蠕变性。

含有大量微晶体的玻璃称为微晶玻璃或玻璃陶瓷。玻璃陶瓷中的微晶体一般取向杂乱，微晶尺寸在 0.01~0.1 μm 之间，体积结晶率达 50%~98%，其余部分为残余玻璃相。常用的玻璃陶瓷有锂铝硅（Li_2O-Al_2O_3-SiO_2，LAS）玻璃陶瓷、镁铝硅（MgO-Al_2O_3-SiO_2，MAS）玻璃陶瓷等。玻璃陶瓷的密度为 2.0~2.8 g/cm^3，抗弯强度为 70~350 MPa，弹性模量为 80~140 GPa，远远高于玻璃的抗弯强度和弹性模量。

11.6.2 CMC 的制备

陶瓷基复合材料的制备方法如下：

1. 粉末冶金法

粉末冶金法也称压制烧结法或混合压制法，是广泛用于制备特种陶瓷及某些玻璃陶瓷的简便方法。将陶瓷粉末、增强材料（颗粒或纤维）和加入的黏结剂混合均匀后，冷压制成所需形状，然后进行烧结或直接热压烧结或等静压烧结制成陶瓷基复合材料。前者为冷压烧结法，后者为热压烧结法。热压烧结法中，压力和高温同时作用可以加速致密化速率，获得无气孔和细晶粒的构件。压制烧结法所遇到的困难是基体与增强材料的混合不均匀，以及晶须和纤维在混合过程中或压制过程中，尤其是在冷压情况下易发生折断。在烧结过程中，由于基体发生体积收缩，会导致复合材料产生裂纹。

2. 浆体法

为了克服粉末冶金法中各材料组元，尤其是增强材料为晶须时混合不均匀的问题，人们往往采用浆体法（也称湿态法）制造复合材料。此种方法与粉末冶金法稍有不同，混合体采用浆体形式。在混合浆体中各材料组元应保持散凝状，即在浆体中呈弥散分布，这可通过调整水溶液的 pH 值实现，对浆体进行超声波振动搅拌则可进一步改善弥散性。弥散的浆体可直接浇铸成型或通过热压、冷压后烧结成型。直接浇铸成型的陶瓷材料机械性能较差，因为孔隙太多，不用于生产性能要求较高的复合材料构件。

3. 液态浸渍法

陶瓷熔体的温度要比聚合物和金属高得多，而且陶瓷熔体的黏度通常很高，这使得浸渍预制件相当困难。高温下陶瓷基体与增强材料之间会发生化学反应，陶瓷基体与增强材料的热膨胀系数失配,室温与加工温度之间相当大的温度区间以及陶瓷的低应变失效都会增加陶瓷复合材料产生裂纹的倾向。因此,用液态浸渍法制备陶瓷基复合材料,化学反应性、熔体黏度、熔体对增强材料的浸润性是首要考虑的问题。

4. 溶胶-凝胶法

溶胶-凝胶(Sol-Gel)技术是指金属有机或无机化合物经溶液、溶胶、凝胶而固化,再经热处理生成氧化物或其他化合物固体的方法。目前溶胶-凝胶技术已用于制造块状材料、玻璃纤维和陶瓷纤维、薄膜和涂层及复合材料。

溶胶-凝胶法制备复合材料是一种较新的方法,它是把各种添加剂、功能有机物或分子、晶粒均匀分散在凝胶基体中,经热处理后,此均匀分布状态仍能保存下来,使得材料更好地显示出复合材料的特性。由于掺入物可以多种多样,因而用溶胶-凝胶法可制备种类繁多的复合材料。

11.6.3 CMC 的界面

由于 CMC 往往在高温条件下制备,而且往往在高温环境中工作,因此增强体与陶瓷之间容易发生化学反应形成化学黏结的界面层或反应层。若基体与增强体之间不发生反应或控制它们之间发生反应,那么当从高温冷却下来时,陶瓷的收缩大于增强体,由于收缩会产生径向压应力。此外,基体在高温时呈现为液体(或黏性体),它也可渗入或浸入纤维表面的缝隙等缺陷处,冷却后形成机械结合。实际上,高温下原子的活性增大,原子的扩散速度较室温大得多,由于增强体与陶瓷基体的原子扩散,在界面上更易形成固溶体和化合物,此时,增强体与基体之间的界面是具有一定厚度的界面反应区,它与基体和增强体都能较好地结合,但通常是脆性的。

对于 CMC 来讲,界面黏结性能影响着陶瓷基体和复合材料的断裂行为。CMC 的界面一方面应强到足以传递轴向载荷并具有高的横向强度,另一方面要弱到足以沿界面发生横向裂纹及裂纹偏转直到纤维的拔出。因此 CMC 界面要有一个最佳的界面强度。

另外,由于纤维的弹性模量不是显著高于基体的,在断裂过程中,强的界面结合不产生额外的能量消耗。若界面结合较弱,当基体中的裂纹扩展至纤维时,将导致界面脱黏,其后裂纹发生偏转、裂纹桥联、纤维断裂以致最后纤维拔出。所有这些过程都要吸收能量,从而提高复合材料的断裂韧性,避免了突然的脆性失效。

为获得最佳的界面结合强度,通常希望完全避免界面间的化学反应或尽量降低界面间的化学反应程度和范围。实际中,除选择纤维和基体在加工和服役期间能形成热动力学稳定的界面外,最常用的方法就是在与基体复合之前,在增强材料表面上沉积一层薄的涂层。涂层对纤维还可起到保护作用,避免在加工和处理过程中造成纤维的机械损坏。涂层的厚度通常在 $0.1 \sim 1 \mu m$。

11.6.4 CMC 的增韧

颗粒、纤维及晶须加入到陶瓷基体中,使其强度和韧性得到了显著提高。因此,研究者对这些增强相怎样阻止裂纹的扩展、如何降低裂纹尖端应力集中效应进行了不断的研究,相继提出了不同的增强机理,如裂纹偏转、裂纹桥联、脱黏、纤维拔出等机制。

颗粒增韧是最简单的一种方法,它具有同时提高强度和韧性等许多优点。比如,在脆性陶瓷基体中加入第二相延性颗粒能明显提高材料的断裂韧性，其增韧机理包括由于裂纹尖端形成的塑性变形区导致裂纹尖端屏蔽，以及由延性颗粒形成的延性裂纹桥。随着纳米颗粒及材料的出现，使得纳米颗粒增韧成为可能。当把直径为纳米级的颗粒加入到陶瓷中时，使其强度和韧性大大提高。目前的研究提出增强颗粒与基体颗粒的尺寸匹配与残余应力是纳米复合材料中的重要增强、增韧机理。

相变增韧的典型例子是氧化锆颗粒加入其他陶瓷基体（如氧化铝、莫来石、玻璃陶瓷等）中，由于氧化锆的相变使陶瓷的韧性增加。纤维、晶须的增韧机理有裂纹弯曲、裂纹偏转、裂纹桥联、纤维脱黏及纤维拔出等。裂纹偏转主要是由于增强体与裂纹之间的相互作用而产生，如在颗粒强化中由于增强体与基体之间的弹性模量或热膨胀系数不同，产生的残余应力场会引起裂纹偏转。对于特定位向和分布的纤维，裂纹很难偏转，只能沿着原来的扩展方向继续扩展，这时紧靠裂纹尖端处的纤维并未断裂，而是在裂纹两岸搭起小桥，使两岸连在一起（也称为纤维搭桥），如此，会在裂纹表面产生一个压应力，以抵消外加拉应力的作用，从而使裂纹难以进一步扩展，起到增韧作用。

11.6.5 CMC 的应用

陶瓷复合材料以其具有的高强度、高模量、低密度、耐高温和良好的韧性等，已在高速切削工具和内燃机部件上得到应用，而它潜在的、很有前景的应用领域则是作为高温结构材料和耐磨、耐蚀材料，用于如航空燃气涡轮发动机的热端部件、大功率内燃机的增压涡轮、固体发动机燃烧室与喷管部件以及完全代替金属制成车辆用发动机、石油化工领域的加工设备和废物焚烧处理设备等。

1. 在切削工具方面的应用

SiC_w 增韧的细颗粒 Al_2O_3 陶瓷复合材料已成功用于工业生产制造切削刀具。WG-300 复合材料刀具具有耐高温、稳定性好、强度高和优异的抗热震性能，熔点为 2040 ℃，切削速度可达 200 ft/min[一]，甚至更高，比常用的 WC-Co 硬质合金刀具的切削速度提高了一倍，WC-Co 硬质合金刀具的切削速度限制在 100 ft/min 以内，因为钴在 1350 ℃ 时会发生熔化，甚至在切削表面温度达到约 1000 ℃ 时就开始软化。

某燃气轮机厂采用这种新型复合材料刀具后，机加工时间从原来的 5 h 缩短到 20 min，仅此一项，每年就可节约 25 万美元。山东工业大学研制生产的 SiC_w/Al_2O_3 复合材料刀具切削镍基合金时，不但刀具使用寿命增加，而且进刀量和切削速度也大大提高。氧化物基复合材料还可用于制造耐磨件，如拔丝模具、密封阀、耐蚀轴承、化工泵的活塞等。

2. 在航空航天领域的应用

法国的 SEP 已经用柔性好、细直径纤维（如高强度 C 和 SiC）编织成二维、三维预制件，用 CVI 法制备了 C/SiC 复合材料（商品名为 Sepcarbinox）、SiC_f/SiC 复合材料（商品名为 Cerasep）。这些材料具有高断裂韧性和高温强度，可用于制造火箭或喷气发动机的零部件，如液体推进火箭电动机、涡轮发动机部件、航天飞机的热结构件等。Sepcarbinox 复合材料曾计划用于制造欧洲航天飞机 Hermes 的外表面，Hermes 航天飞机将经历 1300 ℃ 的表面温度和高的机械载荷。Allied-signal 公司生产的商品名为 BlackglasTM 的材料是非晶体结

[一] ft 英尺，1 ft = 0.3048 m。

构，用聚合物先驱法制成，经 SiC_f 纤维束或编织物增强后制成的各种结构样机，如气体偏转管、雷达天线罩、喷管和叶片等，在 1350 ℃ 滞止气流中 51 h 后，该材料仅有少量的晶化 SiC 和 SiO_2。

总之，随着航天、航空及其他高技术领域的发展对材料的要求，必将促进更耐高温、更韧、更强的陶瓷复合材料的研究和发展，推动陶瓷复合材料的广泛应用。

11.7 复合材料的用途

陶瓷基复合材料、聚合物基复合材料、金属基复合材料、碳基复合材料和混凝土基复合材料已广泛应用于各个领域。

1. 在机械工业中的应用

复合材料在机械工业中主要用于阀、泵、齿轮、风机、叶片、轴承及密封件等。用酚醛玻璃钢和纤维增强聚丙烯制成的阀门使用寿命比不锈钢阀门长，且价格便宜。玻璃钢不仅质量小而且耐蚀，常用于泵壳、叶轮、风机机壳及叶片。铸铁泵一般为几十千克，玻璃钢泵仅几千克，并且耐蚀性好；SiC 纤维/SiN 陶瓷制造的涡轮叶片使用温度可高于 1500 ℃。纤维增强塑料耐磨性好，摩擦系数低，质量小、噪声低，可用于照相机齿轮。碳-碳复合材料耐高温，摩擦系数低，常用于机械密封件。

2. 在汽车工业及交通运输中的应用

要使汽车提高速度，必须减小汽车的质量。汽车质量减小还可节省燃料，降低污染。用高强钢代替普通钢，质量可降低 20%～30%，用铝合金代替普通钢，质量可降低 50%，但价格高出 80%。复合材料应用最活跃的领域是汽车工业，聚合物基复合材料可用作车身、驱动轴、操纵杆、转向盘、客舱隔板、底盘、结构梁发动机舱盖等部件。聚合物基复合材料已广泛用于制作各种汽车外壳、摩托车外壳，以及高速列车的车厢厢体。尽管玻璃纤维复合材料的比刚度比金属低，但石墨纤维增强复合材料的比刚度比金属要高。聚合物复合材料的优点是质量小，比强度大（比钢和铝高），比刚度大，比疲劳强度高，耐蚀，并可整体成型。

3. 在化学工业中的应用

化学工业存在的主要问题是腐蚀严重，因此往往用非金属取代金属制作零部件，玻璃钢的出现给化学工业带来光明的前景。玻璃钢主要用于各种槽、罐、塔、管道、泵、阀、风机等化工设备及其配件。玻璃钢的特点是耐蚀、强度高、使用寿命长、价格远比不锈钢低。但玻璃钢仅能用于低压或常压情况下并且温度不宜超过 120 ℃。

4. 在航空航天领域中的应用

碳-碳复合材料、碳纤维或硼纤维增强聚合物复合材料及硼纤维增强铝合金复合材料常用于飞机、火箭和宇宙飞船的零部件。国外许多先进固体发动机都采用高强度中模量碳纤维缠绕壳体。碳-碳复合材料由于质量小、耐烧蚀、耐高温和耐摩擦等性能好，已被用于军用飞机和大型民用客机的减速板和制动装置、阿波罗宇宙飞船控制舱的光学仪器热防护罩、内燃机活塞、X-20 飞行器的喷嘴材料、机翼和尾翼等。飞机采用碳-碳复合材料制动片，通常可减小质量 600 kg，寿命提高近 5 倍，制动性能也相应提高。

20 世纪 80 年代后期，金属基复合材料就开始用于内燃机活塞、连杆、发动机气缸套等。金属基复合材料（如氧化铝纤维增强铝合金）具有良好的高温强度和热稳定性、抗咬合性、疲劳强度高。人造卫星上也用了大量的新型复合材料。1997 年 7 月 1 日香港回归祖国的伟大历史时刻，中国人民解放军驻港空军驾驶着由哈尔滨飞机制造公司生产的直-9 型直升机进驻香港，这种飞机上使用的复合材料也超过了 60%。

5. 在建筑领域中的应用

在建筑业，玻璃钢已广泛用于冷却塔、储水塔、卫生间的浴盆和浴缸、桌椅门窗、安全帽、通风设备等。玻璃纤维、硬纤维增强混凝土复合材料具有优异的力学性能、在强碱中的化学稳定性和尺寸稳定性、在盐水介质中耐蚀等特点，作为高层建筑板等的应用日趋广泛。在建筑领域中还采用碳纤维增强聚合物复合材料来修补、加固钢筋混凝土桥板、桥墩等，如用碳纤维增强聚合物复合材料片修补、加固大地震损坏的钢筋混凝土桥墩、桥板，用碳纤维复合材料来增强地下隧道的铸铁梁和增加石油平台壁的耐冲击波性能等。

6. 在其他领域中的应用

在船舶业，用玻璃钢制成的船体具有抗海洋生物吸附和耐海水腐蚀的特性。

在生物医学方面，由于碳-碳复合材料具有良好的生物相容性，已作为牢固的材料用作高应力环境中使用的外科植入物、牙根植入体，以及用作人工关节等。

碳纤维增强聚合物复合材料由于比强度高、比模量大，也广泛用于制造网球拍、高尔夫球杆、钓鱼竿、赛车、赛艇、滑雪板、乐器等。采用团状模塑料（BMC）工艺将 3~12 mm 短纤维与树脂混合后还可用于制作家用电器、开关及绝缘闸盒、缝纫机外壳、卫浴用品、搅拌器等。

综上所述，复合材料不仅用于航空航天等高科技领域，而且在日常生活中也广泛使用复合材料。因此了解和掌握复合材料的基本知识极为重要。尽管复合材料已被广泛应用于各个领域，但仍存在一些问题，如价格太贵，特别是碳纤维和硼纤维增强的高级复合材料。复合材料组元间的结合以及复合材料的连接技术，仍是人们一直在致力于解决的问题。

本 章 小 结

复合材料是现代科学技术发展过程中出现的极富生命力的材料。复合材料的各个组成材料在性能上起协同作用，得到单一材料无法比拟的优越的综合性能，已成为当代一种新型的工程材料。复合材料的种类繁多，包括金属、陶瓷、橡胶、玻璃、树脂等复合材料。它们在不同的应用领域中发挥着重要的作用，如航空航天、汽车、建筑、体育用品等。此外，复合材料的制造工艺十分多样化，性能也可以通过调整材料的组成和结构来改变。复合材料的导电性、导热性、耐蚀性等性能也可以通过选择适当的材料和工艺进行调整。这些都涉及复合理论，要重点掌握，另外还需熟悉聚合物基复合材料的性能、金属基复合材料的工艺及陶瓷基复合材料的增韧原理。

复习思考题

11-1 请说明复合材料的定义和分类。

11-2 碳纤维和石墨纤维的区别有哪些？

11-3 什么是增强材料的表面处理方法?
11-4 什么是复合材料的复合原则?
11-5 聚合物基复合材料的性能特点有哪些?
11-6 金属基复合材料的工艺研究主要有哪几个方面?
11-7 陶瓷基复合材料的增韧原理是什么?

参考文献

[1] 丰镇平,李祥晟. 燃气轮机装置[M]. 北京:机械工业出版社,2024.

[2] 杨功显,张琼元,高振桓,等. 重型燃气轮机热端部件材料发展现状及趋势[J]. 航空动力,2019(2):70-73.

[3] 刘国权. 材料科学与工程基础:上册[M]. 北京:高等教育出版社,2015.

[4] 强文江,吴承建. 金属材料学[M]. 3版. 北京:冶金工业出版社,2016.

[5] 余永宁. 材料科学基础[M]. 北京:高等教育出版社,2006.

[6] 郭建亭. 高温合金材料学[M]. 北京:科学出版社,2008.

[7] 田民波. 材料学概论[M]. 北京:清华大学出版社,2015.

[8] 王春艳. 复合材料导论[M]. 北京:北京大学出版社,2018.

[9] 徐竹. 复合材料成型工艺及应用[M]. 2版. 北京:国防工业出版社,2023.

[10] 张以河. 复合材料学[M]. 2版. 北京:化学工业出版社,2022.

[11] 黄家康. 复合材料成型技术及应用[M]. 北京:化学工业出版社,2011.

[12] 成来飞,梅辉,刘永胜,等. 复合材料原理及工艺[M]. 西安:西北工业大学出版社,2018.

[13] 余永宁. 金属学原理[M]. 2版. 北京:冶金工业出版社,2013.

[14] 徐婷,刘斌. 机械工程材料[M]. 北京:国防工业出版社,2017.

[15] 封金祥,闫夏. 机械工程材料[M]. 北京:北京理工大学出版社,2016.

[16] 张文灼. 机械工程材料[M]. 北京:北京理工大学出版社,2011.

[17] 张而耕. 机械工程材料[M]. 上海:上海科学技术出版社,2017.

[18] 练勇,姜自莲. 机械工程材料与成形工艺[M]. 重庆:重庆大学出版社,2015.

[19] 刘朝福. 工程材料[M]. 北京:北京理工大学出版社,2015.

[20] 侯旭明. 热处理原理与工艺[M]. 2版. 北京:机械工业出版社,2015.

[21] 夏立芳. 金属热处理工艺学[M]. 4版. 哈尔滨:哈尔滨工业大学出版社,2008.

[22] 陆兴. 热处理工程基础[M]. 北京:机械工业出版社,2007.

[23] 倪红军,黄明宇. 工程材料[M]. 南京:东南大学出版社,2016.

[24] 朱敏. 工程材料[M]. 北京:冶金工业出版社,2018.

[25] 马行驰. 工程材料[M]. 西安:西安电子科技大学出版社,2015.

[26] 朱张校,姚可夫. 工程材料[M]. 4版. 北京:清华大学出版社,2009.

[27] 徐自立,陈慧敏,吴修德. 工程材料[M]. 武汉:华中科技大学出版社,2012.

[28] 莫淑华,王春艳. 工程材料[M]. 哈尔滨:哈尔滨工业大学出版社,2011.

[29] 徐萃萍,赵树国. 工程材料与成型工艺[M]. 北京:冶金工业出版社,2010.

[30] 陈惠芬. 金属学与热处理[M]. 北京:冶金工业出版社,2009.

[31] 张彦华. 工程材料学[M]. 北京:科学出版社,2010.

[32] 陈长江,熊承刚. 工程材料及成型工艺[M]. 北京:中国人民大学出版社,2000.

[33] 崔忠圻,覃耀春. 金属学与热处理[M]. 2版. 北京:机械工业出版社,2007.

[34] 赵品,谢辅洲,孙文山,等. 材料科学基础[M]. 哈尔滨:哈尔滨工业大学出版社,1999.

[35] 张伟强. 固态金属及合金中的相变[M]. 北京:国防工业出版社,2016.

[36] 刘国权. 材料科学与工程基础:下册[M]. 北京:高等教育出版社,2015.